中文版 **3ds Max** 2014
从入门到精通
实用教程

微课版

互联网+数字艺术教育研究院 编著

人民邮电出版社
北 京

图书在版编目（CIP）数据

中文版3ds Max 2014从入门到精通实用教程：微课版 / 互联网+数字艺术教育研究院编著. -- 北京：人民邮电出版社，2020.7（2023.6重印）
ISBN 978-7-115-47224-3

Ⅰ. ①中… Ⅱ. ①互… Ⅲ. ①三维动画软件—教材
Ⅳ. ①TP391.414

中国版本图书馆CIP数据核字(2017)第278823号

内 容 提 要

本书全面系统地介绍了3ds Max 2014的基本功能。从基础知识开始，以循序渐进的方式详细介绍了3ds Max 2014的基本操作、基础建模、修改器建模、多边形建模、摄影机技术、灯光技术、材质与贴图技术、环境和效果、毛发与布料、渲染技术、动画技术、粒子特效技术和动力学等知识与技术。

本书以"理论结合实例"的形式编写，共13章，包含59个案例（56个随堂练习+3个空间表现）和35个技术链接（这些操作小技巧可以帮助读者快速高效地掌握3ds Max 2014）。每个案例都详细介绍了制作流程，图文并茂、一目了然，操作性极强。除此之外，每章都配有课后练习，方便读者在学习完当前章后继续参考习题进行深入的练习和巩固，达到学以致用的效果。本书还提供丰富的资源，包括所有案例的效果文件、原始素材、教学视频、教学PPT等。

本书不仅可作为普通高等院校相关专业的教材，还可作为3ds Max 的初学者，尤其是零基础读者的入门及提高用书。另外，本书所有内容均采用中文版 3ds Max 2014 和 VRay3.40 进行编写，请读者注意。

◆ 编　　著　互联网+数字艺术教育研究院
　　责任编辑　税梦玲
　　责任印制　王　郁　陈　犇
◆ 人民邮电出版社出版发行　　北京市丰台区成寿寺路 11 号
　　邮编　100164　电子邮件　315@ptpress.com.cn
　　网址　https://www.ptpress.com.cn
　　北京市艺辉印刷有限公司印刷
◆ 开本：787×1092　1/16
　　印张：18　　　　　　　　　　2020 年 7 月第 1 版
　　字数：517 千字　　　　　　　2023 年 6 月北京第 7 次印刷

定价：59.80 元

读者服务热线：(010)81055256　印装质量热线：(010)81055316
反盗版热线：(010)81055315
广告经营许可证：京东市监广登字 20170147 号

编写目的

3ds Max是Autodesk公司旗下知名的三维动画制作软件,也是用户群最多的三维动画制作软件之一。3ds Max因其强大的功能,自诞生以来就一直受到设计师的喜爱。它的应用领域涉及效果图表现、游戏动漫、影视特效和产品概念等。

为帮助读者有效地掌握知识,本书为读者提供一种"纸质图书+在线课程"相配套,全方位学习3ds Max 2014软件的解决方案,读者可根据个人需求,利用书中视频资源和"微课云课堂"平台上的在线课程进行碎片化、移动化的学习。

平台支撑

"微课云课堂"目前包含50 000多个微课视频,在资源展现上分为"微课云""云课堂"两种形式。"微课云"是该平台中所有微课的集中展示区,用户可根据需求选择课程;"云课堂"是在现有"微课云"的基础上,为用户组建的推荐课程群,用户可以在"云课堂"中按推荐的课程进行系统化的学习,或者将"微课云"中的内容自由组合,定制符合自己需求的课程。

❖ "微课云课堂"主要特点

海量微课资源,持续不断更新:"微课云课堂"充分利用人民邮电出版社在信息技术领域的优势,将资源分类、整理、加工以及微课化后提供给用户,并不断丰富、迭代内容,保持与时俱进。

资源精心分类,方便自主学习:"微课云课堂"相当于一个庞大的微课视频资源库,按照门类和难度等级将课程进行分类。不同专业、层次的用户均可以在平台中搜索自己需要或者感兴趣的内容资源。

多终端自适应,碎片化、移动化:平台支持多终端自适应,除了在PC端使用外,用户还可以在移动端随时学习。而且大部分微课时长不超过10分钟,读者可利用碎片时间学习。

❖ "微课云课堂"使用方法

扫描封面上的二维码或者直接登录"微课云课堂"(www.ryweike.com)→用手机号码注册→在用户中心输入本书激活码(e52b9134),即可将本书包含的微课资源添加到个人账户,获取永久在线观看本课程微课视频的权限。

此外,购买本书的读者还将获得价值168元有效期为一年的VIP会员资格,可免费观看50 000个微课视频。

内容特点

本书共分为13章，第1章为3ds Max 2014软件简介，第2~13章为操作软件的理论知识及案例。为了方便读者快速高效地学习和掌握3ds Max 2014软件的知识，本书在内容上进行了优化，按照"功能解析—随堂练习—思考与练习"思路进行编排。另外，本书还特意设计了很多"技巧与提示"和"技术链接"，千万不要跳过这些"小模块"，它们会给您带来意外的惊喜。

功能解析： 结合案例对软件的功能和重要参数进行解析，让读者深入掌握该功能。

随堂练习： 作者精心设计了练习，让读者快速熟悉软件的基本操作和设计的基本思路。

思考与练习： 强化刚学完的重要知识。

技巧与提示： 帮助读者进一步拓展所学的知识，同时提供一些实用技巧。

技术链接： 对操作过程中的"小技巧"进行讲解，帮助读者快速高效地学习3ds Max 2014。

配套资源

为方便读者线下学习及教师课堂教学，本书提供书中所有案例的教学视频、基本素材、效果文件及PPT课件等资源。登录"微课云课堂"激活本课程，单击附件即可下载，也可登录人邮教育社区（www.ryjiaoyu.com）搜索本书下载配套资源。

编者

2020年4月

目录
CONTENTS

第07章 材质与贴图技术   135

第08章 环境和效果   165

第09章 毛发与布料   179

第10章 渲染技术   201

CHAPTER

01

轻松上手3ds Max

* 了解3ds Max 2014的发展史
* 熟悉3ds Max 2014的工作界面
* 掌握3ds Max的界面操作、单位设置
* 掌握3ds Max的视图操作
* 掌握3ds Max的文件操作
* 掌握3ds Max的常规对象操作

1.1 认识3ds Max

3ds Max 是 Autodesk 公司基于 PC 平台开发的三维制作软件之一，它为用户提供了一个"集 3D 建模、动画、渲染和合成为一体"的综合解决方案。3ds Max 不仅功能强大，而且凭借其简单快捷的操作方式，深受广大用户的喜爱，以至于在很多新兴行业都可以看到该软件的应用。

↘ 1.1.1 3ds Max的发展史

3D Studio Max，业界称为 3ds Max，是 Discreet 公司（后被 Autodesk 公司合并）开发的基于 PC 的三维动画渲染和制作软件。在 Windows NT 出现以前，工业级的 CG 制作被 SGI 图形工作站所垄断，而 3D Studio Max + Windows NT 组合的出现一下子降低了 CG 制作的门槛。

关于 3ds Max 的产生，可以追溯到 1990 年，Discreet 公司推出了第一个制作动画的软件——3D Studio，而此时的 3D Studio 只是基于 DOS 的。随着 Windows 9X 操作系统的进步，使 DOS 下的设计软件暴露出了颜色深度、内存和渲染速度不足等严重问题。

1996 年 4 月，经过开发师的努力，诞生了第一个基于 Windows 操作系统的 3D Studio 软件——3D Studio Max 1.0，此时的 3D Studio Max 1.0 只能说是一个试验性的产品。

1999 年，Autodesk 公司收购了 Discreet Logic 公司，并与 Kinetix 合并成立了新的 Discreet 分部，这一年后，我们所见到的 3ds Max 就不再带有 Kinetix 标志了。

2000 年，软件名称正式更改为 Discreet 3ds Max 4，此时的 Discreet 3ds Max 4 在动画制作方面有了较大的提高。有意思的是，从这一年开始，3ds Max 使用的是小写字母。

从 2000 年开始，Discreet 3ds Max 每年更新一次版本，在动画制作、材质纹理、灯光、场景管理等方面都有所提高。直到 2005 年 10 月，Autodesk 宣布最新的版本为 3ds Max 8，此后，3ds Max 的软件前缀由 Discreet 变成了 Autodesk，即 Autodesk 3ds Max 8。

从 2005 年至今，Autodesk 公司对 3ds Max 每年一次更新。从 3D Studio 到今天，3ds Max 一路发展过来，这款软件已经成为了世界上主流的三维动画制作软件。本书讲解的是目前使用频率比较高的一个版本——3ds Max 2014。

↘ 1.1.2 3ds Max的应用领域史

3ds Max 是一款世界顶级的三维动画制作软件，它的功能包含模型塑造、场景渲染和动画特效等，这也使其在效果图表现、游戏动漫和影视特效等领域占据主导地位。

1.效果图表现

所谓效果图，可以理解为不是照片却拥有照片特点的图，比如：我们常说的 iPhone 手机概念图，就是效果图的一种，它不是照片，而是通过三维软件制作出来的。效果图包含室内效果图、建筑效果图和产品概念图等，追求的是一种基于真实的美感。可以说，效果图使我们在产品生产出来之前就能够看到设计结果，让我们在前期规避掉很多问题。在 3ds Max 中，效果图表现属于场景渲染，图 1-1~ 图 1-6 所示为设计优秀的效果图。

图1-1

图1-2

图1-3

图1-4

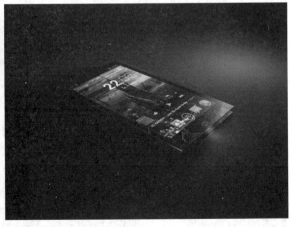

图1-5

图1-6

2.游戏动画

在游戏动漫领域，3ds Max 扮演着主力军的角色，占领着大部分市场。在游戏动漫制作中，3ds Max 可以承担角色建模、场景建模、角色骨骼和特效制作等工作。动画设计师们使用 3ds Max 灵活的骨骼系统和强大的粒子系统，可以轻松地完成各类计算机动画（Computer Graphics，CG）表现，图 1-7~ 图 1-10 所示为优秀的游戏动漫截图。

图1-7

图1-8

图1-9

世界末日快到了，你们一点都不担心么？
Doesn't it weigh on you that the world might be ending?

图1-10

3.影视特效

影视是人们生活中不可缺少的调味剂，其中魔幻影片更是占据很大一片市场。一部优秀的魔幻影片离不开震撼的特效镜头表现，图 1-11～ 图 1-14 所示为国外优秀特效镜头表现。

图1-11

图1-12

图1-13

图1-14

↘ 1.1.3 3ds Max的硬件配置

因为 3ds Max 2014 默认支持的是 64 位操作系统，所以，在安装之前，请确认计算机的操作系统为 64 位。下面给出 3ds Max 2014 的最低计算机硬件配置要求。

Intel 64 位处理器或采用 SSE2 技术的 AMD 64 位处理器。

* 4GB 内存。

* 支持 Direct3D 11、Direct3D 9 或 OpenGL 的显卡。

* 1GB 以上的显卡内存。

* 配有鼠标驱动程序的三键鼠标。

* 6GB 可用硬盘空间。

Tips

因为 3ds Max 是一款三维制作软件，计算机的配置越高，其软件操作体验就越好，所以在经济允许的条件下，建议大家入手一台配置适宜的计算机。下面是作者自己的计算机配置，价位在 4000 元左右。

CPU：Intel I5 4570

散热器：九州风神玄冰 400

主板：技嘉 Gigabyte B85-HD3 2.0 大板（LGA1150）

显卡：丽台入门级专业图形显卡 K600 盒装

内存：金士顿（Kingston）DDR3 1600 8G

上述是主要硬件，对于键盘、鼠标和硬盘等硬件，大家可以自行配置。

1.2 使用3ds Max

安装好 3ds Max 2014 后，计算机桌面会生成一个 3ds Max 2014 的快捷方式图标，它在默认情况下是英文版的。用户可以在【开始】菜单中执行【所有程序】>【Autodesk】>【Autodesk 3ds Max 2014】>【Autodesk 3ds Max 2014-Simplified Chinese】来打开中文版 3ds Max 2014，如图 1-15 所示。

Tips

为了方便操作，可以在计算机桌面的 3ds Max 2014 的快捷方式图标单击鼠标右键，然后在弹出的菜单中选择【属性】，系统会自动打开【3ds Max 2014 属性】对话框，接着在【目标】后面的文本框最后输入【/Language=CHS】（/ 前面有空格），最后单击【确定】按钮，如图 1-16 所示。设置完毕后，启用 3ds Max 2014 快捷方式后，系统打开的 3ds Max 2014 将一直是中文版。

图1-16

图1-15

↘ 1.2.1 3ds Max的工作界面

启动 3ds Max 2014，经过 1~3 分钟后，就可以看到 3ds Max 2014 的工作界面了，如图 1-17 所示。3ds Max 2014 的工作界面分为【标题栏】【菜单栏】、【主工具栏】、【视口区域】、【视口布局选项卡】、【建模工具选项卡】、【命令面板】、【时间尺】、【状态栏】、【时间控制按钮】和【视口导航控制按钮】11 大部分。

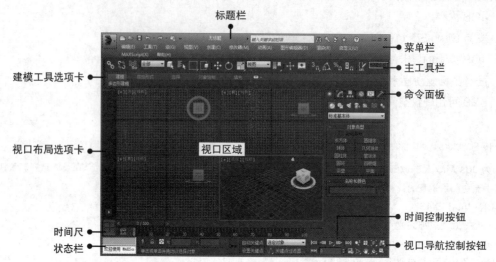

图1-17

下面对常用界面进行简单介绍，对于其他部分，将在后续的特定章节进行介绍。

* **标题栏**：3ds Max 2014 的"标题栏"位于界面的最顶部。"标题栏"上包含当前编辑的文件名称、软件版本信息，同时还有软件图标（这个图标也称为"应用程序"图标）、快速访问工具栏和信息中心 3 个非常人性化的工具栏，如图 1-18 所示。

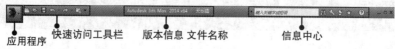

图1-18

* **菜单栏**：【菜单栏】位于工作界面的顶端，包含【编辑】、【工具】、【组】、【视图】、【创建】、【修改器】、【动画】、【图形编辑器】、【渲染】、【自定义】、【MAXScript】和【帮助】12 个主菜单，如图 1-19 所示。

图1-19

* **主工具栏**：【主工具栏】中集合了最常用的一些编辑工具，图 1-20 所示为默认状态下的【主工具栏】。某些工具的右下角有一个三角形图标，单击该图标就会打开下拉工具列表。以【捕捉开关】为例，单击【捕捉开关】按钮，就会打开捕捉工具列表，如图 1-21 所示。

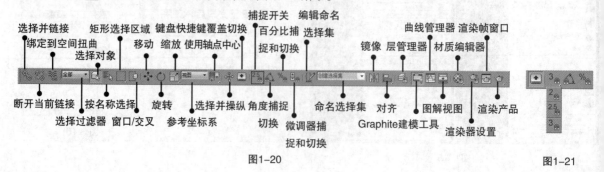

图1-20 图1-21

* **视口区域**：视口区域是操作界面中最大的一个区域，也是 3ds Max 中用于实际工作的区域，默认状态下为四视图显示，包括顶视图、左视图、前视图和透视图 4 个视图。在这些视图中可以从不同的角度对场景中的对象进行观察和编辑。每个视图的左上角都会显示视图的名称以及模型的显示方式，右上角有一个导航器（不同视图显示的状态也不同），如图 1-22 所示。

* **命令面板**：【命令面板】非常重要，场景对象的操作都可以在【命令面板】中完成。【命令面板】由 6 个用户界面面板组成，默认状态下显示的是【创建面板】，其他面板分别是【修改面板】、【层次面板】、【运动面板】、【显示面板】和【实用程序面板】，如图 1-23 所示。

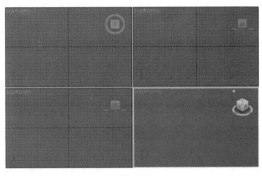
图1-22

图1-23

⛭**Tips**

在初次启动 3ds Max 2014 时，系统会自动打开【欢迎使用 3ds Max】对话框，其中包括 6 个入门视频教程，如图 1-24 所示。

若想在启动 3ds Max 2014 时不打开【欢迎使用 3ds Max】对话框，只需要在该对话框左下角关闭【在启动时显示此欢迎屏幕】选项即可，如图 1-25 所示；若要恢复【欢迎使用 3ds Max】对话框，可以执行【帮助】>【欢迎屏幕】菜单命令来打开该对话框，如图 1-26 所示。

图1-24

图1-25

图1-26

↘ 1.2.2 设置界面颜色

在第一次打开 3ds Max 2014 时，系统的默认主题颜色是黑色的，因为黑色不便于操作和观测，用户可以更换为灰色。在菜单栏执行【自定义】>【加载自定义用户界面方案】菜单命令，可以打开【加载自定义用户界面方案】对话框，选择【ame-light】，单击【打开】按钮，如图 1-27 所示。灰色界面效果如图 1-28 所示。

图1-27

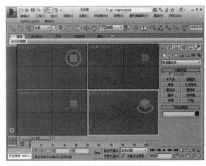
图1-28

↘ 1.2.3 新建/打开/导入/保存文件

单击标题栏中的【应用程序】按钮，可以激活下拉菜单，如图1-29所示。通过【应用程序】下拉菜单，我们可以完成文件的常规操作。

图1-29

1.新建场景

在【应用程序】下拉菜单中执行【新建】>【新建全部】命令（组合键为 Ctrl+N），可以重新创建一个空白的场景，如图1-30所示，系统会自动弹出【新建场景】对话框，此时选择【新建全部】即可，如图1-31所示。

图1-30

图1-31

Tips

若当前场景有内容发生改变，在进行新建时，会打开对话框询问是否保存现有场景内容，如图1-32所示。

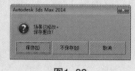

图1-32

2.打开文件

执行【打开】>【打开】命令（组合键为 Ctrl+O，如图1-33所示，此时系统会弹出【打开文件】对话框，用户在对话框中可以选择计算机中的场景文件进行打开，如图1-34所示。

图1-33

图1-34

Tips

如果此时场景中有文件对象，使用【打开】命令后，3ds Max 会自动覆盖掉场景，此时会提示是否保存现有内容，如图1-35所示。待用户做出选择后，才会打开新选择的对象。

图1-35

3.导入对象

因为使用【打开】命令在场景中打开对象会覆盖掉当前场景，所以【打开】命令不适用于在当前场景中加入新对象。如果想在当前场景加入新对象，又不覆盖掉原场景，可以使用【导入】命令。执行【导入】>【合并】命令，如图1-36所示，系统会打开【合并文件】对话框，在其中选择对象文件即可将选定的文件导入当前场景，如图1-37所示。

图1-36

图1-37

Tips

在实际工作中，为了提高工作效率，将文件夹中的文件直接拖曳到 3ds Max 的视图中，然后选择【合并文件】，即可将文件快速导入场景，如图 1-38 所示。

图1-38

4.保存文件

在【应用程序】的下拉菜单中使用【保存】(组合键为 Ctrl+S)和【另存为】都可以将当前场景保存下来，这一点与其他软件比较类似。在这里，要介绍的是另一个保存文件的方式，即【归档】。

执行【另存为】>【归档】命令，可以将当前场景中的所有文件(模型、材质贴图、材质路径、灯光路径)都以压缩包文件的形式保存下来。使用【归档】命令压缩的文件，无论被移动到任何计算机上，都不会丢失贴图和路径，这也是使用【归档】命令保存文件的优势。

↘ 1.2.4 视口区域操作

视口区域是 3ds Max 非常重要的部分，也是我们工作中操作非常频繁的一个功能区域。在默认情况下，3ds Max 的视图结构是四视图，分别是顶视图(快捷键为 T)、前视图(快捷键为 F)、左视图(快捷键为 L)和透视图(快捷键为 P)，如图 1-39 所示。下面将介绍视口区域的基本操作方法。

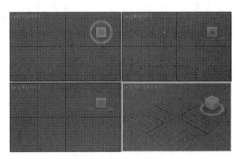

图1-39

操作方法介绍

＊ **选择视图**：使用鼠标的左键、中间和右键(任选一键)单击需要选择的视图，即可将当前视图选择，被选择的视图将会有黄色边框，此时用户便可以在该视图进行其他操作。

＊ **最大化视图**：选择一个视图后，按组合键 Alt+W 可以将当前视图最大化显示，此时视口区域只有一个视图，如图 1-40 所示；如果再次按组合键 Alt+W，视口区域将回到四视图，如图 1-41 所示。

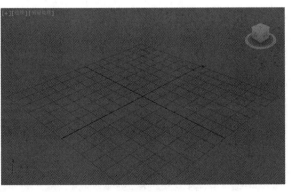

图1-40

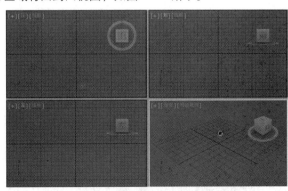

图1-41

* **最大化显示对象**：当视图中不能完全显示对象时，不易用户观察对象，如图1-42所示，此时可以单击Z键将对象在视图中最大化显示，此时对象会全部显示在视图正中心，如图1-43所示。另外，此方法也适用于对象显示过小的情况。

图1-42

图1-43

* **线框显示**：默认情况下，3ds Max是以真实状态显示对象的，用户可以按F3键转化成线框显示对象，方便观察对象的布线结构，如图1-44所示。另外，用户可以单击视图左上角的【线框显示】，在下拉菜单中可以自行选择对象的显示模式，如图1-45所示。

图1-44

图1-45

随堂练习　控制视图变化

扫码观看视频

- 场景位置　实例文件 >CH01> 控制视图变化 .max
- 实例位置　无
- 视频名称　控制视图变化 .mp4
- 技术掌握　旋转视图、缩放视图、平移视图

　　本例将介绍视图的常规操作，掌握了这些常规操作，用户才具备在视图中观察对象的能力。

01 打开"实例文件 >CH01> 控制视图变化 .max"文件，如图1-46所示。

02 按住 Alt 键，然后按住鼠标中键，在视图中移动鼠标，此时视图会发生旋转，用户可以观察场景的其他地方，如图1-47所示。

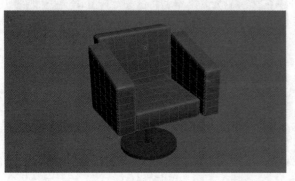
图1-46

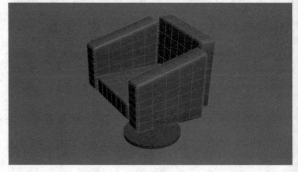
图1-47

03 松开 Alt 键，然后向上滚动鼠标滚轮，此时视图会被放大，即拉近对象，如图 1-48 所示。若向下滚动滚轮，视图则会被缩小，即拉远对象。

图1-48

04 只按住鼠标中键，在视图中移动鼠标，可以平移视图，如图 1-49 所示。

图1-49

05 按 Z 键，此时视图会居中显示场景中的所有对象，如图 1-50 所示。

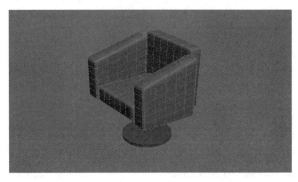

图1-50

06 视图操作仅仅使视图发生了改变，对象属性并未发生变化。另外，用户也可以单独选择某个对象，进行上述视图操作，如图 1-51 所示，此时，所有视图变化都是基于被选中对象的，以便于观察被选中对象的细节。

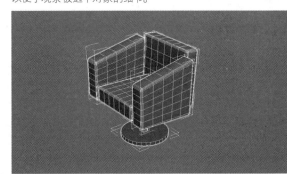

图1-51

↘ 1.2.5 选择/移动/旋转/缩放对象

本节将介绍 3ds Max 中的对象操作，包括选择对象、移动对象、旋转对象和缩放对象。这些操作虽然看似简单普通，但它们贯穿了整个 3ds Max 的工作流程，请务必掌握。

1.选择对象

单击主工具栏的【选择对象】工具📱或按 Q 键激活【选择对象】工具📱，此时在视图中单击对象即可将对象选中。当对象被选中后，会出现白色的外框，且对象上会出现红色的空间坐标，如图 1-52 所示。如果用户不喜欢白色外框，可以按 J 键取消白色外框显示，如图 1-53 所示。

图1-52

图1-53

当场景中对象较多的时候，部分对象会被挡住，不易在视图中找到，此时用户可以单击【按名称选择】工具（快捷键为 H）打开【从场景选择】对话框，然后在场景中选择对象，如图 1-54 所示，单击【确定】后，系统会自动在视图中选中对应的对象，如图 1-55 所示。

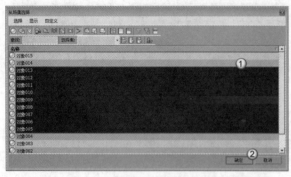

图1-54

图1-55

技术链接1：选择对象的常用方法

上面介绍了选择对象的工具，在实际工作中，我们有 5 种选择对象的方法，合理地搭配并使用它们，能快速高效地选择对象。

（1）框选对象

激活【选择对象】工具，然后在视图中使用鼠标左键拖动一个区域，该区域内的对象都将被选中，如图 1-56 所示。在默认情况下，选择区域是一个矩形，用户可以按 Q 键来切换选择区域的形状，依次为【矩形选择区域】、【圆形选择区域】、【围栏选择区域】、【套索选择区域】、【绘制选择区域】，【圆形选择区域】的框选效果图如图 1-57 所示。

图1-56

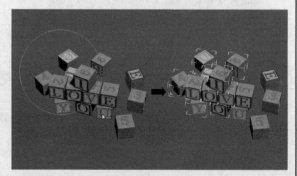

图1-57

另外，使用主工具栏的【窗口／交叉】工具可以确定与选择区域边界接触的对象是否被选择：在默认情况下，【窗口／交叉】工具是未激活的，此时，只要与选择区域边界接触到的对象，都将被选择；当激活【窗口／交叉】工具后，只有完全在选择区域内的对象才会被选择，如果对象没有完全在选择区域内（如与边界接触），将不会被选择。

（2）加选对象

如果当前已经选择了对象，还想增加选择其他对象，可以按住 Ctrl 键单击或框选其他对象，这样即可加选其他对象，如图 1-58 所示。

（3）减选对象

如果当前选择了多个对象，想取消已选择的某个对象，可以按住 Alt 键单击或框选不想选择的对象，这样即可减选对象，如图 1-59 所示。

技术链接1：选择对象的常用方法

图1-58

图1-59

（4）反选对象

3ds Max 的反选对象功能与 Photoshop 的【反选】命令的作用相同，都是在已经选择了某些对象后，反选其他对象，而当前选择的对象将不再被选择，如图1-60所示，反选对象的组合键为 Ctrl+I。

（5）孤立当前选择对象

当场景中对象特别多的时候，不便于单独观察和操作某一个对象，此时可以将该对象选中，然后孤立显示出来，如图 1-61 所示，孤立当前选择对象的组合键为 Alt+Q。如果要取消孤立当前选择对象状态，在时间尺下面单击【孤立当前选择切换】按钮 即可。

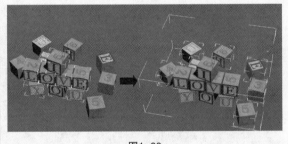

图1-60

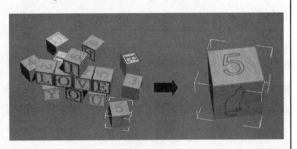

图1-61

2.移动对象

使用【选择并移动】工具 （快捷键为 W）可以选择并移动对象，其选择对象的方法与【选择对象】工具 相同。当使用【选择并移动】工具 旋转对象时，对象上会出现带方向的坐标轴，其中，透视图会出现 x、y、z 3 个方向轴，而其他 3 个视图只会出现其中 2 个方向轴，如图 1-62 所示。

在移动对象时，有以下 3 种情况。

沿单个轴移动对象：将鼠标指针放在单个轴上，然后单击左键并拖曳鼠标，如图 1-63 所示。

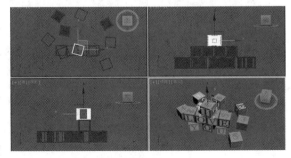

图1-62

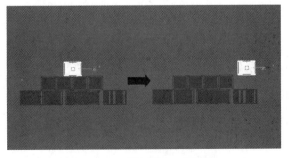

图1-63

在某个面移动对象： 将鼠标指针放在两个轴之间，然后单击鼠标左键并拖曳鼠标指针，如图1-64所示，此时的对象只在 xy 平面内移动。

在空间中任意移动对象： 将鼠标指针放在透视图中对象的中心，待坐标轴出现 ⊡，单击鼠标左键并拖曳鼠标，如图1-65所示。

图1-64

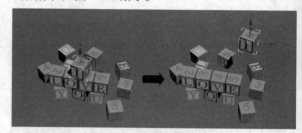

图1-65

Tips

上述移动方法并不能精确移动对象，若想精确移动对象，可以在【选择并移动】工具 ✛ 上单击鼠标右键，打开【移动变换输入】对话框，然后在【偏移：世界】文本框中输入具体参数，如图1-66所示。

注意，在视图中方向轴箭头所指方向为正方向，对应正值，另一方为反方向，对应负值。

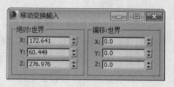

图1-66

3.旋转对象

使用【选择并旋转】工具 ⟳（快捷键为 E）可以选择并旋转对象，其使用方法与【选择并移动】工具 ✛ 相同，即用户可以在 x、y、z 这3个轴上旋转对象。当激活【选择并旋转】工具 ⟳ 时，可以通过颜色来辨别坐标轴，如图1-67所示。

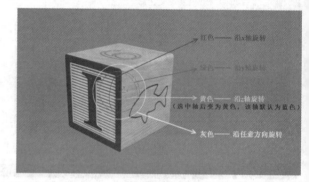

图1-67

技术链接2：精确旋转角度

在旋转对象时，旋转轴上方会出现旋转角度值，它是随着旋转不断变化的，因为3ds Max默认的精确值是小数点后两位，即0.01°，所以单凭手动调控无法精确旋转角度，如图1-68所示，此时的旋转角度为沿 y 轴旋转 61.18°。

通常情况下，我们要旋转的角度为整值，如30°、45°、90°等，那么要怎么操作呢？

第1步：在主工具栏上的【角度捕捉切换】⟲ 上单击鼠标右键，打开【栅格和捕捉设置】对话框，然后设置【角度】为要旋转的角度，如30°，如图1-69所示。

图1-68

技术链接2：精确旋转角度

第 2 步：单击主工具栏的【角度捕捉切换】 (快捷键为 A) 将其激活，然后使用【选择并旋转】工具 来旋转对象，对象将以 30° 为旋转单位进行旋转，如图 1-70 所示。

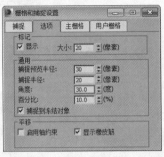

图1-69 图1-70

4.缩放对象

在 3ds Max 中有 3 种缩放方式，分别是【选择并均匀缩放】 、【选择并非均匀缩放】 和【选择并挤压】 ，用户可以在主工具栏激活和切换缩放模式，也可以使用快捷键 R 迅速激活和切换。缩放的操作方法与【选择并移动】类似，可以在单个轴上进行缩放，也可以在某个面内进行缩放或整体缩放。

选择并均匀缩放：该缩放方式通常用于对象的整体缩放，整体缩放可以不改变对象的形状，只造成对象体积上的放大或缩小。当使用整体缩放时，一定要将鼠标指针移动到坐标轴上，待坐标轴出现三角形区域后，再按住鼠标左键进行缩放，如图 1-71 所示。

选择并非均匀缩放：该缩放方式的操作步骤和【选择并均匀缩放】 相同。用户可以使用【选择并非均匀缩放】 来缩放对象在单个轴向和面上的形状，如图 1-72 所示。

选择并挤压：该工具不能进行对象的整体缩放，其缩放方式带有挤压效果，可以理解为不造成对象体积变化，只有形态变化，如图 1-73 所示。

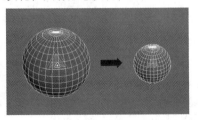

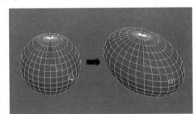

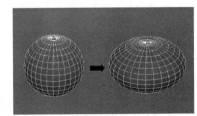

图1-71 图1-72 图1-73

Tips

在实际工作中，用户通常只会用到【选择并均匀缩放】 ，大家只需要了解其他两种缩放方式即可。

↘ 1.2.6 对象的复制和镜像

在工作中，一个场景很有可能出现相同的对象，如果每一个对象都单独创建，会增加工作量，降低工作效率，此时就可以使用复制和【镜像】 来解决这个问题。

1.复制对象

在 3ds Max 中，使用组合键 Ctrl+V 可以复制对象。但是在实际工作中，为了提高工作效率，通常是按住 Shift 键，然后通过移动、旋转和缩放对象来进行复制。在复制对象的过程中，系统会打开【克隆选项】对话框，如图 1-74 所示。

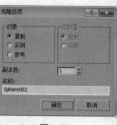

图1-74

重要参数说明

* 复制：表示复制出来的对象是独立的，与原对象无关联。
* 实例：表示复制出来的对象与原对象是有关联的，对任一对象进行改变，另一对象会跟随着发生变换。
* 副本数：表示复制的数量，不包括原对象。

2.镜像对象

镜像对象是使用【镜像】将对象沿指定轴进行对称处理，用户也可以使用【镜像】来对称复制对象。选择对象，然后在主工具栏单击【镜像】，系统会打开【镜像：世界坐标】对话框，如图 1-75 所示。

重要参数说明

* 镜像轴：设置对象在什么轴上进行镜像。
* 偏移：设置新对象与原对象的距离。
* 不克隆：对选择对象进行镜像处理。
* 复制：复制一个新对象，且对其进行镜像处理，新对象与原对象无关联。
* 实例：复制一个新对象，且对其进行镜像处理，新对象与原对象有关联。

图1-75

随堂练习 使用复制和【镜像】制作办公桌椅

📷 扫码观看视频

* 场景位置　场景文件 >CH01> 制作办公桌椅 .max
* 实例位置　实例文件 >CH01> 随堂练习：制作办公桌椅 .max
* 视频名称　制作办公桌椅 .mp4
* 技术掌握　复制功能、【镜像】工具

本例给出了一张办公桌和一把办公椅，要求读者使用复制功能和【镜像】工具将会议办公桌椅处理完整。

01 打开"实例文件 >CH01> 制作办公桌椅 .max"文件，如图 1-76 所示。

02 在主工具栏的【角度捕捉切换】上单击鼠标右键，打开【栅格和捕捉设置】对话框，设置【角度】为 90 度，如图 1-77 所示。

图1-76

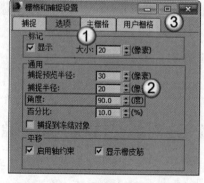

图1-77

03 切换到顶视图，按 E 键激活【选择并旋转】 ⟳ ，选择椅子模型，按 A 键激活【角度捕捉切换】工具 🔒 ，将椅子旋转 90°，在打开的【克隆选项】对话框中选择【实例】选项，单击【确定】按钮，如图 1-78 所示，然后将新复制的椅子移动到图 1-79 所示的位置。

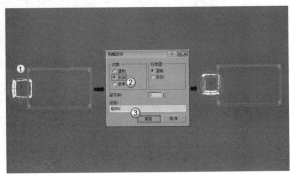

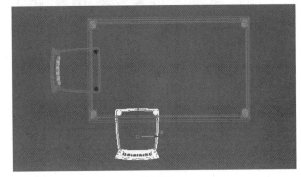

图1-78

图1-79

☰Tips

【镜像轴】并不是对称轴，而是复制的方向轴，比如本例选择的是 *x* 轴，那么对象就是在 *x* 轴上进行镜像。

---

04 按 W 键激活【选择并移动】 ✛ ，按住 Shift 键，将椅子沿 *x* 轴向右移动一段距离，在打开的【克隆选项】对话框中选择【实例】选项，单击【确定】按钮，如图 1-80 所示，复制后的效果如图 1-81 所示。

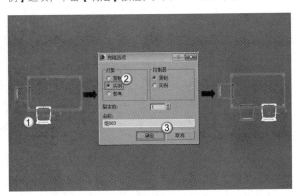

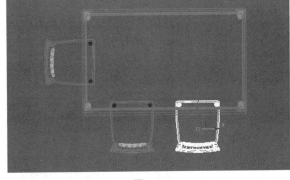

图1-80

图1-81

05 选择图 1-82 所示的椅子模型，单击【镜像】 ⚏ ，打开【镜像：屏幕 坐标】对话框，设置【镜像轴】为 *y* 轴、【偏移】为 140mm、【克隆当前选择】为【实例】，单击【确定】按钮，镜像后的效果如图 1-83 所示。

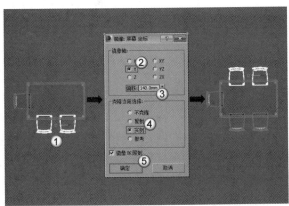

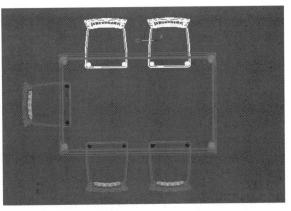

图1-82

图1-83

06 用同样的方法镜像另一把椅子模型，操作步骤如图1-84所示，最终效果如图1-85所示。

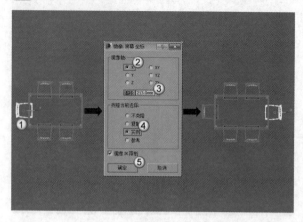

图1-84

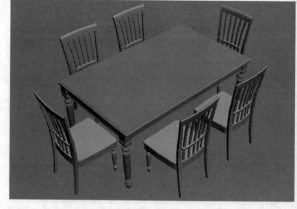

图1-85

技术链接3：控制3ds Max的Gamma

通过上一个练习，细心的读者会发现一个问题：图1-76和图1-85中的对象亮度不一样。本书在此修改了3ds Max的Gamma，图1-76中的效果是Gamma值为2.2的效果，图1-85中的效果是Gamma值为1的效果，因此图1-76中的对象要比1-85看起来亮一些。下面具体介绍如何修改3ds Max的Gamma。

在菜单栏执行【自定义】>【首选项】菜单命令，打开【首选项设置】对话框，然后切换到【Gamma 和 LUT】选项卡，如图1-86所示。在该选项卡下可以对Gamma进行控制。

如果勾选【启用 Gamma/LUT 校正】，用户可以通过设置【Gamma】的值来控制 3ds Max 的显示亮度和渲染亮度，值越大，效果越亮，通常设置为2.2，该值常用于 LWF 线性工作流（在渲染部分会详细介绍该模式）；如果没有勾选【启用 Gamma/LUT 校正】，那么系统将默认显示 Gamma 为1的效果，该值适用于 3ds Max 常规工作。

注意，部分参考书将 Gamma 值为2.2的情况解释为 3ds Max 的错误设置，这是一个错误的说法。在实际工作中，如果没有特殊要求，建议大家不要勾选【启用 Gamma/LUT 校正】，按正常的 3ds Max 工作模式进行操作即可。另外，由于软件的某些设置问题，系统会自动勾选该选项，建议工作之前确认一下。

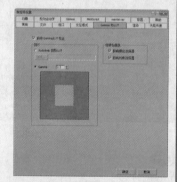

图1-86

↘ 1.2.7 快速对齐对象

在对对象进行位置操作时，比如要制作一个教室桌椅，如何将桌椅对齐是一个比较麻烦的工作，因为我们不可能仅仅通过目测就能将桌椅排放在一条直线上。这时，我们可以使用主工具栏的【对齐】 ■ 来对齐对象。

选择 A 对象，然后单击主工具栏的【对齐】 ■ ，接着选择 B 对象，系统会弹出【对齐当前选择】对话框（括号内为 B 对象的命名），用户通过设置对齐的相关参数就可以将 A 对象对齐到 B 对象的具体位置。【对齐当前选择】对话框如图1-87所示。

重要参数说明

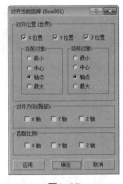

* **对齐位置（世界）**：以世界坐标为参考坐标系。

  X 位置 /Y 位置 /Z 位置：以世界坐标为参考坐标，使 A 对象在 x 轴 /y 轴 /z 轴上对齐 B 对象。

* **当前对象**：第 1 次选择的对象，即前文介绍的 A 对象。

* **目标对象**：第 2 次选择的对象，即前文介绍的 B 对象。

  最小：对象在当前选择轴上的最小位置。

  中心：对象在当前选择轴上的中心位置。

  轴点：对象在当前选择轴上的轴点（坐标点）。

  最大：对象在当前选择轴上的最大位置。

图1-87

📚**Tips**

读者如果对参数介绍有疑问，可以观看本节讲解视频，其中详细介绍了【对齐】📷的操作方法和工作原理。

↘1.2.8 设置系统单位

长度单位是人们衡量对象大小的标准。在使用 3ds Max 工作之前，设定好系统的单位是至关重要的。执行【自定义】>【单位设置】命令，打开【单位设置】对话框，用户可以在该对话框中设置对象的显示单位和系统单位，如图 1-88 所示。

图1-88

🔗 技术链接4：区分显示单位和系统单位

下面通过一组实例来介绍一下显示单位和系统单位的区别。

第1步：执行【自定义】>【单位设置】命令，打开【单位设置】对话框，设置【公制】为【毫米】，如图 1-89 所示。

第2步：单击 系统单位设置 按钮，打开【系统单位设置】对话框，设置【系统单位比例】为【1 单位 =1 毫米】，单击两次【确定】完成设置，如图 1-90 所示。

第3步：单击命令面板中的 长方体 ，在视图中按住鼠标左键并拖曳鼠标绘制出一个长方体，如图 1-91 所示。

图1-89

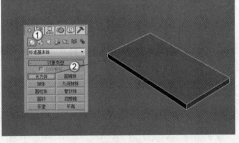

图1-90   图1-91

技术链接4：区分显示单位和系统单位

　　第4步：单击命令面板顶部的 ，切换到【修改】面板，设置长方体的【长度】、【宽度】和【高度】均为
1 000mm，如图1-92所示。这是一个边长为1 000mm的立方体。

　　第5步：在【单位设置】对话框中，设置【公制】为【米】，将显示单位设置为m；此时，观察【修改】面板中的参
数，发现原来的1 000mm显示为了1m，但是立方体的实际大小并未发生变化，仅仅是3ds Max的显示单位发生了变化，
立方体边长实际仍然为1 000mm，如图1-93所示。

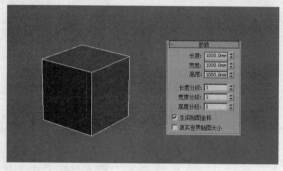

图1-92

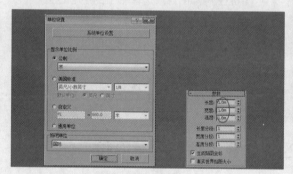

图1-93

　　第6步：进入【系统单位设置】对话框，设置【1单
位=1米】，将系统单位改为m；此时，观察【修改】面板
中的参数，发现1m变成了1 000m，如图1-94所示。

　　那么，这两种情况是如何造成的呢？

　　改变【公制】为【米】，这是将显示单位设置成了m，也
就是3ds Max将对象大小以单位为m的形式显示出来，即将
1 000mm换算成了1m，并显示出来；将【系统单位设置】的【1
单位=1毫米】改为【1单位=1米】，这是直接将1 000mm的
单位由mm换成了m，即以前的1 000mm变为1 000m，而此
时，我们的显示单位也是m，因此就直接显示为1 000m。

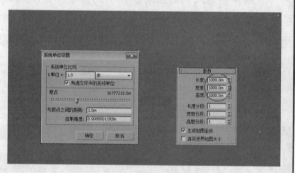

图1-94

　　综上所述，【公制】决定的是显示单位，它只影响3ds
Max的显示方式，并不改变对象的大小；【系统单位设置】决定的是对象的真实单位，它直接影响对象的真实大小。

1.3　配置VRay

　　VRay是由Chaosgroup和asgvis公司出品，在国内由曼恒公司负责推广的一款高质量渲染软件，如图1-95
所示。VRay不能单独工作，必须要加载在三维软件中才能进行工作，目前主要提供建模、材质、灯光、摄影机
和渲染等功能，为不同领域的优秀3D建模软件提供了高质量的图片和
动画渲染。在国内，VRay主要用于效果图制作领域，它的高质量、高
效率的渲染系统使其逐渐占据了国内的效果图制作市场。目前，基于
VRay内核开发的有VRay for 3ds Max、Maya、Sketchup和Rhino等诸
多版本，本书使用的是VRay 3.40 for 3ds Max 2014，这是目前比较新的
一个版本。

图1-95

↘ 1.3.1 VRay简介

在这里，读者或许有一个疑问：3ds Max 2014 不仅自带扫描线渲染器，还整合了 mental ray 渲染器，除比之外，市面上还有各种渲染器，比如 MaxWell、FinalRender 等，那么我们为什么还要使用插件式的 VRay 呢？

这是因为相比于其他的渲染器，VRay 有以下几个优点。

易用性：相比于 mental ray 等其他渲染器，VRay 的定位是"业余级"，也就是说它的使用方法很简单，上手也非常简单，对用户的门槛要求很低。

真实性：相对于 MaxWell 的物理渲染原理，VRay 使用的是光子渲染技术。通过 VRay 渲染出来的效果完全不亚于其他渲染器的效果，虽然无法完全模拟真实世界，但是只要参数设置得当，VRay 可以无限接近于真实世界。

高效性：这是 VRay 最大的优势。在达到相同质量的前提下，VRay 的渲染速度是目前较快的。

我们在工作中的重点是找到质量和速度的平衡点：谁都想要高质量的产品，但是时间成本会吃不消；谁都想要高速的生产线，但是产品质量可能不达标。因此，我们就需要一款既能满足质量要求，又不耗时的渲染器——VRay。

由于 VRay 的以上优势，在国内效果图领域，VRay 已经成为一款主流的渲染插件，图 1-96~图 1-99 所示为 VRay 渲染的作品。

图1-96

图1-97

图1-98

图1-99

↘ 1.3.2 加载VRay

用户可以通过互联网获取 VRay 3.40 for 3ds Max 2014 的下载方式，直接安装即可（在注册安装的时候会产生相关费用，一般为 5~10 元 ）。安装好 VRay 后，需要在 3ds Max 中加载才可以使用其功能，具体方法如下。

01 启动 3ds Max 2014，按 F10 键打开【渲染设置】对话框，如图 1-100 所示，此时 3ds Max 默认加载的是自身的渲染器——【默认扫描线渲染器】。

02 在【公用】选项卡下打开【指定渲染器】卷展栏，单击【产品级】后面的【选择渲染器】 ，系统会自动弹出【选择渲染器】对话框，然后选择 VRay Adv 3.40.01，并单击【确定】按钮完成设置，如图 1-101 所示。

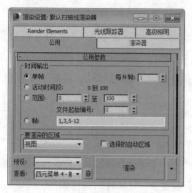

图1-100

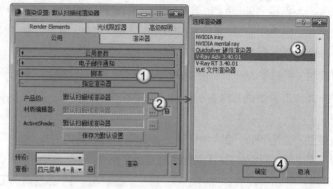

图1-101

Tips

　　在这里，我们选择的 VRay Adv 3.40.01，这是 VRay 在 3ds Max 中的一种命名方式，与前面介绍的 VRay 3.40 for 3ds Max 2014 是同一个 VRay。另外，大家在下载 VRay 时，其版本后缀可能是 VRay 3.40.XX（如 3.40.02），最后的 02 表示第 2 次补丁修复，其版本仍是 3.40。

03 加载好 VRay 后，3ds Max 的【渲染设置】对话框会发生更新，如图 1-102 所示。此时【渲染设置】中更新【VRay】、【GI】、【设置】3 个选项卡，这些都是 VRay 的重要渲染参数，同时，底部的【产品级】和【材质编辑器】也更新为当前版本的 V-Ray Adv 3.40.01。

图1-102

1.4 思考与练习

　　思考一：本节介绍了保存文件的方法，这是一种比较常规的保存方法。为了防止文件路径和贴图的丢失，3ds Max 拥有【归档】功能，请使用【保存】>【归档】命令保存一个场景，并解释其区别。

　　思考二：当使用【导入】命令向场景中导入对象时，会很难查找到该对象，请思考如何快速地在场景中找到导入的对象。

　　思考三：当使用【选择并旋转】工具 旋转对象时，如何使对象围绕某一点进行旋转？同理，如何将对象围绕某一点进行旋转复制？比如制作钟表刻度。

CHAPTER

02

基础建模

* 了解建模的理论知识
* 掌握建模的基本思路
* 掌握建模的基本方法
* 掌握基本体建模方法
* 掌握二维图形建模方法
* 掌握复合对象建模

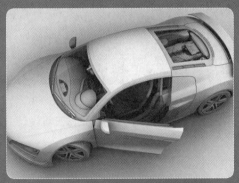

2.1 建模常识

建模即是创建模型，是一种研究对象的重要手段和前提。在三维制作中，我们是通过 3ds Max 来创建实物对象的模型，然后用 3ds Max 中创建的模型来进行后续研究，比如动画、游戏和室内设计等后续工作，都需要以模型作为前提。

图 2-1 所示为一个室内场景的设计效果，这些器材都是使用 3ds Max 创建的模型。通过该设计，我们可以提前预见室内空间的设计感和装修风格，以此来决定是否使用这种设计方案。

图 2-2 所示为一辆汽车的 3ds Max 模型，这个模型不仅可以用来欣赏车体设计感，还可以用于影视电影的动作特效。在拍摄电影的过程中，汽车的撞击、爆炸等特效，有许多都是使用这类 3D 模型。

图2-1

图 2-3 所示是 Dota2 中的游戏场景和角色效果。类似于这类游戏场景和角色模型，我们都可以使用 3ds Max 来创建，然后将这些模型用于后续开发，就可以制作出游戏中的效果。

图2-2

图2-3

总之，3ds Max 的建模功能非常强大，几乎可以创建所有模型。建模是做三维设计的基本功底，也是不可或缺的一道工作流程。

↘ 2.1.1 建模思路

建模是一个从无到有的创造过程，因此，在创建对象模型的时候，从对象的何处开始创建、怎么创建、创建顺序是什么等一系列问题，无疑都是初学者需要掌握的。

相信大家在孩童时代，都玩过"堆积木""捏泥巴"等小游戏，而建模就是"堆积木"和"捏泥巴"的过程。以图 2-4 所示的地球仪模型为例，下面来介绍一下建模思路。

我们可将地球仪拆开，然后用"捏泥巴"的方法对拆开的每个部分进行创建，最后再将创建好的部分用"堆积木"的方法拼凑起来，如图 2-5 所示。

图2-4

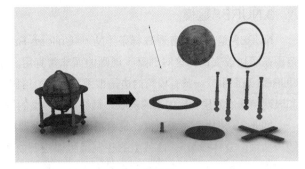

图2-5

在 3ds Max 建模中，几乎所有模型都可以使用这种思路来创建。当对象不能进行拆分时，大家可以使用"捏泥巴"的方式直接创建模型。

↘ 2.1.2 建模方法

在前面，我们确定了创建模型的思路，那么应该如何来进行建模操作呢？3ds Max 的创建板提供了多种建模基本体工具和二维图形，修改面板提供了多种建模修改器，大家使用这些工具都可以进行简单的模型创建，等同于"堆积木"的过程。而"捏泥巴"的建模过程是一项专业的建模技术——多边形建模技术。

1.基本体建模

3ds Max 的【创建】面板提供了多种几何体（基本体）供大家建模使用，如图 2-6 和图 2-7 所示。这些几何体是日常生活中比较常见的立体对象，可以拼凑成简单的模型对象。图 2-8 所示的茶几模型，就是用 长方体 拼凑的。

图2-6

图2-7

图2-8

2.二维图形建模

3ds Max 的"创建"面板提供了各种常规的二维图形工具，如图 2-9 和图 2-10 所示。大家使用这些工具可以创建出想要的二维图形，然后通过后续处理和加载修改器，就可以制作出理想的三维模型。图 2-11 所示的吊灯，就是通过二维图形工具将结构绘制出来，然后通过后续操作创建的。

图2-9

图2-10

图2-11

3.NURBS建模

NURBS 是非均匀有理 B 样条（Non-Uniform Rational B-Splines）的英文缩写，这类曲线的顶点影响力范围是可以改变的，这对创建不规则曲面非常有用。NURBS 造型总是由曲线和曲面来定义的，因此，要在 NURBS 表面生成一条有棱角的边是很困难的。恰恰因为这一点，我们可以用它来创建出各种复杂的曲面造型和表现特殊的效果，比如人的皮肤、面貌和流线型的跑车等。

NURBS 建模即曲面建模，是目前主流的两大建模技术之一（另一个是多边形建模技术）。其流程是"曲线→曲面→立体模型"，曲线上的控制点可以控制曲线的曲率、方向和长短。3ds Max 中的"创建"面板中分别提供了用于 NURBS 建模的曲线和曲面工具，如图 2-12 和图 2-13 所示。图 2-14 所示的奥迪 A8 汽车模型就可以使用 NURBS 建模技术来创建。

图2-12

图2-13

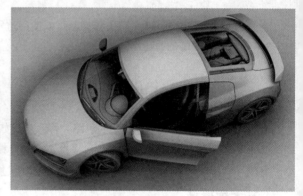

图2-14

≜Tips

　　NURBS 建模是主流的两大建模技术之一，但是由于 3ds Max 在多边形建模技术上的巨大优势，我们通常偏向于使用 3ds Max 的多边形建模技术，而 NURBS 建模技术在另一款三维动画制作软件 Maya 中使用更多。

4.多边形建模

多边形建模是主流的两大建模技术之一，也是目前应用范围比较广的一种建模技术。多边形建模技术针对的对象是多边形对象，也就是说，在进行多边形建模前，我们必须把对象转换为可编辑多边形，然后对多边形的【顶点】【边】【边界】【多边形】【元素】进行编辑处理，得到最终模型。

多边形建模技术能创建出各行业内大部分模型，这也是其成为主流建模技术的原因。图 2-15 所示是通过多边形建模创建的模型，从右边的模型可以看出多边形模型的结构基本上是由四边形构成的，这是标准多边形模型的特点——由四边形构成，因为多边形创建出来的模型会有棱角，所以需要将模型表面进行平滑处理，才可以得到左边的效果。

Tips

　　多边形建模作为一项核心建模技术，本书将在后面单独列章进行讲解，此处大家只需要了解一下即可。

　　另外，在建模技术中，还有一种建模技术叫网格建模，是老版本的 3ds Max 中使用的建模，一直到 3ds Max 4.0 才更新了多边形建模。由于两种建模技术的思路基本相同，加上多边形建模技术更灵活、更方便，因此，目前大家都选用多边形建模技术。

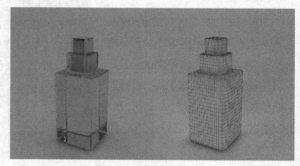

图2-15

2.2 基本体建模

从严格意义上来讲，这里介绍的基本体建模，都是"堆积木"的过程，就是将 3ds Max 中的基本体拼凑堆积在一起，形成我们想要的模型，它的局限来自于基本体自身的形态，也就是说，如果基本体的形态不能满足对象的形态特点，那么这种建模方法就是不可行的。本节内容包含常用的【标准基本体】和【扩展基本体】，如图 2-16 和图 2-17 所示，它们主要用于练习基本体的创建方法和使用方法，为多边形建模打下良好的基础。

图2-16　　　　　　图2-17

↘2.2.1 长方体

长方体 可以用来创建长方体，其"创建"面板参数如图 2-18 所示。在创建长方体时（其他基本体一样），我们首先单击 长方体 按钮，然后使用鼠标左键在视图中拖曳指针，待完成创建后，单击 按钮切换到"修改"面板，最后在【参数】卷展栏中设置长方体的【长度】、【宽度】和【高度】等参数。

图2-18

重要参数说明

（1）【创建方法】卷展栏

＊ **立方体**：选定该选项后，在视图中拖动指针，会直接创建一个长、宽、高都相同的立方体。

＊ **长方体**：选定该选项后，在视图中拖动两次指针，就能创建长、宽、高都不等的长方体。

（2）【参数】卷展栏

＊ **长度**：设置长方体的长度，在透视图中创建长方体，该值影响长方体在 y 轴方向上的长度。

＊ **宽度**：设置长方体的宽度，在透视图中创建长方体，该值影响长方体在 x 轴方向上的长度。

＊ **高度**：设置长方体的高度，在透视图中创建长方体，该值影响长方体在 z 轴方向上的长度。

＊ **长度分段**：设置长方体在长度方向上的分段数，在透视图中创建长方体，则是在 y 轴方向。图 2-19 所示为不同【长度分段】的设置效果。

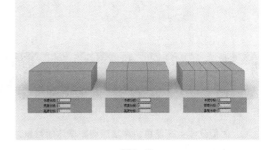

图2-19

＊ **宽度分段**：设置长方体在宽度方向上的分段数，在透视图中创建长方体，则是在 x 轴方向。

＊ **高度分段**：设置长方体在高度方向上的分段数，在透视图中创建长方体，则是在 z 方向。

Tips

在 3ds Max 中，如果在不同视图创建几何体，其【长度】、【宽度】、【高度】所对应的坐标轴是不一样的，因此，本书中的默认情况都是以在透视图中创建几何体为基准。

↘ 2.2.2 球体

球体 主要用于创建球体和半球等几何体，参数面板如图 2-20 所示。

重要参数说明

* **半径**：设置球体的半径大小。

* **分段**：设置球体的分段数，分段越高，球体表面越平滑；反之，则棱角越明显。

* **平滑**：决定球体表面是否光滑。

* **半球**：将球体沿维度进行切割，通过参数确定切除比例，如图 2-21 所示。【半球】的处理方式有两种，其中【切除】是将被断开的区域直接切掉，从而减少几何体的顶点和面；【挤压】则是保留原有顶点和面的数量，将几何体向顶部挤压，如图 2-22 所示。

图2-20

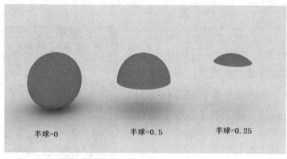

图2-21

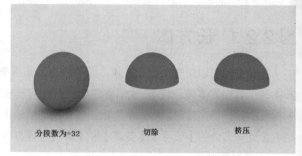

图2-22

* **启用切片**：将球体沿经度进行切割，通过控制【切片起始位置】和【切片结束位置】来得到不同弧度的几何体，这里的参数是以角度为准，系统会将【切片起始位置】和【切片结束位置】之间的区域切割，如图 2-23 所示。

图2-23

技术链接5：如何确定球体的切片位置

大部分读者在使用切片功能切割球体的时候，对【切片起始位置】和【切片结束位置】不能很好把握，下面来介绍一下切片位置的识别原理。

在使用 **球体** 的【启用切片】功能时，切片以 y 轴的正方向为 0°轴，然后在 xy 平面内围绕 z 轴旋转一周，即为 360°，如图 2-24 所示。

当大家清楚了上述原理后，就很好理解【切片起始位置】和【切片结束位置】了。比如我们设置【切片起始位置】为 90°，那么就是将切片从 y 轴开始，围绕 z 轴逆时针旋转 90°，此处就是切片的位置；【切片结束位置】的原理也是如此。确认好切片位置后，系统会将从【切片起始位置】沿逆时针方向开始切除，一直到【切片结束位置】为止，如图 2-25 和图 2-26 所示。

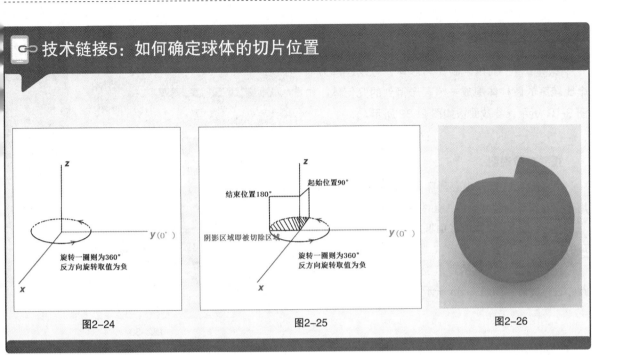

技术链接5：如何确定球体的切片位置

图2-24　　　　　　　　图2-25　　　　　　　　图2-26

↘ 2.2.3 圆柱体

圆柱体 主要用于创建圆柱体，其参数面板如图 2-27 所示。

重要参数说明

* **半径**：设置圆柱体的底面半径，该参数控制圆柱体的粗细。

* **高度**：设置圆柱体的高度，该参数控制圆柱体的长短。

* **高度分段**：控制圆柱体的高度分段数，与长方体类似。

* **端面分段**：控制圆柱体的底面圆环数，如图 2-28 所示。

* **边数**：设置底面圆的分段数，分段越大，圆柱体越圆滑，如图 2-29 所示。

* **启用切片**：将圆柱体进行切割处理，原理与 球体 相同，如图 2-30 所示。

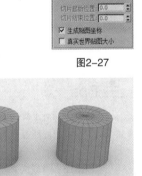

图2-27

端面分段=1　　　端面分段=2　　　端面分段=3

图2-28

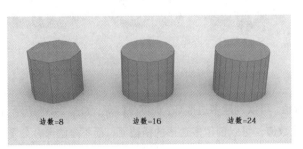

边数=8　　　边数=16　　　边数=24

图2-29

图2-30

↘ 2.2.4 圆环

圆环 主要用于制作环形体，可以理解为一个比较高的圆柱体围成一个圆形得到的几何体，如图 2-31 所示，参数面板如图 2-32 所示。

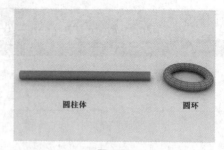

圆柱体　　　　　　　　　　　圆环

图2-31

图2-32

重要参数说明

＊ **半径 1**：圆环中心到环体横截面圆心的距离，用于控制圆环的整体大小，如图 2-33 所示。

＊ **半径 2**：环体横截面圆的半径，用于控制圆环的粗细，如图 2-34 所示。

＊ **旋转**：将圆环的顶点围绕环体横截面所在的圆心进行旋转，如图 2-35 所示。

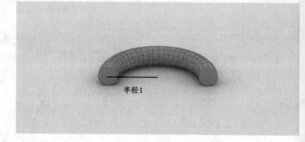
半径1

图2-33

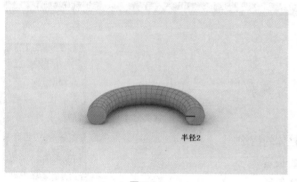
半径2

图2-34

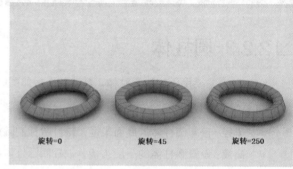
旋转=0　　　　　旋转=45　　　　　旋转=250

图2-35

Tips

环体越圆滑，【旋转】所造成的效果越不明显，为了方便读者理解其旋转原理，本书将【边数】（横截面的边数）设置为 4，这样就能明显地看到【旋转】的影响效果。

＊ **扭曲**：横截面将围绕通过环形中心的圆形逐渐旋转。从扭曲开始，每个后续横截面都将旋转，直至最后一个横截面具有指定的度数，也就是说，比如我们将一个有 24 个横截面分段（25 个横截面）的圆环扭曲 360°，那么从第 1 个横截面开始，第 2 个横截面旋转 15°，第 3 个旋转 30°，第 4 个旋转 45°，依次类推，直到最后一个（第 25 个）旋转 360°，如图 2-36 所示。

扭曲=0　　　　　扭曲=360　　　　　扭曲=3600

图2-36

＊ **分段**：设置围绕环形的分段数目。通过减小此数值，可以创建多边形环，而不是圆环，如图 2-37 所示。

＊ **边数**：设置环形横截面圆形的边数。通过减小此数值，可以创建多边形的横截面，而不是圆形，如图 2-38 所示。

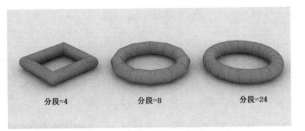

分段=4　　　分段=8　　　分段=24

图2-37

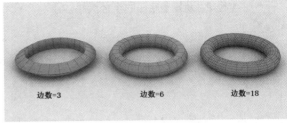

边数=3　　　边数=6　　　边数=18

图2-38

* **启用切片**: 将圆环进行切割处理, 原理与 球体 相同。

技术链接6: 如何避免【扭曲】造成的收缩效果

当读者在进行【扭曲】操作时, 扭曲闭合(未切片)的环形将在第一个分段上创建一个收缩, 如图2-39所示。

对于这类问题, 我们有两种办法去解决。

第1种: 将圆环的【扭曲】参数设置为360的整数倍, 如图2-40所示。但是, 这种方法的局限性比较大, 不能扭曲任意角度。

第2种: 通过勾选【启用切片】选项, 并将【切片起始位置】和【切片结束位置】都设置为0, 便可以使环形避免出现收缩的情况, 如图2-41所示。这样, 第1个分段会出现边不衔接在一起的情况, 但是这并不会对模型整体造成影响。

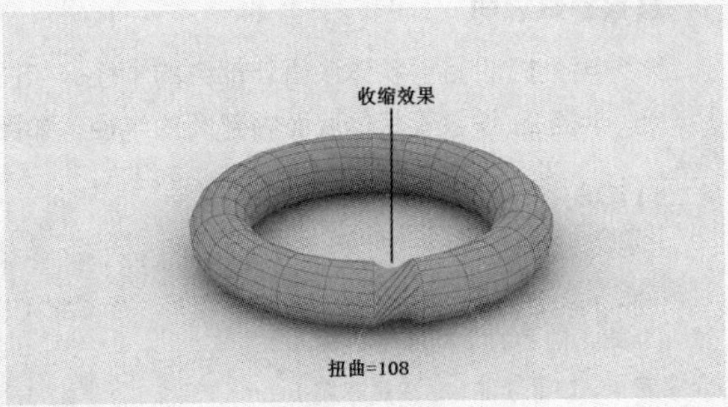

收缩效果

扭曲=108

图2-39

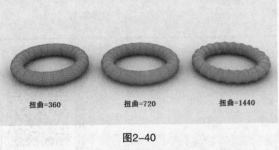

扭曲=360　　　扭曲=720　　　扭曲=1440

图2-40

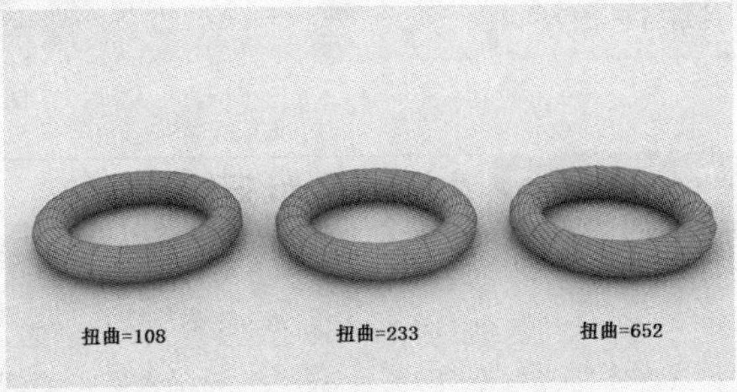

扭曲=108　　　扭曲=233　　　扭曲=652

图2-41

↘ 2.2.5 圆锥体

圆锥体 可以用于创建圆底的椎体, 可以理解为将圆柱体的上下底面半径设置得不一样所得到的几何体, 如图2-42所示, 参数面板如图2-43所示。

重要参数说明

* **半径1**: 设置下底面的半径大小。

图2-42

圆柱体　　　圆锥体

图2-43

* **半径 2**：设置上底面的半径大小。

≜Tips

　　圆锥体 的其他参数与 圆柱体 完全一样，请读者参考 圆柱体 的参数进行学习。另外可以发现，将【半径1】和【半径2】设置为相同的数值，得到的是一个圆柱体。

↘2.2.6 管状体

　　管状体 可以创建类似于水管类的几何体，可以理解为从圆柱体内部抠出了一个等高的圆柱体所剩下的部分，如图 2-44 所示，参数面板如图 2-45 所示。

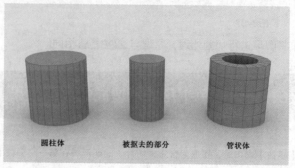

图2-44

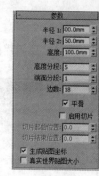

图2-45

重要参数说明

* **半径 1**：设置管状体底面外部圆的半径，如图 2-46 所示。

* **半径 2**：设置管状体底面内部圆的半径，如图 2-47 所示。

≜Tips

　　管状体 的其他参数与 圆柱体 基本类似，此处不做赘述。至此，常用的【标准基本体】介绍完毕，对于其他【标准基本体】的参数和用法，读者可以根据现有的讲解来进行学习。

图2-46

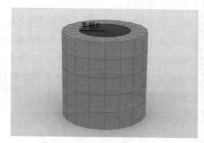

图2-47

随堂练习 ｜ **制作恐龙积木**　　　　 扫码观看视频

* 场景位置　场景文件 >CH02> 无
* 实例位置　实例文件 >CH02> 随堂练习：制作恐龙积木 .max
* 视频名称　制作恐龙积木 .mp4
* 技术掌握　创建【标准基本体】

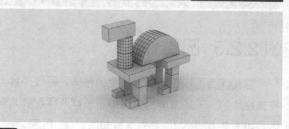

01 在【创建】面板中，激活【几何体】 ，选择【标准基本体】，单击 长方体 ，然后在视图中拖曳并创建一个长方体，如图 2-48 所示。

02 选择上一步创建的长方体，然后进入【修改】 面板，接着设置【长度】为40mm、【宽度】为40mm、【高度】为80mm，如图2-49所示。

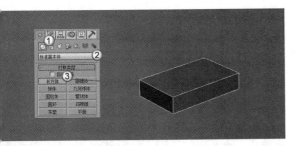

图2-48

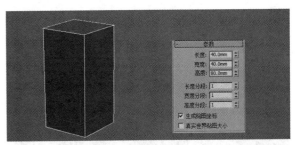

图2-49

03 选择长方体,然后按住Shift键,使用【选择并移动】将其沿z轴向上复制一个,系统会弹出【克隆选项】对话框,接着设置【对象】为【复制】,【副本数】为1,最后单击【确定】,如图2-50所示。

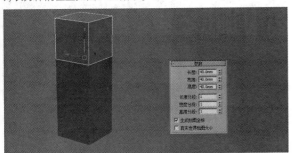

图2-50

Tips

这里之所以选中【复制】而不是【实例】,是因为我们要对新复制的长方体进行参数修改。

04 选中新复制的长方体,修改其【高度】为40mm,并调整好长方体的位置如图2-51所示。

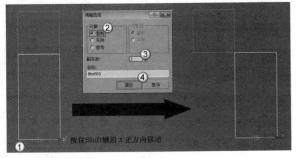

图2-51

Tips

为了方便读者区分,本书使用了另一种颜色,读者可以使用【修改】面板中的色块来更改对象的显示颜色,如图2-52所示。注意,此方法只适用于对象未被指定材质的情况。

图2-52

05 切换到前视图,用同样的方法将底部的长方体沿x轴的正方向复制一个,如图2-53所示。

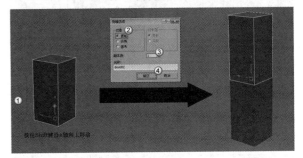

图2-53

06 选择上一步复制的长方体,然后修改【长度】为30mm、【高度】为25mm,如图2-54所示。此时,我们就把脚创建好了。

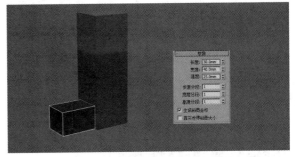

图2-54

Tips

若读者创建出来的几何体的朝向和书中不同,这是由透视图的观察位置不同造成的,仅仅是视觉上的差异,读者只需对比各个几何体所在坐标轴的方向是否一致即可。比如图2-54中的效果图,读者只需确认脚掌处的长方体在x轴的正方向即可。

07 切换到顶视图，选中所有长方体，并以实例的形式复制3组，将恐龙的4只脚做好，如图2-55所示。

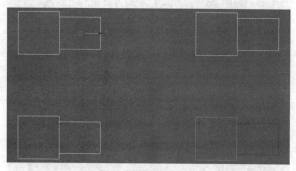

图2-55

08 切换到透视图，使用 长方体 创建两个长方体，并设置【长度】为150mm、【宽度】为130mm、【高度】为30mm，最后摆放好它们的位置，做好恐龙的腹部，如图2-56所示。

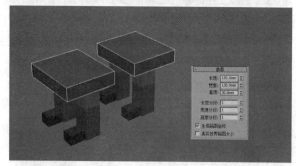

图2-56

Tips

至此，一个恐龙的积木就创建完成了。这个积木效果不是特别逼真，但是要注意，逼真程度并不是本练习的重点，本练习的目的是让读者学会创建并修改几何体，掌握"堆积木"的建模方法和建模思路。练习过本例后，读者可以尝试着制作简单的桌子模型。

09 使用 圆柱体 创建一个圆柱体，然后设置【半径】为100mm、【高度】为80mm，并勾选【启用切片】，设置【切片起始位置】为0、【切片结束位置】为180，将圆柱体切去一半，最后对圆柱体进行移动和旋转，并将其放置在合适的位置，做好恐龙的背部，如图2-57所示。

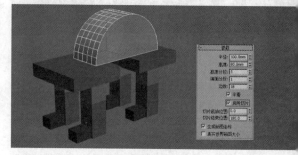

图2-57

10 继续使用 圆柱体 创建两个圆柱体，用于创建恐龙的脖子，具体参数和位置如图2-58所示。

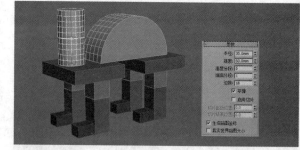

图2-58

11 使用 长方体 做出恐龙头部，具体参数和位置如图2-59所示。

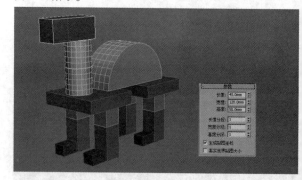

图2-59

随堂练习 制作吊灯

 扫码观看视频

- 场景位置　场景文件 >CH02> 无
- 实例位置　实例文件 >CH02> 随堂练习：制作吊灯 .max
- 视频名称　制作吊灯 .mp4
- 技术掌握　球体 、圆柱体

01 使用 球体 在视图中单击鼠标左键并拖曳鼠标创建一个球体，如图2-60所示。

02 单击【修改】 按钮，进入修改面板，然后修改模型名称为【灯罩】，接着设置【半径】为100mm、【分段】为32，如图2-61所示。

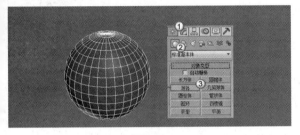

图2-60

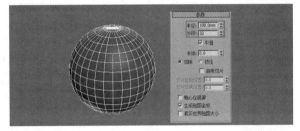

图2-61

03 在灯罩正上方创建一个圆柱体，将其命名为【灯座】，然后设置【半径】为45mm、【高度】为25mm、【高度分段】为1、【边数】为36，参数及位置如图2-62所示。

04 切换到前视图，然后将圆柱体沿y向上复制一个，将其命名为【吊线】，接着将【半径】改为2.5mm、【高度】改为500mm，参数及位置如图2-63所示，吊灯模型如图2-64所示。

图2-62

图2-63

图2-64

↘ 2.2.7 异面体

异面体 是一种非常典型的扩展基本体，主要用于创建四面体、立方体和星形等，其参数面板如图 2-65 所示。

重要参数说明

* **系列**：可以选择不同的异面体种类，如图 2-66 所示。

* **系列参数**：P、Q 两个选项主要用来切换多面体顶点和面之间的关联关系，取值范围为 0~1。

图2-65

＊ **轴向比率**：多面体可以拥有多达3种多边形的面，包括三角形、四边形和五边形。这些面可以是规则的，也可以是不规则的。

四面体　　立方体/八面体　　十二面体/二十面体　　星形1　　星形2

图2-66

↘ 2.2.8 切角长方体

切角长方体 可以创建带圆角的长方体，即让长方体的棱角变圆滑，其参数面板如图2-67所示。与 长方体 相比，切角长方体 多了【圆角】和【圆角分段】两个参数，其他参数完全一样。

图2-67

重要参数说明

＊ **圆角**：设置长方体的棱角圆滑程度，业内也称为倒角程度，值约大，倒角越大，如图2-68所示；注意，该值不能超过长方体的边长，否则会出错。

＊ **圆角分段**：设置圆角边的分段数，默认为3；该值越大，倒角越圆滑，如图2-69所示。

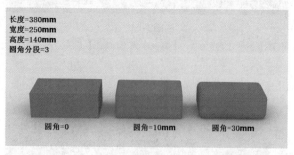

长度=380mm
宽度=250mm
高度=140mm
圆角分段=3

圆角=0　　圆角=10mm　　圆角=30mm

图2-68

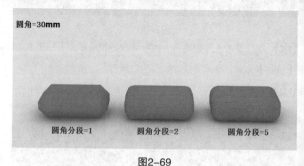

圆角=30mm

圆角分段=1　　圆角分段=2　　圆角分段=5

图2-69

↘ 2.2.9 切角圆柱体

切角圆柱体 可以创建带圆角的圆柱体，如图2-70所示，其参数面板如图2-71所示。

Tips

因为 切角圆柱体 的倒角原理与 切角长方体 完全一样，其他参数又与 圆柱体 完全一样，所以读者可以参考这两个工具进行学习，此处不做赘述。

图2-70

图2-71

随堂练习 | 制作凳子

扫码观看视频

· 场景位置　场景文件 >CH02> 无
· 实例位置　实例文件 >CH02> 随堂练习：制作凳子 .max
· 视频名称　制作凳子 .mp4
· 技术掌握　切角长方体 、切角圆柱体

01 使用 切角圆柱体 在视图中创建一个切角圆柱体，具体参数设置如图2-72所示。

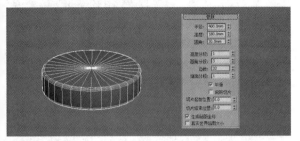

图2-72

02 将上一步创建的切角圆柱体沿z轴向下复制一个（以【复制】的形式），并修改参数和调整位置，如图2-73所示。

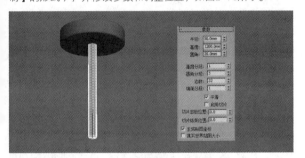

图2-73

03 继续复制一个切角圆柱体，并修改参数，如图2-74所示。

图2-74

04 通过【选择并移动】 和【选择并旋转】 调整切角圆柱体的位置，如图2-75所示。

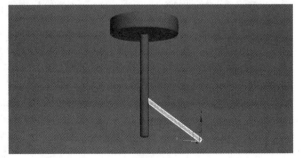

图2-75

05 用同样的方法创建好另一个支架，如图2-76所示。

图2-76

06 使用 切角长方体 创建好凳脚，具体参数如图2-77所示。

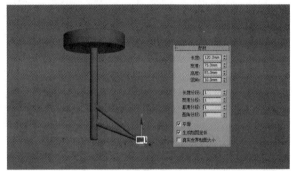

图2-77

07 选择图2-78中的几何体，然后执行【组】>【组】菜单命令，在弹出的【组】对话框中单击【确定】，将所选对象打组，如图2-78所示。

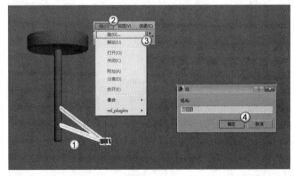

图2-78

♨Tips

　　上述操作在业内统称为"打组"。"打组"可以将被选中的几何体统一在一个组内，对该组进行相关操作时，组内的几何体都会跟着变化。如果要解开组，可以执行【组】>【解组】命令；如果要对组内的某个几何体进行操作，可以执行【组】>【打开】命令，此时，同一组的对象周围会有一个红色的边框，如图2-79所示，此时，用户就可以对组内的任一对象进行操作，待处理完成后，只需要单击红色边框，然后执行【组】>【关闭】，系统会自动将打开的组再次打组在一起。

　　因此，读者需要明确：【解组】是将原组直接解除，即没有【组】的存在了；【打开】仅仅是将原组细分，用户可以对组内的单个对象进行编辑，又不会影响其他个体，但是【组】仍是存在的。

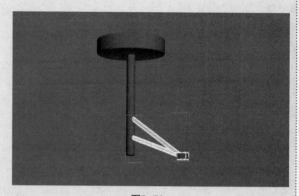

图2-79

08 选择创建的组，然后切换到顶视图，进入【层次】面板，然后单击【轴】和【仅影响轴】，将整个组的轴心显示出来，如图2-80所示。

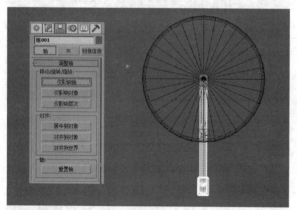

图2-80

09 使用【选择并移动】将轴心移动到凳子坐垫所在的圆心处，如图2-81所示。

图2-81

10 单击【修改】按钮进入【修改】面板，退出【层次】面板，然后按住Shift键，使用【选择并旋转】将整个组旋转120°，以【实例】的形式复制2个支架，如图2-82所示。

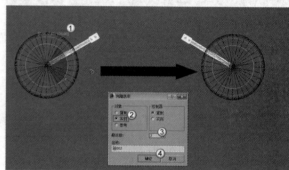

图2-82

11 使用 切角圆柱体 再次创建一个切角圆柱体，修饰一下凳子的细节，完成凳子的创建，如图2-83所示。

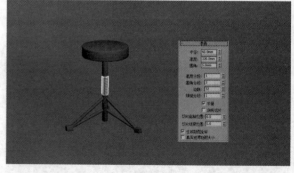

图2-83

技术链接7：确认几何体的轴心的作用

在这个练习中，相信读者对第 8 步和第 9 步的作用有点疑惑，那么这里我们去掉第 8 步和第 9 步，在【层次】  单击 重置轴 将轴心还原，直接跳到第 10 步，结果如图 2-84 所示。

这显然不是我们想要的结果，当然读者也可以将复制出来的支架分别移动到合适位置，但是难免会增加工作时间，降低工作效率。

因为在进行旋转操作的时候，对象是围绕轴心进行旋转的，这就解释了为什么图 2-82 和图 2-84 的结果不一样了。

轴心确认的方法即第 8 步、第 9 步，这个方法在以后的学习中还会用到，比如时钟的指针转动动画，我们必须将指针的轴心设置到钟表的圆面中心。

图2-84

2.3　二维图形建模

二维图形建模并不是创建平面图形，而是使用二维图形工具绘制二维图形，再将二维图形转化成三维模型的过程。在【创建】面板中选择【图形】  即可进入【样条线】建模工具面板，如图 2-85 所示。注意，【样条线】通常搭配修改器和【复合对象】进行使用。

图2-85

↘ 2.3.1　线

线 是建模中比较常用的一种工具，其灵活不受约束、可封闭可开放、拐角可尖锐可圆滑的特点使其可以创建任意线条，参数面板如图 2-86 所示。

重要参数说明

（1）【渲染】卷展栏

＊ **在渲染中启用：** 勾选该选项才能渲染出样条线；若不勾选，将不能渲染出样条线。

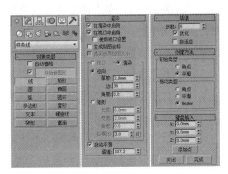

图2-86

＊ **在视口中启用：** 勾选该选项后，样条线会以网格的形式显示在视图中。

＊ **视口 / 渲染：** 当勾选【在视口中启用】选项时，样条线将显示在视图中；当同时勾选【在视口中启用】和【渲染】选项时，样条线在视图中和渲染中都可以显示出来。

　　径向： 将 3D 网格显示为圆柱形对象，其参数包含【厚度】、【边】和【角度】。

　　矩形： 将 3D 网格显示为矩形对象，其参数包含【长度】、【宽度】、【角度】和【纵横比】。

＊ **自动平滑：** 启用该选项可以激活下面的【阈值】选项，调整【阈值】数值可以自动平滑样条线。

（2）【创建方法】卷展栏

＊ **初始类型：** 指定创建第 1 个顶点的类型，共有以下两个选项。

角点：通过顶点产生一个没有弧度的尖角。

平滑：通过顶点产生一条平滑、不可调整的曲线。

* **拖动类型**：当拖曳顶点位置时，设置所创建顶点的类型，其中角点、平滑选项与初始类型中含义一致，Bezier 选项含义如下。

Bezier：通过顶点产生一条平滑、可以调整的曲线。

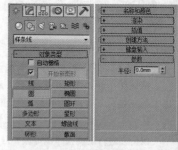

图2-87

↘2.3.2 圆

██圆██用于创建圆形，参数面板如图 2-87 所示。██圆██的参数基本都与██线██一致，不同点在于██圆██的大小可以通过【半径】来设置。另外，默认情况下██线██可以编辑样条线，而██圆██不行，需要转化才能得到。

↘2.3.3 文本

██文本██可以在视图中创建文字模型，并且可以修改字体的类型和字体大小，参数面板如图 2-88 所示。

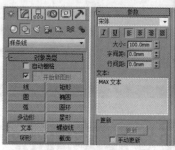

图2-88

重要参数说明

* **斜体** *I* ：单击该按钮可以将文本切换为斜体，如图 2-89 所示。

* **下画线** **U** ：单击该按钮可以将文本切换为下画线文本，如图 2-90 所示。

图2-89

* **左对齐** ▤：单击该按钮可以将文本对齐到边界框的左侧。

* **居中** ▤：单击该按钮可以将文本对齐到边界框的中心。

* **右对齐** ▤：单击该按钮可以将文本对齐到边界框的右侧。

* **对正** ▤：分隔所有文本行以填充边界框的范围。

* **大小**：设置文本高度，其默认值为 100mm。

* **字间距**：设置文字间的间距。

* **行间距**：调整字行间的间距（只对多行文本起作用）。

图2-90

* **文本**：在此可以输入文本，若要输入多行文本，可以按 Enter 键切换到下一行。

随堂练习 **制作企业铭牌**　　📱 扫码观看视频

- 场景位置　　场景文件 >CH02> 无
- 实例位置　　实例文件 >CH02> 随堂练习：制作企业铭牌 .max
- 视频名称　　制作企业铭牌 .mp4
- 技术掌握　　██文本██

01 切换到前视图，使用 [文本] 在视图中单击鼠标左键创建一个文本对象，如图2-91所示。

03 打开【渲染】卷展栏，勾选【在渲染中启用】和【在视口中启用】选项，选择【矩形】，设置【长度】为50mm、【宽度】为15mm，如图2-93所示。

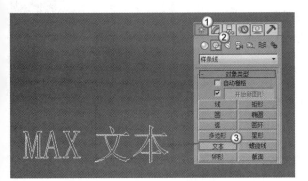

图2-91

图2-93

02 进入【修改】面板，选择【华文琥珀】，设置【大小】为300mm、【字间距】为50mm，在【文本】中输入【印象文化有限公司】，如图2-92所示。

04 使用 [长方体] 为铭牌文字创建一个背景板，如图2-94所示。

图2-92

图2-94

2.4 复合对象建模

　　复合对象建模也属于基本体建模和二维图形建模，它是将多种基本体复合在一起的建模方式，如图 2-95 所示。读者发现有许多工具是未激活的，这说明要使用这些工具，必须有初始对象才行。本节介绍比较常用的 3 种复合对象建模工具：【图形合并】、【布尔】和【放样】。

图2-95

↘ 2.4.1 图形合并

图形合并 可以将单个或多个二维图形沿图形的局部 z 轴负方向投射到网格对象上去，并在网格中嵌入曲线或移除网格对象曲面外部的图像（未投射到网格对象上的曲线部分）。参数面板如图 2-96 所示。

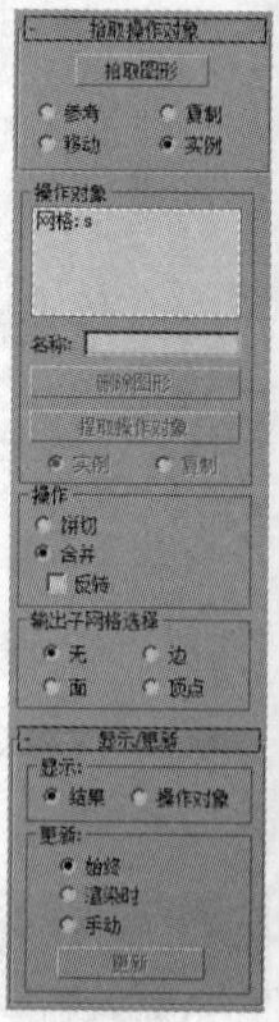

重要参数说明

* **拾取图形** 拾取图形 ：单击该按钮，然后单击要嵌入网格对象中的图形，图形可以沿图形局部的 z 轴负方向投射到网格对象上。

* **参考 / 复制 / 移动 /实例**：指定如何将图形传输到复合对象中。

* **操作对象**：在复合对象中列出所有操作对象。

* **删除图形** 删除图形 ：从复合对象中删除选中图形。

* **提取操作对象** 提取操作对象 ：提取选中操作对象的副本或实例。在"操作对象"列表中选择操作对象时，该按钮才可用。

* **实例 / 复制**：指定如何提取操作对象。

* **操作**：该组选项中的参数决定如何将图形应用于网格中。

　　饼切：切去网格对象曲面外部的图形。

　　合并：将图形与网格对象曲面合并。

　　反转：反转"饼切"或"合并"效果。

* **输出子网格选择**：该组选项中的参数指定将哪个选择级别传送到"堆栈"中。

图2-96

技术链接8：【图形合并】的原理和使用方法

在前面介绍了 图形合并 的重要参数，可能读者有一些疑问，在详细说明之前，我们要先来认识"局部 z 轴负方向"，在 3ds Max 中，有我们熟知的"世界坐标"，即每个视图左下角的坐标轴。还有就是我们这里要介绍的"局部坐标"，所谓"局部 z 轴负方向"，就是"局部坐标"的 z 轴负方向。

在 3ds Max 的主工具栏中，【坐标参考系】 视图 默认情况下是【视图】，即世界坐标，也就是无论我们在视图中如何旋转对象，它的世界坐标都不会发生变化，如图 2-97 所示。

如果我们此时【坐标参考系】 视图 设置为【局部】 局部 ，结果如图 2-98 所示，此时的坐标会随着对象一起旋转，这就是"局部坐标"的特点。前面说的"局部 z 轴负方向"就是这个 z 轴的负方向。

图2-97

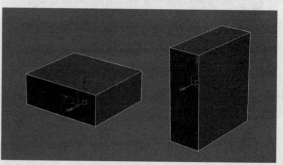

图2-98

技术链接8：【图形合并】的原理和使用方法

了解了"局部 z 轴负方向"，我们再来学习 图形合并 的方法。

第 1 步：在使用 图形合并 的时候，我们会先创建一个几何体，比如圆柱体，如图 2-99 所示。

第 2 步：使用 线 创建一个二维图形，如图 2-100 所示。

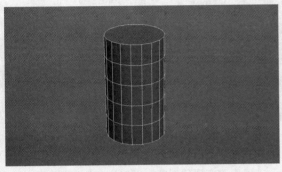

图2-99

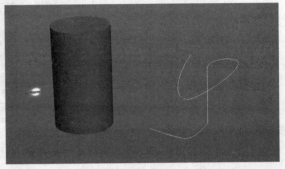

图2-100

第 3 步：将【坐标参考系】 视图 ▼ 设置为【局部】 局部 ▼ ，如图 2-101 所示。此时图形的"局部 z 轴负方向"并没有接受投影的网格对象，因此此时使用 图形合并 没有任何效果。

第 4 步：将图形"局部 z 轴负方向"对准需要投影的网格对象，比如这里我们要投射到圆柱体的侧面，然后旋转曲线，将"局部 z 轴负方向"对准圆柱体的侧面，如图 2-102 所示。

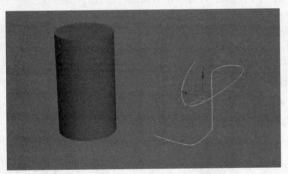

图2-101

图2-102

第 5 步：选择圆柱体，然后单击 图形合并 ，接着切换到修改面板，最后单击 拾取图形 并在视图中选择二维图形，即可完成投影，如图 2-103 所示，最终效果如图 2-104 所示。

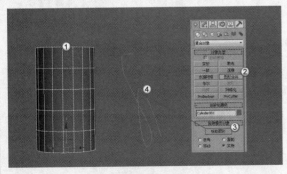

图2-103

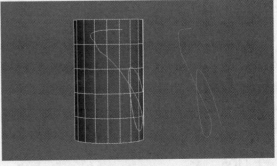

图2-104

↘ 2.4.2 布尔

　　 布尔 可以将两个或者两个以上的对象进行并集、差集和交集运算，从而得到新的物体形态。先来介绍一下 布尔 的操作方法，如图 2-105 所示。

　　第 1 步：在视图中选中对象 A（球体）。

　　第 2 步：在【创建】面板中选择【复合对象】。

　　第 3 步：单击 布尔 按钮，单击 拾取操作对象B 按钮，在视图中选择对象 B（立方体）。

　　第 4 步：选择运算方式得到最终运算结果。

　　 布尔 的参数面板如图 2-106 所示。

重要参数说明

　　* 拾取操作对象 B 拾取操作对象B：单击该按钮可以在场景中选择另一个运算物体来完成

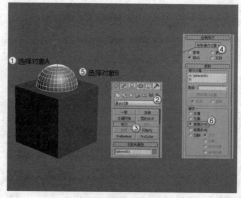

图2-105　　　　　　　　　　　　　　　　图2-106

【布尔】运算。以下 4 个选项是控制运算对象 B 的方式，必须在拾取运算对象 B 之前确定采用哪种方式。

　　参考： 将原始对象的参考复制品作为运算对象 B，若以后改变原始对象，同时也会改变布尔物体中的运算对象 B，但是改变运算对象 B 时，不会改变原始对象。

　　复制： 复制一个原始对象作为运算对象 B，而不改变原始对象（当原始对象还要用在其他地方时采用这种方式）。

　　移动： 将原始对象直接作为运算对象 B，而原始对象本身不再存在（当原始对象无其他用途时采用这种方式）。

　　实例： 将原始对象的关联复制品作为运算对象 B，若以后对两者的任意一个对象进行修改时都会影响另一个。

　　* **操作对象：** 主要用来显示当前运算对象的名称。

　　* **操作：** 指定采用何种方式来进行【布尔】运算。

　　并集： 将两个对象合并，相交的部分将被删除，运算完成后两个物体将合并为一个物体，如图 2-107 所示。

　　交集： 将两个对象相交的部分保留下来，删除不相交的部分，如图 2-108 所示。

　　差集（A-B）： 在 A 物体中减去与 B 物体重合的部分，如图 2-109 所示。

　　差集（B-A）： 在 B 物体中减去与 A 物体重合的部分，如图 2-110 所示。

图2-107　　　　　　　　图2-108　　　　　　　　图2-109　　　　　　　　图2-110

　　* **切割：** 用 B 物体切除 A 物体，但不在 A 物体上添加 B 物体的任何部分，共有【优化】、【分割】、【移除内部】和【移除外部】4 个选项可供选择。【优化】是在 A 物体上沿着 B 物体与 A 物体相交的面来增加顶点和边数，以细化 A 物体的表面；【分割】是在 B 物体上切割 A 物体部分的边缘，增加了一排顶点，利用这种方法可以根据其他物体的外形将一个物体分成两部分；【移除内部】是删除 A 物体在 B 物体内部的所有片段面；【移除外部】是删除 A 物体在 B 物体外部的所有片段面。

Tips

　　在本案例中用到的就是【切割】，所以不进行图例解析了。另外物体在进行【布尔】运算后随时都可以对两个运算对象进行修改。

随堂练习 制作垃圾桶

- 场景位置　场景文件 >CH02> 无
- 实例位置　实例文件 >CH02> 随堂练习：制作垃圾桶 .max
- 视频名称　制作垃圾桶 .mp4
- 技术掌握　 布尔

01 使用 切角圆柱体 在视图中创建一个切角圆柱体，设置【半径】为200mm、【高度】为600mm、【圆角】为10mm、【圆角分段】为3、【边数】为24，如图2-111所示。

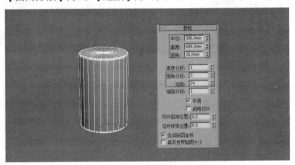

图2-111

02 使用 切角长方体 在视图中创建一个切角长方体，设置【长度】为200mm、【宽度】为120mm、【高度】为150mm、【圆角】为5mm，如图2-112所示。

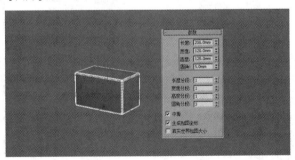

图2-112

03 将切角长方体移动到切角圆柱体上，位置如图2-113所示。

图2-113

04 选择切角圆柱体，然后选择 布尔 ，接着单击 拾取操作对象B ，最后选择切角长方体模型，如图2-114所示，拾取后的模型如图2-115所示。

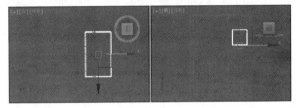

图2-114

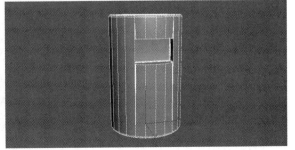

图2-115

Tips

　　图 2-115 所示的结果是默认的【差集 A-B 】，此时模型没有镂空，而且不符合垃圾桶的实际形象。

05 单击【修改】按钮，进入【修改】面板，选择【切割】，选择【移除内部】，如图2-116所示，此时圆柱体就镂空了，而且符合垃圾桶的实际形象。

06 在【修改器列表】中选择【壳】修改器，设置参数，为垃圾桶模型添加厚度，如图2-117所示。

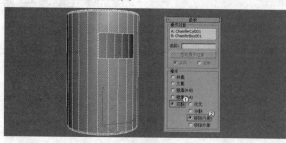

图2-116

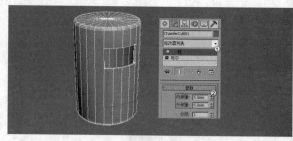

图2-117

Tips

关于【壳】修改器将在下一章进行详细介绍。

技术链接9：如何使用 布尔 处理多个对象

在前面我们说过，使用 布尔 可以进行多个对象的运算，当对象数量超过两个的时候，我们就需要多次使用 布尔 ，比如我们做骰子的时候，以下面的3点为例，如图2-118所示。

如果我们按正常的思路，先使用 布尔 减去一个球体，如图2-119所示，接下来我们再拾取第2个球体，如图2-120所示，此时第1次使用 布尔 形成的第1个洞不见了，证明这种方法是错误的。

那么，我们如果将第1次使用 布尔 得到的结果（见图2-119）作为基础对象，即选择第1次使用 布尔 得到的几何体，然后单击 布尔 并拾取第2个球体，依此类推，得到的最终结果如图2-121所示。不仅结构线出现了混乱，而且结果也不正确，出现了镂空。

图2-118

图2-119

图2-120

图2-121

下面介绍正确的方法。在使用 布尔 的时候，一定要使用一次 布尔 就得到我们需要的结果，那么如果有多个对象，应该怎么办呢？

第1步：以这里的骰子为例，我们可以先把需要减去的球体部分塌陷为1个网格对象。选中3个球体，然后进入【实用程序】面板，单击 塌陷 ，接着选择【网格】和【单个对象】，最后单击 塌陷选定对象 ，如图2-122所示。这样就可以将选中的多个对象转换为单个对象。

第2步：使用 布尔 进行差集运算，此时的运算才能得到正确的结果，如图2-123所示。

图2-122

图2-123

↘ 2.4.3 放样

放样 可以将一个二维图形沿某个路径挤出一个几何体。使用 放样 可以做出多种模型。其操作方法比较特别，如图 2-124 所示，处理好模型后切换到【修改】面板，在【变形】卷展栏下可以对对象进行编辑，参数面板如图 2-125所示。

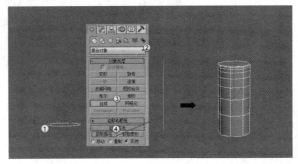

图2-124　　　　　　　　　　图2-125

重要参数说明

* 缩放 缩放 ：使用【缩放】变形可以从单个图形中放样对象，该图形在其沿着路径移动时产生缩放变形。

* 扭曲 扭曲 ：使用【扭曲】变形可以沿着对象的长度创建盘旋或扭曲的对象，扭曲将沿路径指定旋转量。

* 倾斜 倾斜 ：使用【倾斜】变形可以围绕局部 x 轴和 y 轴旋转图形。

* 倒角 倒角 ：使用【倒角】变形可以制作出具有倒角效果的对象。

* 拟合 拟合 ：使用【拟合】变形可以使用两条拟合曲线来定义对象的顶部和侧剖面。

随堂练习 制作窗帘

📱 扫码观看视频

* 场景位置　场景文件 >CH02> 无
* 实例位置　实例文件 >CH02> 随堂练习：制作窗帘 .max
* 视频名称　制作窗帘 .mp4
* 技术掌握　放样 、【变形】工具

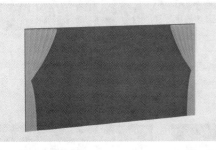
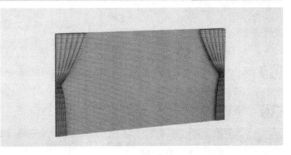

01 使用 线 ，并激活 ，同时按G键打开栅格，然后在视图中绘制一条样条线，如图2-126所示。

02 进入【修改】面板，按1键进入【顶点】层级，然后框选组所有顶点，单击鼠标右键，接着选择【平滑】，将所有顶点转化为平滑顶点，如图2-127所示，效果如图2-128所示。

图2-126　　　　　　　　图2-127　　　　　　　　图2-128

03 切换到前视图，使用 线 绘制一条直线，如图2-129所示。

04 选中第1条样条线，然后单击 放样 ，接着单击 获取路径 ，最后拾取直线，此时得到窗帘对象，如图2-130所示。

图2-129

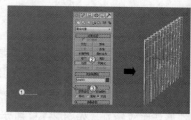

图2-130

🍵Tips

如果感觉窗帘的高度不够，可以选中作为路径的直线，然后进入【点】层级，对点进行调整；如果对褶皱不满意，可以选中作为截面的样条线，然后进入【点】层级，对点进行调整。

05 进入【修改】面板，打开【变形】卷展栏，单击 缩放 ，打开【缩放变形】对话框，如图2-131所示。

06 单击【插入角点】 ，在控制线上插入一个角点，如图2-132所示。

07 单击【移动控制点】 ，然后选择新插入的点，接着单击鼠标右键，选择【Bezier-角点】，如图2-133所示。

图2-131

图2-132

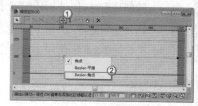

图2-133

08 调整3个顶点的位置，如图2-134所示。

图2-134

🍵Tips

对于控制线的调整，是没有捷径可言的，必须结合视图中的模型对应着调整，调整时，要有耐心。读者在调整的时候，可以边调整边看视图，以得到最终结果（如图2-135所示）。

图2-135

09 选中作为"截面"的样条线，切换到顶视图，然后选中图2-136所示的顶点，按Delete键将它们删除，得到窗帘的一半，如图2-136所示，效果如图2-137所示。

10 使用 （镜像）复制一个窗帘模型，如图2-138所示。

图2-136

图2-137

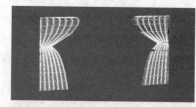

图2-138

2.5　思考与练习

思考一：本章介绍了多种基本几何体的创建方法和重要参数，请使用这些几何体创建生活中的简单模型。

思考二：在本章中，我们学习了多种几何体，请思索每种几何体是否都是相对独立的，能否通过对一种几何体的处理，从而得到另一种几何体。请认真思考这个问题，这对学习后续建模有很大的帮助。

CHAPTER

03

修改器建模

* 掌握修改器的常规设置
* 掌握车削修改器的用法
* 掌握挤出修改器的用法

* 掌握倒角修改器的用法
* 掌握弯曲修改器的用法
* 掌握FFD修改器的用法

3.1 修改器的常识

　　【修改器列表】位于 3ds Max 的【修改】面板，如图 3-1 所示，在默认情况下，修改器是没有激活的，只有当我们选择对象时，单击【修改器列表】的下拉按钮，才会显示出适用于当前对象的修改器，如图 3-2 所示。

　　因此，要使用修改器，前提条件就是有基础对象，对象可以是几何体也可以是线条，系统会根据对象的类型，自动显示出可用的【修改器列表】。修改器在处理一些特殊形状和造型时有非常强大的优势，比如将对象弯曲、扭曲和平滑等，在某些情况下，修改器的作用甚至超越了多边形建模技术。

图3-1　　　　　　　图3-2

↘ 3.1.1 修改器的加载

　　修改器是加载在对象上的，其操作方法如图 3-3 所示。

第 1 步：选中需要加载修改器的对象。

第 2 步：切换到【修改】面板，在【修改器列表】中选择修改器。

图3-3

↘ 3.1.2 修改器的顺序

　　一个对象是可以加载任意数量修改器的，但修改器的效果与加载顺序有关，不同的顺序会造成不同的效果，下面我们以图 3-4 所示的圆柱体为例来做一个测试。

第 1 步：为圆柱体加载一个【扭曲】修改器，将【角度】设置为 180°（默认为 z 轴），此时圆柱体会扭曲 180°，如图 3-4 所示。

第 2 步：继续为圆柱体加载一个【弯曲】修改器，设置【角度】为 90°，此时圆柱体弯曲了 90°，如图 3-5 所示。

第 3 步：将【弯曲】修改器和【扭曲】修改器互换位置，此时圆柱体发生了混乱，如图 3-6 所示。

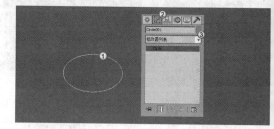

图3-4

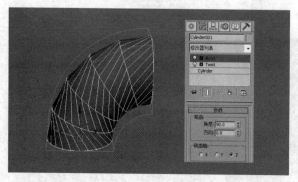

图3-5

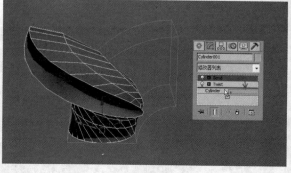

图3-6

因此，修改器的顺序会对模型的形态造成很大的影响，读者在对模型加载修改器的时候，一定要理清先后顺序，避免造成错误。

↘ 3.1.3 启用/禁用修改器

注意观察，在修改器堆栈中，每个修改器前面都有一个小灯泡的图标，这个图标用于激活或关闭（不是删除）修改器。

下面以球体为例，我们为球体加载【晶格】和【扭曲】两个修改器，如图 3-7 所示。此时两个修改器前方的灯泡都是亮着的，表示两个修改器处于激活状态。

单击【扭曲】修改器前的小灯泡图标，使其处于关闭状态，此时圆柱体没有了扭曲效果，但是修改器堆栈中的【扭曲】修改器仍然还在，表示此时【扭曲】修改器处于未激活（禁用）状态，如图 3-8 所示。同样，关闭【晶格】前的小灯泡图标，此时的球体为初始状态，因为所有的修改器都被禁用了，如图 3-9 所示。

再次单击【扭曲】修改器前的小灯泡图标，此时灯泡马上变为激活状态，球体呈现扭曲效果，表示此时只有【扭曲】修改器处于激活状态，如图 3-10 所示。

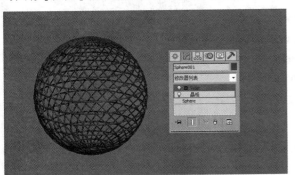

图3-7

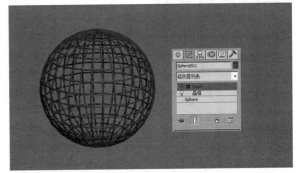

图3-8

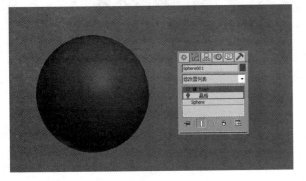

图3-9

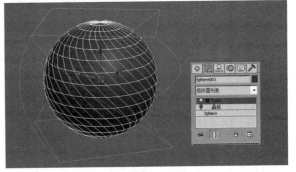

图3-10

Tips

在【修改】面板中，可以通过【显示最终结果开 / 关切换】按钮来控制是否显示修改器造成的效果，但前提必须是在【修改器列表】中选择的是对象，而不是某个修改器，如图 3-11 所示。

图3-11

↘3.1.4 塌陷修改器堆栈

塌陷修改器堆栈可将经塌陷处理后的对象转换为可编辑网格对象，在保持形态效果不变的情况下删除所有修改器，这样可以简化对象，同时减少对象的占用空间。但是塌陷后的对象是不能对修改器进行调整的，也不能将修改器的历史恢复到基准值。下面演示一下。

第1步：选择其中一个修改器单击鼠标右键，在弹出菜单中有【塌陷到】和【塌陷全部】两种塌陷方式，如图3-12所示。

第2步：选择【塌陷到】，系统会弹出【警告：塌陷到】对话框，单击【暂存是】按钮，如图3-13所示，此时从球体到【扭曲】之间（包括【扭曲】）的修改器都不见了，变成了可编辑网格，但保留了【网格平滑】修改器，如图3-14所示，证明【塌陷到】可以将当前对象塌陷到当前选定的修改器。

图3-12　　　　　　　　　　　图3-13　　　　　　　　　　　图3-14

第3步：在菜单栏执行【编辑】>【取回】菜单命令，如图3-15所示，系统会提示是否取回，选择【是】，如图3-16所示。

第4步：此时修改器堆栈又恢复到有初始修改器的状态，重复第1步的操作，然后选择【塌陷全部】，所有修改器都被删除，修改器堆栈中只有一个【可编辑多边形】，如图3-17所示，证明【塌陷全部】是将修改器全部塌陷。

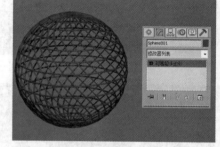

图3-15　　　　　　　　　图3-16　　　　　　　　　　图3-17

Tips

关于【可编辑网格】和【可编辑多边形】的区别在后面的内容中会详细介绍。

↘3.1.5 复制修改器

修改器是可以复制的，即把一个对象上的修改器复制到另一个对象上，方法有以下两种。

第1种：在修改器上单击鼠标右键，然后在弹出的菜单中选择【复制】，如图3-18所示，接着在另一个对象的修改器堆栈中单击鼠标右键，在菜单中选择【粘贴】即可。

第2种：直接将修改器拖曳到场景中的对象上，修改器将自动复制到该对象上。

图3-18

Tips

这两种方法同样适用于剪切修改器。删除修改器可以通过右键菜单或在修改器堆栈中选择修改器并按 Delete 键。另外，按住 Ctrl 键将修改器拖曳到对象是复制实例，按住 Shift 键将修改器拖曳到对象是剪切实例。

↘ 3.1.6 修改器的种类

修改器有很多种，默认情况下，修改器分为【选择修改器】、【世界空间修改器】和【对象空间修改器】3 种类型，如图 3-19 所示。这样分类，不方便用户查找修改器。

单击【修改】面板中的【配置修改器集】按钮图，然后在弹出的下拉菜单中选择【显示列表中的所有集】，此时【修改器列表】中又分了很多类别，如图 3-20 所示，我们可以根据不同的类别选择不同的修改器。

图3-19   图3-20

☞ 技术链接10：配置属于自己的修改器面板

在实际工作中，我们有自己常用的几种修改器，我们可以将这些修改器放在一个面板上，通过按钮去单击选择，而不是每一次加载都要通过下拉列表，节约操作时间。

第 1 步：单击【修改】面板中的【配置修改器集】按钮图，然后在弹出的下拉菜单中选择【配置修改器集】，如图 3-21 所示。

第 2 步：在【配置修改器集】中设置【按钮总数】为 12，然后单击 保存 ，如图 3-22 所示。

第 3 步：此时【配置修改器集】变为 12 个按钮，然后从左边将修改器拖曳到按钮上就可以为空白按钮添加修改器，或将原按钮改为新添加的修改器，如图 3-23 所示。

第 4 步：单击【修改】面板中的【配置修改器集】按钮图，然后在弹出的下拉菜单中选择【显示按钮】选项，如图 3-24 所示，此时【修改】面板会出现配置好的修改器面板，如图 3-25 所示。

图3-21   图3-22   图3-23   图3-24   图3-25

若要删除按钮上的修改器，只需要在【配置修改器集】中将按钮拖曳到修改器左边的空白区域。

3.2 将二维图形三维化

在前一章，我们说过二维图形建模常与修改器搭配使用，在本节我们将学习如何搭配使用。通常将二维图形三维化有 3 个比较常用的修改器，分别是【车削】、【挤出】和【倒角】。要激活这 3 种修改器，都必须先选择二维图形，然后在【修改器列表】中才会出现。

↘ 3.2.1 车削

　　【车削】修改器位于【面/样条线编辑】集中，它只能作用于由线构成的二维图形，可以通过围绕坐标轴旋转一个度数（默认为360°）来生成3D对象，如图3-26所示，参数面板如图3-27所示。

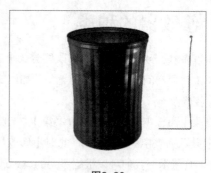

图3-26　　　　　　　图3-27

重要参数说明

　　＊ **度数**：设置对象围绕坐标轴旋转的角度，其范围为0°～360°，默认值为360°。

　　＊ **焊接内核**：通过焊接旋转轴中的顶点来简化网格。

　　＊ **翻转法线**：使物体的法线翻转，翻转后物体的内部会外翻。

　　＊ **分段**：在起始点之间设置在曲面上创建的插补线段的数量。

　　＊ **封口**：如果设置的车削对象的【度数】小于360°，该选项用来控制是否在车削对象的内部创建封口。

　　封口始端：车削的起点，用来设置封口的最大程度。

　　封口末端：车削的终点，用来设置封口的最大程度。

　　＊ **方向**：设置轴的旋转方向，共有x、y和z这3个轴可供选择。

　　＊ **对齐**：设置对齐的方式，共有【最小】、【中心】和【最大】3种方式可供选择。

随堂练习 | 制作吧凳

　　　扫码观看视频

- 场景位置　场景文件>CH03>无
- 实例位置　实例文件>CH03>随堂练习：制作吧凳.max
- 视频名称　制作吧凳.mp4
- 技术掌握　【车削】修改器

01 使用 　线 　工具在前视图中创建吧凳的横截面样条，样条线的整体和细节情况如图3-28所示。

02 进入【修改】面板，按1键进入【顶点】层级，选择图3-29所示的顶点，然后在【几何体】卷展栏中单击 圆角 后的（方向朝上的按钮），系统会自动将选中的顶点进行智能圆角，处理圆滑，如图3-30所示。

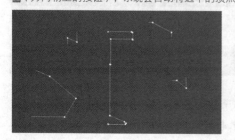 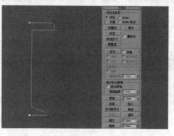 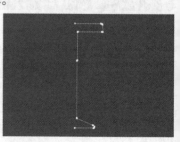

图3-28　　　　　　　　　　图3-29　　　　　　　　　　图3-30

03 按 1 键退出【顶点】 ▦ 层级，然后为样条线加载一个【车削】修改器，设置【度数】为 360° 、【分段】为 24，然后设置【方向】为 y、【对齐】为【最小】，最后勾选【焊接内核】和【翻转法线】选项，如图 3-31 所示。

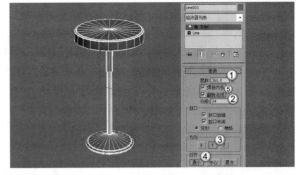

图3-31

> **Tips**
>
> 通过本例可知，二维图形建模的修改器的用法本身不难，其难点在于如何创建合适的样条线，关于样条线的处理，在视频中有详细介绍。

↘ 3.2.2 挤出

当选择好二维图形后，可以在【修改器列表】中的【网格编辑】组里找到【挤出】修改器，【挤出】修改器能为二维图形添加深度，如图 3-32 所示，参数面板如图 3-33 所示。

重要参数说明

* **数量：** 设置挤出的深度。

* **分段：** 指定要在挤出对象中创建的线段数目。

* **封口：** 用来设置挤出对象的封口，共有以下 2 个选项。

  封口始端： 在挤出对象的初始端生成一个平面。

  封口末端： 在挤出对象的末端生成一个平面。

* **平滑：** 将平滑应用于挤出图形。

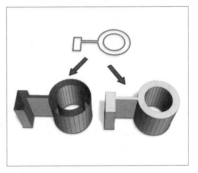

图3-32

图3-33

↘ 3.2.3 倒角

【倒角】修改器同样位于【网格编辑】组里，它可以将图形挤出为 3D 对象，并在边缘应用平滑的倒角效果，如图 3-34 所示，其参数设置面板包含 "参数" 和 "倒角值" 两个卷展栏，如图 3-35 所示。

重要参数说明

* **封口：** 指定倒角对象是否要在一端封闭开口。

  始端： 用对象的最低局部 z 值（底部）对末端进行封口。

  末端： 用对象的最高局部 z 值（底部）对末端进行封口。

* **封口类型：** 指定封口的类型。

  变形： 创建适合的变形封口曲面。

  栅格： 在栅格图案中创建封口曲面。

* **曲面：** 控制曲面的侧面曲率、平滑度和贴图。

  线性侧面： 勾选该选项后，级别之间会沿着一条直线进行分段插补。

图3-34

图3-35

曲线侧面：勾选该选项后，级别之间会沿着一条 Bezier 曲线进行分段插补。

分段：在每个级别之间设置中级分段的数量。

级间平滑：控制是否将平滑效果应用于倒角对象的侧面。

生成贴图坐标：将贴图坐标应用于倒角对象。

真实世界贴图大小：控制应用于对象的纹理贴图材质所使用的缩放方法。

* 相交：防止重叠的相邻边产生锐角。

避免线相交：防止轮廓彼此相交。

分离：设置边与边之间的距离。

* 起始轮廓：设置轮廓到原始图形的偏移距离。正值会使轮廓变大，负值会使轮廓变小。

* 级别1：包含以下两个选项。

高度：设置"级别 1"在起始级别之上的距离。

轮廓：设置"级别 1"的轮廓到起始轮廓的偏移距离。

* 级别2：在"级别1"之后添加一个级别。

高度：设置"级别 1"之上的距离。

轮廓：设置"级别 2"的轮廓到"级别 1"轮廓的偏移距离。

* 级别3：在前一级别之后添加一个级别，如果未启用"级别2"，"级别3"会添加在"级别1" 之后。

高度：设置到前一级别之上的距离。

轮廓：设置"级别 3"的轮廓到前一级别轮廓的偏移距离。

随堂练习 制作牌匾

扫码观看视频

- 场景位置　场景文件 >CH03> 无
- 实例位置　实例文件 >CH03> 随堂练习：制作牌匾 .max
- 视频名称　制作牌匾 .mp4
- 技术掌握　【挤出】修改器、【倒角】修改器

01 使用 矩形 在前视图中创建一个矩形图像，然后设置【长度】为100mm、【宽度】为260mm、【角半径】为2mm，如图3-36所示。

02 为矩形加载一个【倒角】修改器，然后在【倒角值】卷展栏下设置【级别1】的【高度】为6mm，接着勾选【级别2】选项，并设置其【轮廓】为-4mm，最后勾选【级别3】选项，并设置其【高度】为-2mm，如图3-37所示。

03 使用【选择并移动】■选择模型，然后在左视图中移动复制一个模型，并在弹出的【克隆选项】对话框中设置【对象】为【复制】，如图3-38所示。

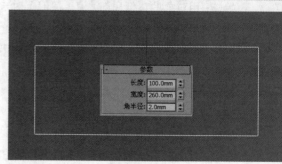

图3-36

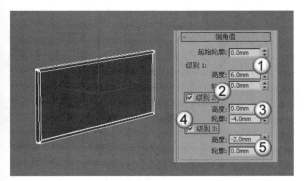

图3-37

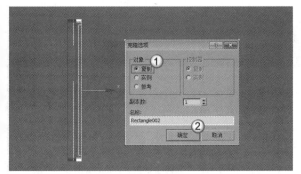

图3-38

04 切换到前视图，然后使用【选择并均匀缩放】将复制出来的模型缩放到合适大小，如图3-39所示。

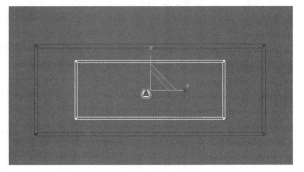

图3-39

05 展开【倒角值】卷展栏，然后将【级别1】的【高度】修改为2mm，接着将【级别2】的【轮廓】修改为−2.8mm，最后将【级别3】的【高度】修改为−1.5mm，如图3-40所示。

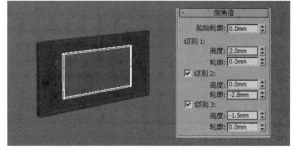

图3-40

06 使用 文本 在前视图中创建一个默认的文本，然后在【参数】卷展栏下设置字体为【汉仪篆书繁】、【大小】为50mm，接着在【文本】输入框中输入【水如善上】4个字，如图3-41所示。

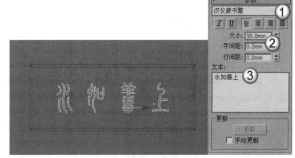

图3-41

07 为文本加载一个【挤出】修改器，然后在【参数】卷展栏下设置【数量】为1.5mm，最终效果如图3-42所示。

图3-42

3.3 为三维对象造型

本节将学习用于处理三维对象的修改器，它们可以对三维对象的形态进行一系列编辑，从而得到我们想要的模型，如图 3-43 所示。本节主要介绍【弯曲】、【扭曲】、【噪波】、【晶格】、FFD 和【壳】这 6 种常用的建模修改器。

图3-43

↘ 3.3.1 弯曲

通过【弯曲】修改器可以使物体在任意轴上控制弯曲的角度和方向，也可以对几何体的一段限制弯曲效果，如图 3-44 所示，参数面板如图 3-45 所示。

重要参数说明

* **角度**：从顶点平面设置要弯曲的角度，范围为 –999 999~999 999。

* **方向**：设置弯曲相对于水平面的方向，范围为 –999 999~999 999。

* **x/y/z**：指定要弯曲的轴，默认轴为 z 轴。

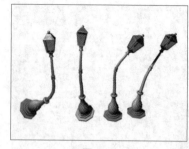

图3-44

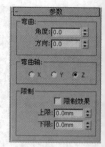

图3-45

技术链接11：如何正确地进行弯曲

弯曲的操作很简单，但是如果前期工作不充分和未理解【弯曲】修改器的原理，就会导致大家在使用【弯曲】修改器时，不能正确地弯曲或得不到想要的弯曲结果。

当我们创建一个【高度分段】为 1 的圆柱体，然后给其加载一个弯曲修改器，如图 3-46 所示，从图中可以看出修改器是没问题的，有【弯曲】修改器的图示，但是模型并没有弯曲效果，而是产生倾斜效果。

这类似于我们的圆角效果，分段越多、棱角越多越圆滑。我们将圆柱体的【高度分段】设置为 12，如图 3-47 所示，此时的弯曲效果较好，也就是说，要想得到理想的弯曲效果，模型必须在弯曲轴上有足够多的分段。分段对【弯曲】修改器效果的影响，适用于很多修改器。

图3-46

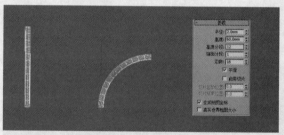

图3-47

另外，读者或许有个疑问，我们建模时，弯曲都是以模型的轴点为基点进行弯曲，那我们要如何才能以模型的任意位置为基点进行弯曲，以图 3-47 中的圆柱体为例，读者可以看到是以圆柱体的底部为基点，然后上面开始弯曲。

单击【弯曲】修改器前的加号，然后单击 Gizmo，此时，圆柱体下方出现了 Gizmo 图标，如图 3-48 所示，这就是弯曲的基点，通过移动它的位置可以控制对象围绕何处进行弯曲，如图 3-49 所示。其他修改器也适用这一原理。

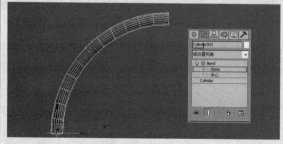

图3-48

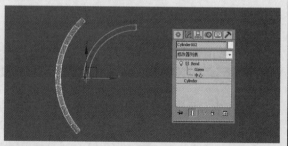

图3-49

↘ 3.3.2 扭曲

通过【扭曲】修改器可以在几何体中产生一个旋转效果（类似于拧湿抹布），并且可以控制其在任意轴上的扭曲角度，同时也可以对几何体的一段限制扭曲效果，如图 3-50 所示，参数面板如图 3-51 所示。

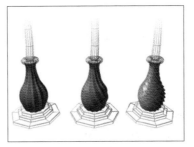

图3-50

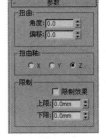

图3-51

Tips

【扭曲】修改器与【弯曲】修改器的参数类似，使用方法也类似。

随堂练习 制作麻绳

扫码观看视频

- 场景位置　场景文件 >CH03> 无
- 实例位置　实例文件 >CH03> 随堂练习：制作麻绳 .max
- 视频名称　制作麻绳 .mp4
- 技术掌握　【扭曲】修改器

01 使用 圆柱体 在透视图中创建一个圆柱体，然后设置【半径】为0.5mm、【高度】为100mm、【高度分段】为200、【边数】为24，如图3-52所示。

02 在顶视图中以【实例】的形式复制3个圆柱体，调整好位置并打组，如图3-53所示。

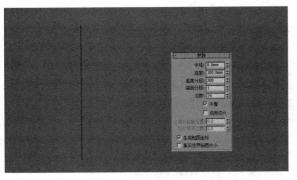

图3-52

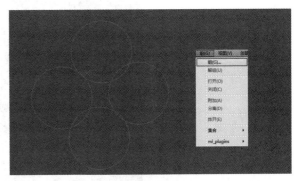

图3-53

03 选择上一步打好的组，然后为其加载一个【扭曲】修改器，然后设置【角度】为3600、【扭曲轴】为z，此时麻绳的效果就出来了，如图3-54所示。

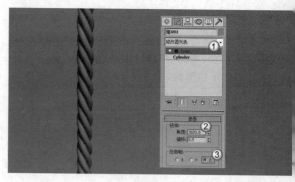

图3-54

≡Tips

读者可以使用【弯曲】修改器对这个模型进行弯曲处理，查看一下效果。另外，该案例的高度分段设置得非常大，请读者试一试低分段数的效果。

↘ 3.3.3 噪波

通过【噪波】修改器可以使对象表面的顶点进行随机变动，从而让表面变得起伏不规则，如制作复杂的地形、地面和水面效果，参数面板如图 3-55 所示。

重要参数说明

* **种子**：从设置的数值中生成一个随机起始点。该参数在创建地形时非常有用，因为每种设置都可以生成不同的效果。

图3-55

* **比例**：设置噪波影响的大小（不是强度）。值较大可以产生平滑的噪波，值较小可以产生锯齿现象非常严重的噪波。

* **分形**：控制是否产生分形效果。勾选该选项后，下面的【粗糙度】和【迭代次数】选项才可用。

　粗糙度：决定分形变化的程度。

　迭代次数：控制分形功能所使用的迭代数目。

* **x/y/z**：设置噪波在x/y/z坐标轴上的强度（至少为其中一个坐标轴输入强度数值）。

随堂练习	制作池水	扫码观看视频

* 　场景位置　　场景文件 >CH03> 无
* 　实例位置　　实例文件 >CH03> 随堂练习：制作池水 .max
* 　视频名称　　制作池水 .mp4
* 　技术掌握　　【扭曲】修改器

01 使用 平面 在透视图中创建一个平面，然后设置【长度】和【宽度】为1000mm，接着设置【长度分段】和【宽度分段】为100，如图3-56所示。

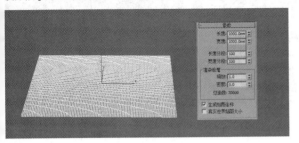

图3-56

02 为平面加载一个【噪波】修改器，然后设置【强度】为x=20mm，y=20mm，z=70mm，如图3-57所示，此时已经有很明显的波浪效果了。

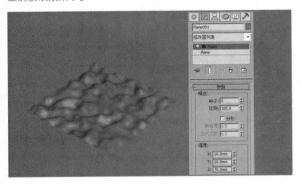

图3-57

03 如果觉得前面的波浪效果柔和，可以考虑勾选【分形】选项，此时的起伏效果更为剧烈，如图3-58所示。

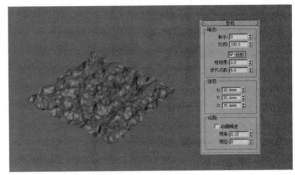

图3-58

🍎**Tips**

读者还可以自己设置不同的【种子】来得到随机的波浪效果。此时惊涛骇浪的效果可能不太明显，待学习了后面的粒子系统，读者可以给场景加一个暴风雨效果。

↘ 3.3.4 晶格

通过【晶格】修改器可以将图形的线段或边转化为圆柱形结构，并在顶点上产生可选择的关节多面体，如图 3-59 所示，参数面板如图 3-60 所示。

重要参数说明

* 几何体：该选项组主要用于设置【晶格】修改器的应用对象。

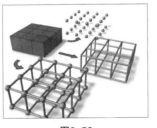

图3-59

图3-60

应用于整个对象：将【晶格】修改器应用到对象的所有边或线段上。

仅来自顶点的节点：仅显示由原始网格顶点产生的关节（多面体）。

仅来自边的支柱：仅显示由原始网格线段产生的支柱（多面体）。

二者：显示支柱和关节。

* 支柱：主要设置结构（边）的参数。

半径：指定结构的半径。

分段：指定沿结构的分段数目。

边数：指定结构边界的边数目。

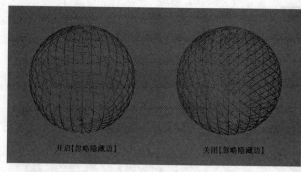

图3-61

忽略隐藏边：仅生成可视边的结构。如果禁用该选项，将生成所有边的结构，包括不可见边，图 3-61 所示是开启与关闭【忽略隐藏边】选项时的对比效果。

* 节点：主要设置关节（顶点）的参数。

基点面类型：指定用于关节的多面体类型，包括【四面体】、【八面体】和【二十面体】3 种类型。注意，【基点面类型】对【仅来自边的支柱】选项不起作用。

半径：设置关节的半径。

分段：指定关节中的分段数目。分段数越多，关节形状越接近球形。

↘ 3.3.5 FFD

本例重点介绍的工具是 FFD 修改器（自由变形）。这种修改器是使用晶格框包围住选中的几何体，然后通过调整晶格的控制点来改变封闭几何体的形状，如图 3-62 所示。FFD 修改器包含 5 种类型，分别为 FFD 2×2×2 修改器、FFD 3×3×3 修改器、FFD 4×4×4 修改器、FFD（长方体）修改器和 FFD（圆柱体）修改器，如图 3-63 所示。

FFD 修改器的使用方法基本都相同，本例使用的是 FFD（长方体）修改器，参数设置面板如图 3-64 所示。

图3-62

图3-63

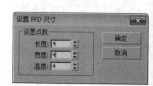

图3-64

重要参数介绍

* 尺寸：主要用于设置控制点的数量，常用选项有以下两个。

点数：显示晶格中当前的控制点数目，如 4×4×4，2×2×2 等。

设置点数 ：单击该按钮可以打开【设置 FFD 尺寸】对话框，在该对话框中可以设置晶格中所需控制点的数目，如图 3-65 所示。

图3-65

* 变形：该选项组常用的选项有以下3个。

仅在体内：只有位于源体积内的顶点会变形。

所有顶点：所有顶点都会变形。

张力 / 连续性：调整变形样条线的张力和连续性。虽然无法看到 FFD 中的样条线，但晶格和控制点代表着控制样条线的结构。

* 选择：主要用于指定特定方向轴的控制点。

随堂练习 制作枕头

扫码观看视频

- 场景位置　场景文件 >CH03> 无
- 实例位置　实例文件 >CH03> 随堂练习：制作枕头 .max
- 视频名称　制作枕头 .mp4
- 技术掌握　【扭曲】修改器

01 执行步骤 ✷（创建）→ ◎（几何体）→扩展基本体→ 切角长方体 ，在视图中创建一个切角长方体，设置【长度】为 370mm、【宽度】为500mm、【高度】为130mm、【圆角】为 40mm、【长度分段】为6、【宽度分段】为9、【高度分段】为2、 【圆角分段】为3，如图3-66所示。

03 切换到顶视图，按1键进入【控制点】级层（或者在 修改器堆栈中选择 控制点 ），框选4个角上的控制点， 使用 ▣（选择并均匀缩放）在xy平面上进行放大，如图3-68 所示。

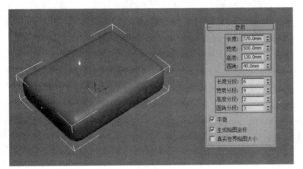

图3-66

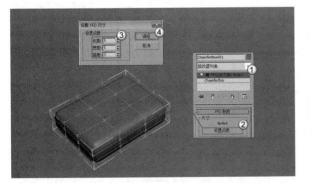

图3-68

02 在【修改器列表】中选择FFD（长方体）修改器，单击 设置点数 按钮，打开【设置FFD尺寸】对话框，设置【设 置点数】为5×5×3，如图3-67所示。

04 切换到前视图，框选图3-69所示的控制点，使用 ▣（选 择并均匀缩放）在y轴上进行缩小。

图3-67

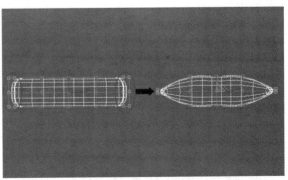

图3-69

Tips

在使用 FFD 修改器时，必须保证对象有足够的分段数， 否则，对象不会产生理想的变化。

Tips

按住 Ctrl 键可以加选对象。

05 切换到左视图，框选图 3-70所示的控制点，使用 （选择并均匀缩放）在 *y* 轴上进行缩小，至此枕头模型基本制作完成，用户可以根据自身喜爱和实际情况微调相应控制点的位置，枕头模型如图3-71所示。

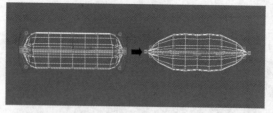
图3-70

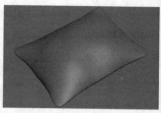
图3-71

🍰Tips

　　本练习制作的是一个简单的枕头模型，读者还可以继续调整 Gizmo 来得到不同的效果。本练习没有太多的数据操作，都是对 Gizmo 的点调整，读者有不理解的地方可以观看视频，视频中会进行详细讲解。

↘ 3.3.6 壳

　　在上一章我们使用过【壳】修改器，其参数和操作方法都比较简单。通过【壳】修改器可以为片面对象增加厚度，如图 3-72 所示，参数面板如图 3-73 所示。

重要参数说明

* 内部量：向内侧增加厚度。

* 外部量：向外部增加厚度。

图3-72

图3-73

3.4 　将对象平滑处理

　　在前面的建模中，大家发现我们创建的模型或多或少会有棱角，但是生活中的物体，都是比较平滑的，比如桌子棱角，我们都会把棱角弄圆润，避免割伤手。在 3ds Max 中，有专门将物体平滑的修改器，统称为平滑类修改器，常用的有【网格平滑】和【涡轮平滑】，其处理效果如图 3-74 所示，参数面板如图 3-75 和图 3-76 所示。

🍰Tips

　　平滑类修改器的使用方法很简单，都是【迭代次数】越大，平滑越明显。但是 3ds Max 的平滑计算原理是有一定规则的，在后面我们学习多边形建模时，本书会结合多边形建模的【线】层级来详细介绍平滑原理。

图3-74

图3-75

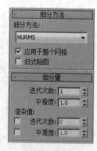
图3-76

3.5 　思考与练习

　　思考一:请读者用不同分段数的几何体练习修改器的使用方法，并熟练掌握几何体分段数与修改器效果之间的关系。

　　思考二:请多多练习 FFD 修改器的 Gizmo 控制点的编辑，该功能没有具体的操作捷径，只有不断地去练习才能掌握。希望读者掌握好 FFD 修改器的操作，为多边形建模的点编辑打好基础。

CHAPTER

04

多边形建模

* 了解多边形对象的特性
* 掌握把对象转化为多边形的方法
* 掌握选择多边形对象的方法
* 掌握多边形的顶点的编辑方法
* 掌握多边形的边的编辑方法
* 掌握多边形的面的编辑方法

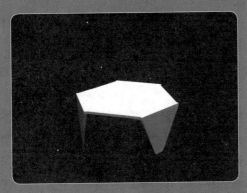

4.1 多边形对象

多边形建模是当前的主流建模方式，由于其灵活快捷，且能创建大部分对象模型，已经被广泛应用于游戏角色、工业造型和室内外装修效果图等领域。多边形建模的思路与网格建模基本相同，不同点在于网格建模处理的是三角面，而多边形建模可以处理各种面（四边面最佳），因此网格建模虽然更加严谨，但是多边形建模却更加灵活多变，操作难度也相对较低。

要进行多边形建模，首先要得到多边形对象。多边形对象不是创建的，而是通过转化得到的，任何几何体都能转化为多边形对象。注意，几何体转化为多边形对象后，形态上基本不会发生变化，仅仅在对象性质上发生了变化。将几何体转化为多边形对象有以下 3 种方式。

第 1 种：选择需要转化的对象，然后单击鼠标右键，在弹出的菜单中选择【转化为】>【转化为可编辑多边形】，即可将对象转化为可编辑多边形对象，如图 4-1 所示。

第 2 种：在【修改】中为对象加载一个【可编辑多边形】修改器，可以直接将对象转化为多边形对象，如图 4-2 所示，采用这种方法可以将原对象的创建数据保留下来。

第 3 种：在修改器堆栈中的对象名称上单击鼠标右键，然后选择【可编辑多边形】可以将对象转化为多边形对象，如图 4-3 所示。

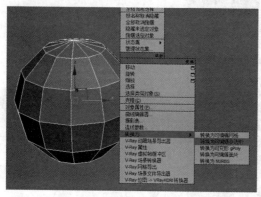

图4-1

图4-2

图4-3

Tips

前面介绍修改器时，将对象经塌陷处理后既可以得到可编辑多边形对象，也可以得到可编辑网格对象。可编辑多边形对象就是用于多边形建模的对象，而可编辑网格对象就是用于网格建模的对象，其转化方法与多边形的转化方法相同。

4.2 编辑多边形对象

无论用哪种方式转化得到的多边形对象，其结构都是一样的，即包含【选择】、【软选择】、【编辑几何体】、【细分曲面】、【细分置换】、【绘制变形】这 6 个默认卷展栏，如图 4-4 所示。

注意，多边形对象的特点不仅在这里，还在于当在【选择】卷展栏中分别选择【顶点】、【边】、【边界】、【多边形】和【元素】层级的时候，系统会自动增加相应的卷展栏来编辑对应的层级，如图 4-5~图 4-9 所示。

可编辑多边形对象的参数很多，下面将重点介绍实际工作中常用的几项功能，请务必掌握。

图4-4

图4-5

图4-6

图4-7

图4-8

图4-9

↘ 4.2.1 选择

【选择】卷展栏下的工具与选项主要用来访问多边形子对象级别以及快速选择子对象，如图 4-10 所示。

图4-10

重要参数说明

＊ 顶点▓：用于访问【顶点】子对象级别。

＊ 边◢：用于访问【边】子对象级别。

＊ 边界▨：用于访问【边界】子对象级别，可从中选择构成网格中孔洞边框的一系列边。边界总是由仅在一侧带有面的边组成的，并为完整循环。

＊ 多边形▮：用于访问【多边形】子对象级别。

＊ 元素◢：用于访问【元素】子对象级别，可从中选择对象中的所有连续多边形。

＊ 按顶点：除了【顶点】级别外，该选项可以在其他 4 种级别中使用。启用该选项后，只有选择所用的顶点才能选择子对象。

＊ 忽略背面：启用该选项后，只能选中法线指向当前视图的子对象。比如启用该选项后，在前视图中框选图4-11所示的顶点，但只能选择正面的顶点，而背面不会被选择到。图4-12所示为在左视图中的观察效果。如果关闭该选项，在前视图中同样框选相同区域的顶点，则背面的顶点也会被选择，图4-13所示为在顶视图中的观察效果。

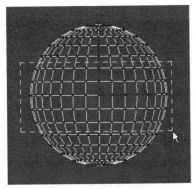
图4-11

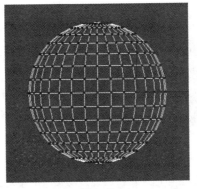
图4-12

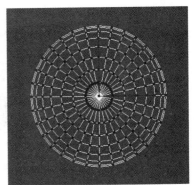
图4-13

* **按角度**：该选项只能用在【多边形】级别中。启用该选项时，如果选择一个多边形，3ds Max 会基于设置的角度自动选择相邻的多边形。
* **收缩** 收缩：单击一次该按钮，可以在当前选择范围中向内减少一圈对象。
* **扩大** 扩大：与【收缩】相反，单击一次该按钮，可以在当前选择范围中向外增加一圈对象。
* **环形** 环形：该工具只能在【边】和【边界】级别中使用。在选中一部分子对象后，单击该按钮可以自动选择平行于当前对象的其他对象。比如选择一条图 4-14 所示的边，然后单击【环形】按钮 环形，可以选择整个纬度上平行于选定边的边，如图 4-15 所示。
* **循环** 循环：该工具同样只能在【边】和【边界】级别中使用。在选中一部分子对象后，单击该按钮可以自动选择与当前对象在同一曲线上的其他对象。比如选择图 4-16 所示的边，然后单击【循环】按钮 循环，可以选择整个经度上的边，如图 4-17 所示。

  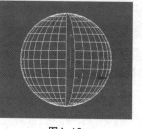 

图4-14　　　　　　　　图4-15　　　　　　　　图4-16　　　　　　　　图4-17

* **预览选择**：在选择对象之前，通过这里的选项可以预览指针滑过处的子对象，有【禁用】、【子对象】和【多个】3 个选项可供选择。

↘ 4.2.2 软选择

【软选择】是以选中的子对象为中心向四周扩散，以放射状方式来选择子对象的。在对选择的部分子对象进行变换时，可以让子对象以平滑的方式进行过渡，其参数面板如图 4-18 所示。

重要参数说明

* **使用软选择**：控制是否开启【软选择】功能。启用后，选择一个或一个区域的子对象，那么会以这个子对象为中心向外选择其他对象。比如框选图 4-19 所示的顶点，那么软选择就会以这些顶点为中心向外进行扩散选择，如图 4-20 所示。

 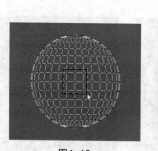 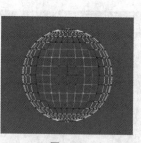

图4-18　　　　　　图4-19　　　　　　　图4-20

> 🛈 **Tips**
>
> 在用软选择选择子对象时，选择的子对象是以红、橙、黄、绿、蓝 5 种颜色进行显示的。处于中心位置的子对象显示为红色，表示这些子对象被完全选择，在操作这些子对象时，它们将被完全影响，然后依次是橙、黄、绿、蓝的子对象。

* **边距离**：启用该选项后，可以将软选择限制到指定的面数。
* **影响背面**：启用该选项后，那些与选定对象法线方向相反的子对象也会受到相同的影响。
* **衰减**：用以定义影响区域的距离，默认值为 20mm。【衰减】数值越高，软选择的范围也就越大，图 4-21 和图 4-22 所示的是将【衰减】设置为 500mm 和 800mm 时的选择效果对比。

* 收缩：设置区域的相对"突出度"。
* 膨胀：设置区域的相对"丰满度"。
* 软选择曲线图：以图形的方式显示软选择是如何进行工作的。
* 明暗处理面切换

明暗处理面切换 ：只能
用在【多边形】和【元素】
级别中，用于显示颜色渐
变，如图 4-23 所示。它
与软选择范围内面上的
软选择权重相对应。

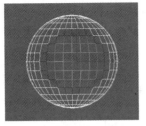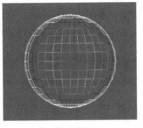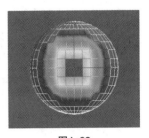

图4-21　　　　　　图4-22　　　　　　图4-23

* 锁定软选择：锁定软选择，以防止对按程序选择的对象进行更改。
* 绘制 绘制 ：可以在使用当前设置的活动对象上绘制软选择。
* 模糊 模糊 ：可以通过绘制来软化现有绘制软选择的轮廓。
* 复原 复原 ：可以通过绘制的方式还原软选择。
* 选择值：整个值表示绘制的或还原的软选择的最大相对选择。笔刷
半径内周围顶点的值会趋向于 0 衰减。
* 笔刷大小：用来设置圆形笔刷的半径。
* 笔刷强度：用来设置绘制子对象的速率。
* 笔刷选项 笔刷选项 ：单击该按钮可以打开【绘制选项】对话框，如
图 4-24 所示。在该对话框中可以设置笔刷的更多属性。

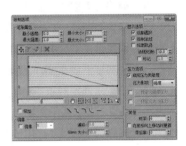

图4-24

↘ 4.2.3 编辑几何体

【编辑几何体】卷展栏下的工具适用于所有子对象级别，主要用来全局修改多边形几何体，如图 4-25 所示。

重要参数说明

* 重复上一个 重复上一个 ：单击该按钮可以重
复使用上一次使用的命令。

* 约束：使用现有的几何体来约束子对象的变换，共
有【无】、【边】、【面】和【法线】4 种方式可供选择。

* 保持 UV：启用该选项后，可以在编辑子对象的同
时不影响该对象的 UV 贴图。

* 设置■：单击该按钮可以打开【保持贴图通道】对
话框，如图 4-26 所示。在该对话框中可以指定要保持的
顶点颜色通道或纹理通道（贴图通道）。

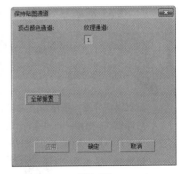

* 创建 创建 ：创建新的几何体。

* 塌陷 塌陷 ：将顶点与选择中心的顶点焊接，使连续选定子对象的组产生塌陷。

图4-25　　　　　　图4-26

Tips

"塌陷"工具 塌陷 类似于【焊接】工具 焊接 ，但是该工具不需要设置【阈值】就可以直接塌陷在一起。

* 附加 附加 ：使用该工具可以将场景中的其他对象附加到选定的可编辑多边形中。

* **分离** 分离：将选定的子对象作为单独的对象或元素分离出来。

* **切片平面** 切片平面：使用该工具可以沿某一平面分开网格对象。

* **分割**：启用该选项后，可以通过【快速切片】工具 快速切片 和【切割】工具 切割 在划分边的位置处创建出两个顶点集合。

* **切片** 切片：可以在切片平面位置处执行切割操作。

* **重置平面** 重置平面：将执行过【切片】的平面恢复到之前的状态。

* **快速切片** 快速切片：可以将对象进行快速切片，切片线沿着对象表面，所以可以更加准确地进行切片。

* **切割** 切割：可以在一个或多个多边形上创建出新的边。

* **网格平滑** 网格平滑：使选定的对象产生平滑效果。

* **细化** 细化：增加局部网格的密度，从而方便处理对象的细节。

* **平面化** 平面化：强制所有选定的子对象成为共面。

* **视图对齐** 视图对齐：使对象中的所有顶点与活动视图所在的平面对齐。

* **栅格对齐** 栅格对齐：使选定对象中的所有顶点与活动视图所在的平面对齐。

* **松弛** 松弛：使当前选定的对象产生松弛现象。

* **隐藏选定对象** 隐藏选定对象：隐藏所选定的子对象。

* **全部取消隐藏** 全部取消隐藏：将所有的隐藏对象还原为可见对象。

* **隐藏未选定对象** 隐藏未选定对象：隐藏未选定的子对象。

* **命名选择**：用于复制和粘贴子对象的命名选择集。

* **删除孤立顶点**：启用该选项后，选择连续子对象时会删除孤立顶点。

* **完全交互**：启用该选项后，如果更改数值，将直接在视图中显示最终的结果。

↘ 4.2.4 编辑顶点

进入可编辑多边形的【顶点】 层级后，在【修改】面板中会增加一个【编辑顶点】卷展栏，如图 4-27 所示。这个卷展栏下的工具全部是用来编辑顶点的。

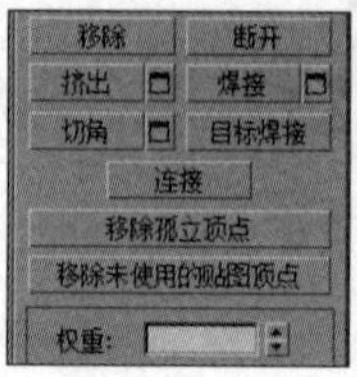

重要参数说明

图4-27

* **移除** 移除：选中一个或多个顶点后，单击该按钮可以将其移除，然后接合起使用它们的多边形。

技术链接12：移除顶点不等于删除顶点

这里详细介绍一下移除顶点与删除顶点的区别。

移除顶点：选中一个或多个顶点后，单击"移除"按钮 移除 或按 Backspace 键即可移除顶点，但也只能移除顶点，面仍然存在，如图 4-28 所示。注意，移除顶点可能导致网格形状发生严重变形。

删除顶点：选中一个或多个顶点后，按 Delete 键可以删除顶点，同时也会删除连接到这些顶点的面，如图 4-29 所示。

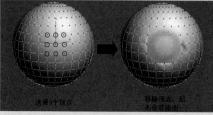

图4-28

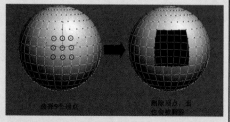

图4-29

* **断开** 断开：选中顶点后，单击该按钮可以在与选定顶点相连的每个多边形上都创建一个新顶点，这可以使多边形的转角相互分开，使它们不再相连于原来的顶点上。

* **挤出** 挤出：直接使用这个工具可以手动在视图中挤出顶点，如图 4-30 所示。如果要精确设置挤出的高度和宽度，可以单击后面的【设置】按钮，然后在视图中的"挤出顶点"对话框中输入数值即可，如图 4-31 所示。

图4-30　　　　　　　　　　图4-31

* **焊接** 焊接：对【焊接顶点】对话框中指定的【焊接阈值】范围之内连续选中的顶点进行合并，合并后所有边都会与产生的单个顶点连接。单击后面的【设置】按钮可以设置【焊接阈值】。

* **切角** 切角：选中顶点后，选择该工具在视图中拖曳鼠标指针，可以手动为顶点切角，如图 4-32 所示。单击后面的【设置】按钮，在弹出的【切角】对话框中可以设置精确的【顶点切角量】数值，同时还可以将切角后的面【打开】，以生成孔洞效果，如图 4-33 所示。

* **目标焊接** 目标焊接：选择一个顶点后，使用该工具可以将其焊接到相邻的目标顶点，如图 4-34 所示。

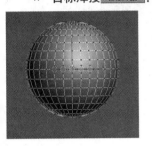

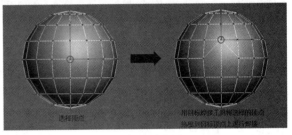

图4-32　　　　　　　图4-33　　　　　　　　　　图4-34

Tips

"目标焊接"工具 目标焊接 只能焊接成对的连续顶点。也就是说，选择的顶点与目标顶点有一个边相连。

* **连接** 连接：在选中的对角顶点之间创建新的边，如图 4-35 所示。

* **移除孤立顶点** 移除孤立顶点：删除不属于任何多边形的所有顶点。

* **移除未使用的贴图顶点** 移除未使用的贴图顶点：某些建模操作会留下未使用的（孤立）贴图顶点，它们会显示在【展开 UVW】编辑器中，但是不能用于贴图，单击该按钮就可以自动删除这些贴图顶点。

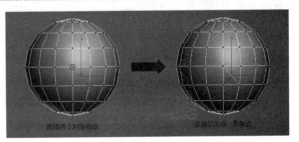

图4-35

* **权重**：设置选定顶点的权重，供 NURMS 细分选项和【网格平滑】修改器使用。

4.2.5 编辑边

进入多边形对象的【边】层级后，在【修改】面板中会增加一个【编辑边】卷展栏，如图 4-36 所示。这个卷展栏下的工具全部是用来编辑边的。

图4-36

重要参数说明

* **插入顶点** 插入顶点 ：在【边】级别下，使用该工具在边上单击鼠标左键，可以在边上添加顶点，如图 4-37 所示。

* **移除** 移除 ：选择边后，单击该按钮或按 Backspace 键可以移除边，如图 4-38 所示。如果按 Delete 键，将删除边以及与边连接的面，如图 4-39 所示。

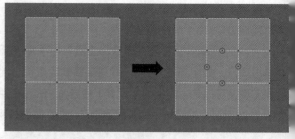

图4-37

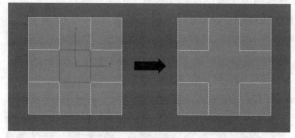

图4-38

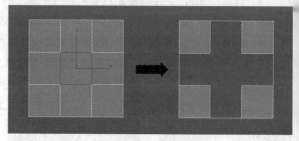

图4-39

* **分割** 分割 ：沿着选定边分割网格。对网格中心的单条边应用时，不会起任何作用。

* **挤出** 挤出 ：直接使用这个工具可以手动在视图中挤出边。如果要精确设置挤出的高度和宽度，可以单击后面的【设置】按钮，然后在视图中的【挤出边】对话框中输入数值即可，如图 4-40 所示。

* **焊接** 焊接 ：组合【焊接边】对话框指定的【焊接阈值】范围内的选定边。它只能焊接仅附着一个多边形的边，也就是边界上的边。

* **切角** 切角 ：这是多边形建模中使用频率最高的工具之一，可以为选定边进行切角（圆角）处理，从而生成平滑的棱角，如图 4-41 所示。

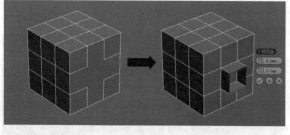

图4-40

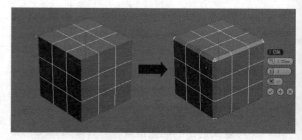

图4-41

Tips

在很多时候为边进行切角处理时，都需要模型加载【网格平滑】修改器，以生成非常平滑的模型，如图 4-42 所示。

图4-42

* **目标焊接** 目标焊接 ：用于选择边并将其焊接到目标边。它只能焊接仅附着一个多边形的边，也就是边界上的边。

* **桥** 桥 ：使用该工具可以连接对象的边，但只能连接边界边，也就是只在一侧有多边形的边。

* **连接** 连接 ：这是多边形建模中使用频率最高的工具之一，可以在每对选定边之间创建新边，对于创建或细化边循环特别有用。比如选择一对竖向的边，则可以在横向上生成边，如图 4-43 所示。

* **利用所选内容创建新图形** 利用所选内容创建新图形 ：这是多边形建模中使用频率最高的工具之一，可以将选定的边创建为样条线图形。选择边后，单击该按钮可以弹出一个【创建图形】对话框，在该对话框中可以设置图形名称以及图形的类型。如果选择"平滑"类型，则生成平滑的样条线，如图 4-44 所示；如果选择"线性"类型，则样条线的形状与选定边的形状保持一致，如图 4-45 所示。

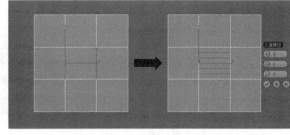

图4-43

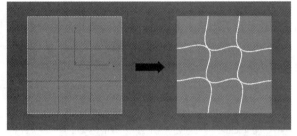

图4-44

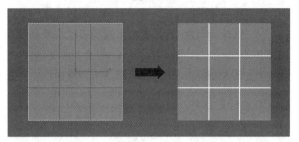

图4-45

* **权重**：设置选定边的权重，供 NURMS 细分选项和"网格平滑"修改器使用。

* **拆缝**：对选定边或边执行的折缝操作，供 NURMS 细分选项和"网格平滑"修改器使用。

* **编辑三角形** 编辑三角形 ：用于修改绘制内边或对角线时多边形细分为三角形的方式。

* **旋转** 旋转 ：用于通过单击对角线修改多边形细分为三角形的方式。使用该工具时，对角线可以在线框和边面视图中显示为虚线。

↘ 4.2.6 编辑边界

【边界】可以理解为多边形的表面有洞，那个洞的出口就是【边界】，如图 4-46 所示，其参数面板如图 4-47 所示。

Tips

【边界】可以理解为围成一圈【边】，因此其工具基本与【边】的使用原理相同，这里不做赘述。

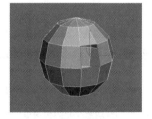

图4-46

图4-47

↘ 4.2.7 编辑多边形

进入多边形对象的【多边形】层级后，在【修改】面板中会增加一个【编辑多边形】卷展栏，如图 4-48 所示。这个卷展栏下的工具全部是用来编辑多边形的。

重要参数说明

* **插入顶点** 插入顶点 ：用于手动在多边形上插入顶点（单击即可插入顶点），以细化多边形，如图 4-49 所示。

图4-48

* **挤出** 挤出：这是多边形建模中使用频率最高的工具之一，可以挤出多边形。如果要精确设置挤出的高度，可以单击后面的【设置】按钮 ■，然后在视图中的"挤出边"对话框中输入数值即可。挤出多边形时，"高度"为正值时可向外挤出多边形，为负值时可向内挤出多边形，如图 4-50 所示。

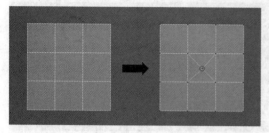

图4-49

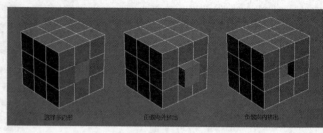

图4-50

* **轮廓** 轮廓：用于增加或减少每组连续的选定多边形的外边。
* **倒角** 倒角：这是多边形建模中使用频率最高的工具之一，可以挤出多边形，同时为多边形进行倒角，如图 4-51 所示。
* **插入** 插入：执行没有高度的倒角操作，即在选定多边形的平面内执行该操作，如图 4-52 所示。

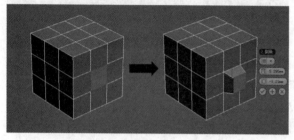

图4-51

图4-52

* **桥** 桥：使用该工具可以连接对象上的两个多边形或多边形组。
* **翻转** 翻转：反转选定多边形的法线方向，从而使其面向用户的正面。
* **从边旋转** 从边旋转：选择多边形后，使用该工具可以沿着垂直方向拖动任何边，以便旋转选定的多边形。
* **沿样条线挤出** 沿样条线挤出：沿样条线挤出当前选定的多边形。
* **编辑三角剖分** 编辑三角剖分：通过绘制内边修改多边形细分为三角形的方式。
* **重复三角算法** 重复三角算法：在当前选定的一个或多个多边形上执行最佳三角剖分。
* **旋转** 旋转：使用该工具可以修改多边形细分为三角形的方式。

Tips

关于多边形建模的大部分功能就介绍到这里，内容较多，读者也不可能全部记住，只需要在练习时掌握建模的点、线、面的编辑思路即可。

随堂练习 **制作创意桌子**

〔▣〕扫码观看视频

* 场景位置　场景文件 >CH04> 无
* 实例位置　实例文件 >CH04> 随堂练习：制作创意桌子 .max
* 视频名称　制作创意桌子 .mp4
* 技术掌握　多边形建模技术

01 使用 圆柱体 在透视图中创建一个圆柱体，然后设置【半径】为500mm、【高度】为30mm、【高度分段】为1、【端面分段】为1、【边数】为6，并取消勾选【平滑】选项，将圆柱体编辑为一个正六面柱，如图4-53所示。

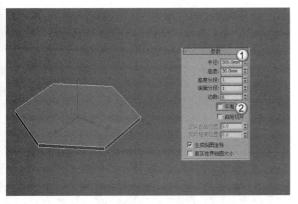

图4-53

02 选择上一步创建的六面柱，然后单击鼠标右键，选择【转换为】>【转换为可编辑多边形】，将几何体转化为可编辑多边形，如图4-54所示。

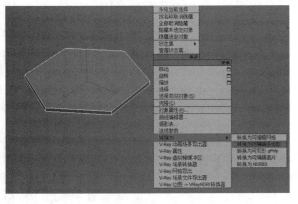

图4-54

03 按4键进入【多边形】层级，然后选择图4-55所示的面，打开【编辑多边形】卷展栏，然后单击 挤出 后的□，接着设置【挤出多边形—高度】为30mm，如图4-56所示。

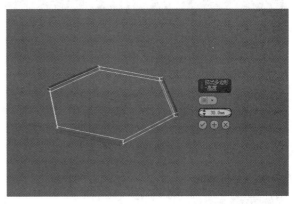

图4-55

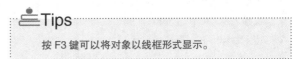

图4-56

Tips

按F3键可以将对象以线框形式显示。

04 继续选择图 4-57 所示的面，然后单击 倒角 后的 ■，如图 4-57 所示，接着设置【倒角—高度】为 400mm、【倒角—轮廓】为 −10mm，如图 4-58 所示。

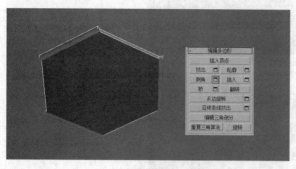

图4-57

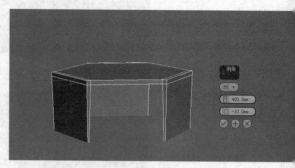

图4-58

05 使用【选择并均匀缩放】 ■ 将上一步生成的面缩小成图 4-59 所示的效果。

06 按 2 键进入【边】 ▨ 层级，然后按 Ctrl+A 组合键选择所有边，接着单击 切角 后的 ■，如图 4-60 所示，设置【切角】为 1mm 即可，如图 4-61 所示。

07 在修改器堆栈单击【可编辑多边形】退出【边】 ▨ 层级，然后打开【细分曲面】卷展栏，接着勾选【使用 NURMS 细分】，最后设置【迭代次数】为 3，将模型平滑处理，如图 4-62 所示。

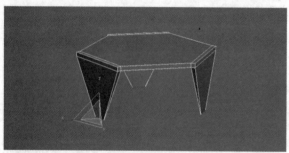

图4-59

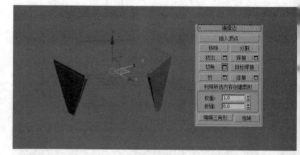

图4-60

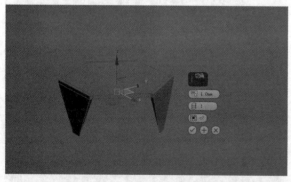

图4-61

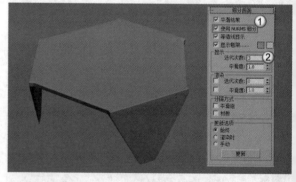

图4-62

随堂练习 制作沙发榻

 扫码观看视频

- 场景位置　场景文件 >CH04> 无
- 实例位置　实例文件 >CH04> 随堂练习：制作沙发榻 .max
- 视频名称　制作沙发榻 .mp4
- 技术掌握　多边形建模技术

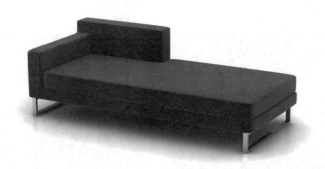

01 使用 长方体 创建一个长方体，并转换为多边形编辑对象，然后设置【长度】为 1400mm、【宽】为 600mm、【高度】为 60mm、【长度分段】为 3、【宽度分段】2、【高度分段】为 1，如图 4-63 所示。

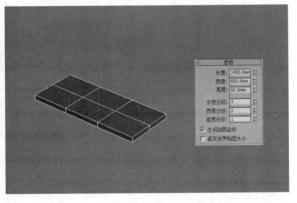

图4-63

02 选择上一步创建的长方体，然后单击鼠标右键，选择【转换为】>【转换为可编辑多边形】，将几何体转化为可编辑多边形，如图 4-64 所示。

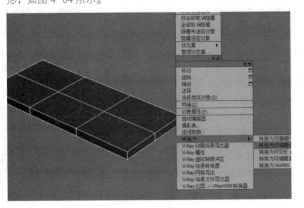

图4-64

03 按 1 键进入【顶点】层级，然后进入顶视图，将顶点调整为图 4-65 所示的效果。

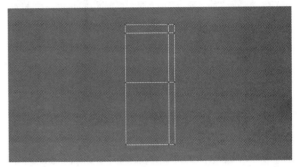

图4-65

04 切换到透视图，按 4 键进入【多边形】层级，然后选择图 4-66 所示的多边形，并单击 挤出 后的，接着设置【挤出多边形—高度】为 400mm，如图 4-67 所示。

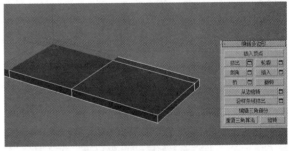

图4-66

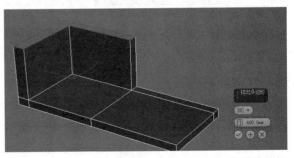

图4-67

05 用同样的方法挤出图 4-68 所示的面。

06 选择图 4-69 所示的面，然后单击【编辑几何体】中的 分离 ，将该面以对象的形式分离出来作为单独的多边形对象。

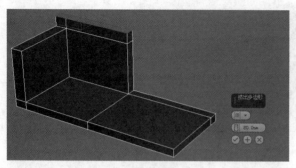

图4-68

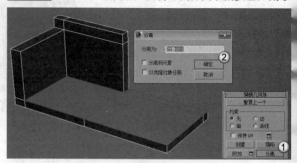

图4-69

07 将分离出来的面移动出去，然后选择初始多边形对象，按 3 键进入【边界】层级，选择边界，单击【编辑边界】卷展栏中的 封口 按钮，将空洞封起来，如图 4-70 所示，封好的效果如图 4-71 所示。

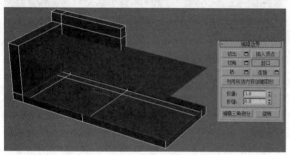

图4-70

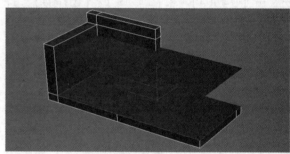

图4-71

08 按 2 键进入【边】层级，选择图 4-72 所示的所有棱角边，然后单击 切角 后的，最后设置【切角】为 5mm，如图 4-73 所示。

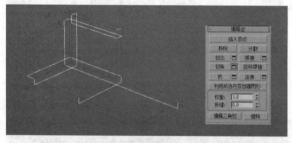

图4-72

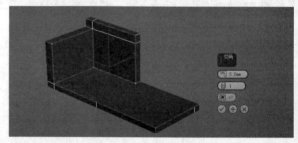

图4-73

技术链接13：单独显示选择对象

在建模时，由于对象过多，不便于操作和观察，这时我们可以将当前操作对象单独显示出来，如图 4-74 所示，此时上面的面挡住了底部的多边形，为了方便观察，我们可以把下面的多边形单独显示，选择它，按 Alt+Q 组合键即可。

待处理好后，只需要单击时间尺下的【孤立当前选择切换】即可退出独立显示状态。

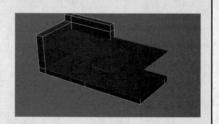

图4-74

09 在修改器堆栈中单击【可编辑多边形】退出【边】✐ 层级，然后打开【细分曲面】卷展栏，接着勾选【使用 NURMS 细分】，最后设置【迭代次数】为 3，将模型平滑处理，如图 4-75 所示。

10 前面已经做好了沙发榻的支架主体结构，下面我们制作垫子。选择分离出来的多边形对象，然后按 4 键进入【多边形】▣ 层级，接着选择所有面，将它们挤出 120mm，如图 4-76 所示。

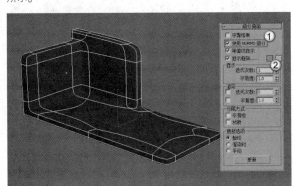

图4-75

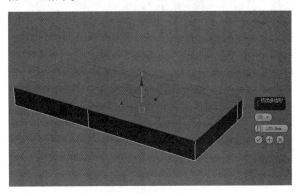

图4-76

11 按 3 键进入【边界】◎ 层级，选择边界，单击【编辑边界】卷展栏中的 封口 按钮，将空洞封起来，如图 4-77 所示，封好的效果如图 4-78 所示。

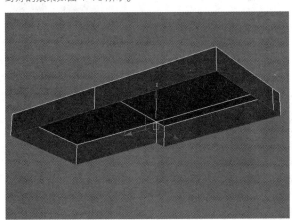

图4-77

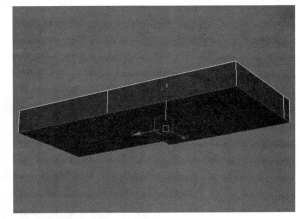

图4-78

12 按 2 键进入【边】✐ 层级，选择图 4-79 所示的所有棱角边，然后单击 切角 后的 ▣，最后设置【切角】为 5mm，如图 4-80 所示。

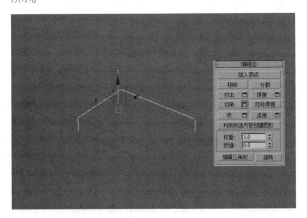

图4-79

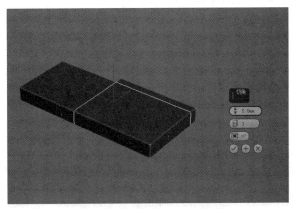

图4-80

13 在修改器堆栈中单击【可编辑多边形】退出【边】层级，然后打开【细分曲面】卷展栏，接着勾选【使用 NURMS 细分】，最后设置【迭代次数】为 4，将模型平滑处理，如图 4-81 所示。

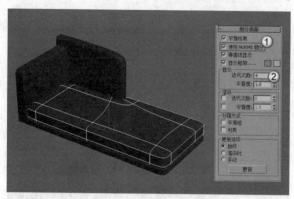

图4-81

14 此时，沙发榻的主体和垫子都做好了，接下来做脚架。使用 矩形 绘制出矩形，设置【渲染】卷展栏的参数，制作出支撑脚，位置如图 4-82 所示。

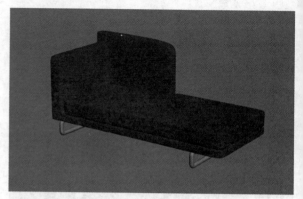

图4-82

随堂练习 制作室外建筑

扫码观看视频

- 场景位置　场景文件 >CH04> 无
- 实例位置　实例文件 >CH04> 随堂练习：制作室外建筑 .max
- 视频名称　制作室外建筑 .mp4
- 技术掌握　多边形建模技术

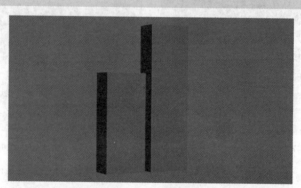

01 使用 长方体 创建一个长方体，并转换为多边形编辑对象，然后设置【长度】为 1 500mm、【宽】为 825mm、【高度】为 280mm、【长度分段】为 3、【宽度分段】3、【高度分段】为 3，如图 4-83 所示。

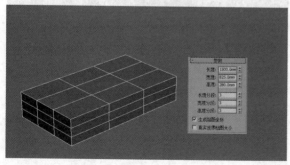

图4-83

02 选择上一步创建的长方体，然后单击鼠标右键，选择【转换为】>【转换为可编辑多边形】，将几何体转化为可编辑多边形，如图 4-84 所示。

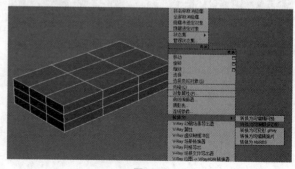

图4-84

03 切换到顶视图，按 1 键进入【顶点】层级，将顶点调 **04** 切换到左视图，将顶点调整为图 4-86 所示的效果。
整为图 4-85 所示的效果。

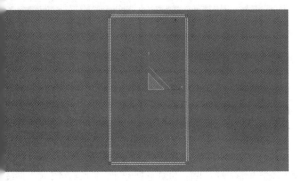

图4-85

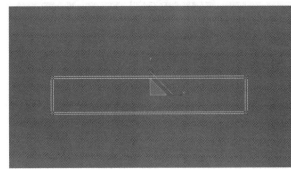

图4-86

05 切换到前视图，按 2 键进入【边】层级，然后框选图 4-87 所示的边，单击 连接 后的 □ ，接着设置【连接边】为 11，
如图 4-88 所示。

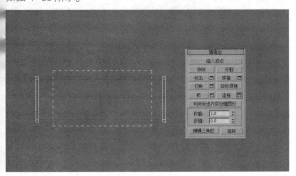

图4-87

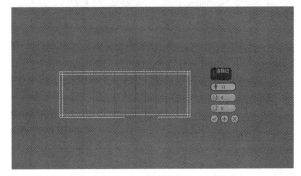

图4-88

06 切换到左视图，然后框选图 4-89 所示的边，单击 连接 后的 □ ，接着设置【连接边】为 20，如图 4-90 所示。

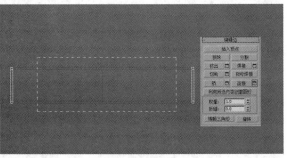

图4-89

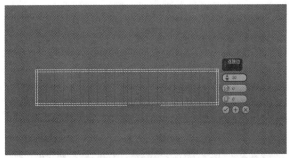

图4-90

07 切换到前视图，然后框选图 4-91 所示的边，单击 连接 后的 □ ，接着设置【连接边】为 2，如图 4-92 所示。

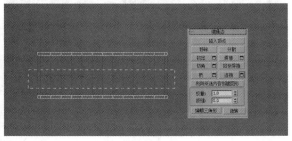

图4-91

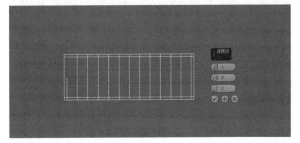

图4-92

08 按4键进入【多边形】■层级，进入前视图框选图4-93所示的面，接着按L键切换左视图，最后按住Ctrl键框选图4-94所示的面。

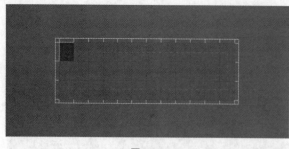

图4-93

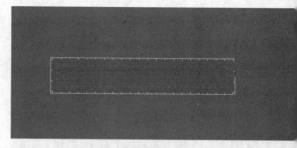

图4-94

09 按P键切换到透视图，然后打开【编辑多边形】卷展栏，接着单击 插入 后的■，如图4-95所示，最后选择【插入—按多边形】，并设置【插入】为3mm，如图4-96所示。

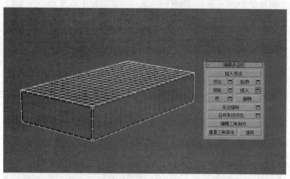

图4-95

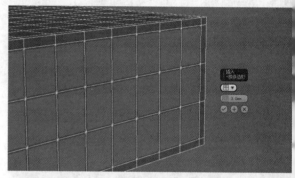

图4-96

10 单击 挤出 后的■，如图4-97所示，然后【挤出】为－3mm，如图4-98所示。至此就将一层楼模型制作好了。

11 退出【多边形】■层级，然后切换到前视图，根据需要将多边形复制一定的个数组成室外建筑模型，如图4-99所示。

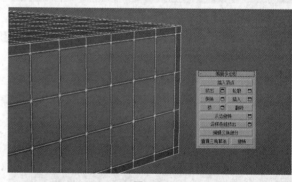

图4-97

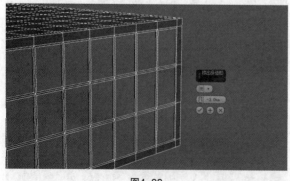

图4-98

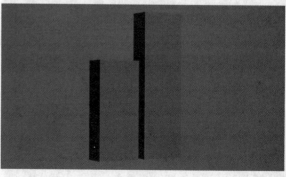

图4-99

随堂练习 制作iPad Air 2

- 场景位置　场景文件 >CH04> 无
- 实例位置　实例文件 >CH04> 制作 iPad Air 2.max
- 视频名称　制作 iPad Air 2.mp4
- 技术掌握　多边形建模技术、样条线建模

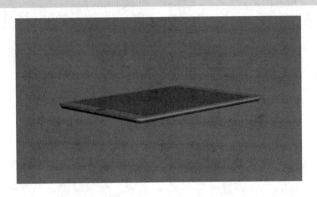

1.制作机身

01 使用 矩形 在顶视图中绘制一个矩形，然后设置【长度】为 240mm、【宽度】为 169.5mm，如图 4-100 所示，接着将其转化为可编辑样条线，如图 4-101 所示。

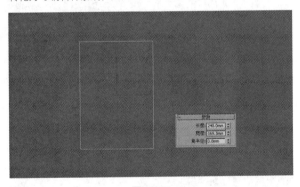

图4-100

图4-101

02 按 1 键进入【顶点】 层级，然后选择所有顶点，如图 4-102 所示，接着打开【几何体】卷展栏，设置【圆角】为 10mm，如图 4-103 所示。

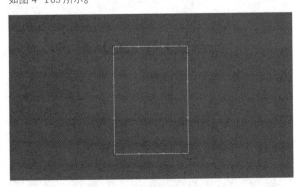

图4-102

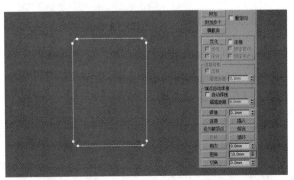

图4-103

03 退出【顶点】 层级，然后切换到透视图，为矩形加载一个【挤出】修改器，然后设置【数量】为 6mm，如图 4-104 所示，最后将整个对象转化为可编辑多边形，如图 4-105 所示。

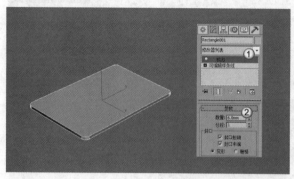

图4-104

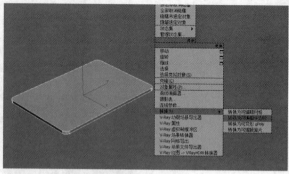

图4-105

04 按 2 键进入【边】 层级，然后选择图 4-106 所示的顶部的一圈边，单击 切角 后的 ，接着设置【切角】为 0.5mm、【连接边分段】为 3，如图 4-107 所示。

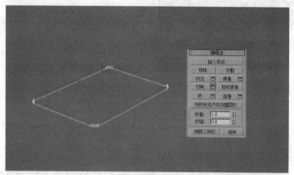

图4-106

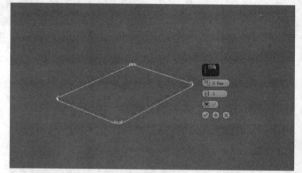

图4-107

05 选择图 4-108 所示的底部的一圈边，单击 切角 后的 ，接着设置【切角】为 4mm、【连接边分段】为 1，如图 4-109 所示。

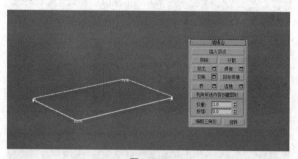

图4-108

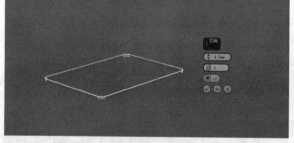

图4-109

06 选择图 4-110 所示的底部的一圈边，单击 切角 后的 ，接着设置【切角】为 3.5mm、【连接边分段】为 3，如图 4-111 所示。

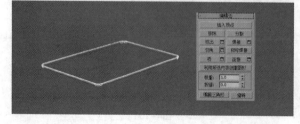

图4-110

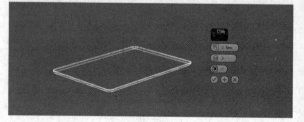

图4-111

此时，iPad Air 2 的机身就创建好了，按 F3 键退出线框显示，效果如图 4-112 所示。

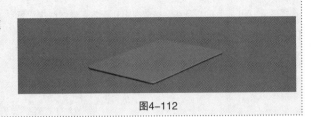

图4-112

2.制作屏幕

01 使用 ▢ 矩形 在顶视图中绘制一个矩形，然后设置【长度】为 240mm、【宽度】为 169.5mm，如图 4-113 所示，接着将其转化为可编辑样条线，如图 4-114 所示。

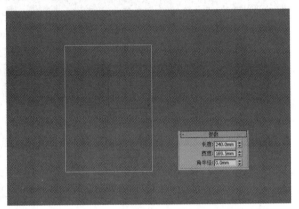

图4-113

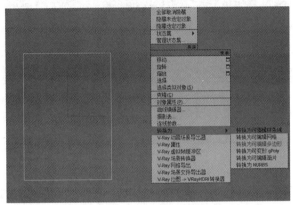

图4-114

02 按 1 键进入【顶点】▦ 层级，然后选择所有顶点，如图 4-115 所示，接着打开【几何体】卷展栏，设置【圆角】为 10mm，如图 4-116 所示。

03 使用 ▢ 矩形 在顶视图中绘制一个矩形，然后设置【长度】为 200mm、【宽度】为 148mm，如图 4-117 所示。

图4-115

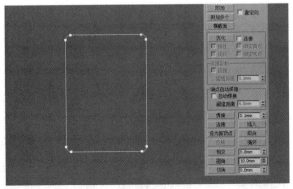

图4-116

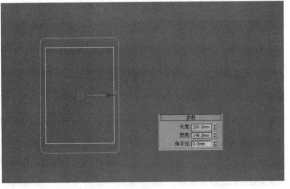

图4-117

04 选择外部的矩形，然后按3键进入【样条线】 层级，选择图4-118所示的样条线，接着在【几何体】卷展栏中设置【轮廓】为1mm，如图4-119所示，最后按Delete键删除最外面的样条线，如图4-120所示。

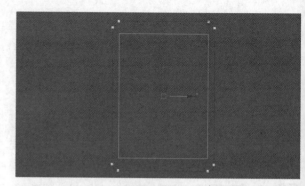

图4-118

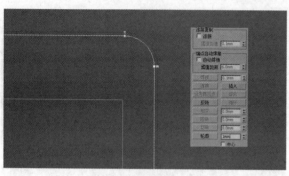

图4-119

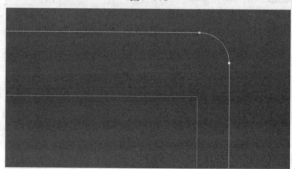

图4-120

05 切换到顶视图，使用 圆 创建两个圆，具体参数和位置如图4-121所示。

06 选择最外侧的矩形，单击【几何体】卷展栏中的 附加 ，如图4-122所示，接着在视图中依次单击所有二维图形，把所有二维图形合并为一条样条线，如图4-123所示。

07 切换到透视图，为样条线加载一个【挤出】修改器，然后设置【数量】为1mm，如图4-124所示。

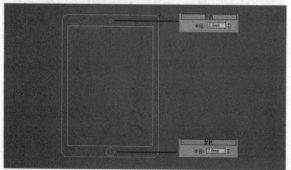

图4-121

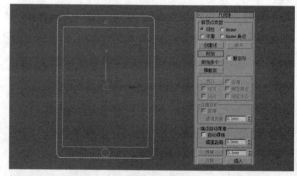

图4-122

图4-123

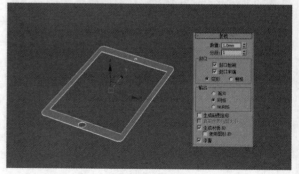

图4-124

08 切换到顶视图，按 Ctrl+V 组合键原地复制一个对象，如图 4-125 所示。

09 为了方便操作，可以按 Alt+Q 组合键单独显示对象，然后在修改器堆栈中选择【可编辑样条线】，这样可以操作样条线，但不影响修改器的结果，如图 4-126 所示。

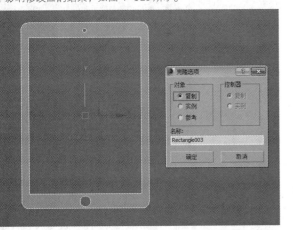

图4-125

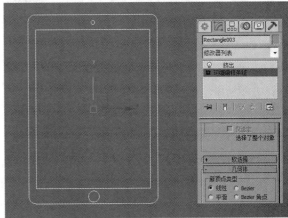

图4-126

10 按 2 键进入【线段】层级，然后选择图 4-127 所示的线段，接着按 Delete 键删除，如图 4-128 所示。

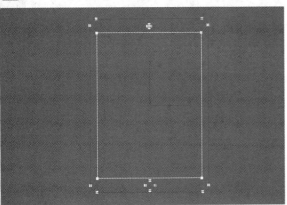

图4-127

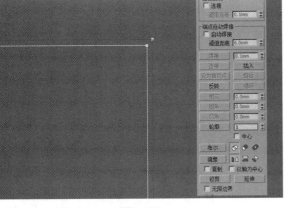

图4-128

11 按 3 键进入【样条线】层级，然后在【几何体】卷展栏中设置【轮廓】为 1mm，如图 4-129 所示。

12 退出【样条线】层级，然后在修改器堆栈中选择【基础修改器】，将效果显示出来，此时屏幕的黑边制作完成，如图 4-130 所示。

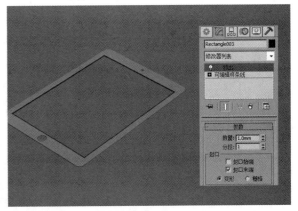

图4-129

图4-130

13 选择最外侧的样条线，重复第 7 步和第 8 步操作，然后按 2 键进入【线段】✔层级，然后选择图 4-131 所示的线段，接着按 Delete 键删除，如图 4-132 所示。

图4-131

图4-132

14 退出【线段】✔层级，然后在修改器堆栈中选择【挤出】恢复修改器的效果显示，得到摄像头的模型，如图 4-133 所示。

15 用同样的方法得到 Home 键的雏形，如图 4-134 所示，然后将其转化为可变多边形，如图 4-135 所示。

图4-133

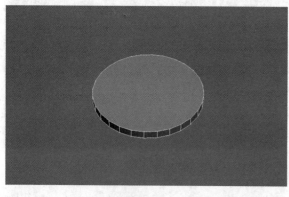

图4-134

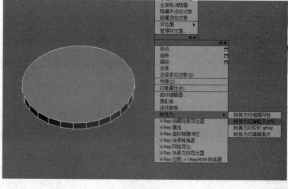

图4-135

16 选择图 4-136 所示的面，然后使用 倒角 处理 Home 键模型，设置【高度】为 −0.07mm、【轮廓】为 −1mm，如图 4-137 所示。

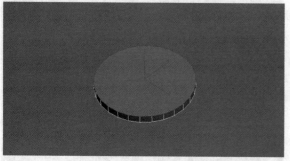

图4-136

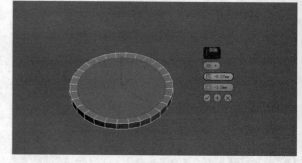

图4-137

17 选择黑边模型，然后按 2 键进入【线段】✔层级，选择最外侧的线段，如图 4-138 所示，接着按 Delete 键删除，最后示出修改器的效果，得到屏幕模型，如图 4-139 所示。

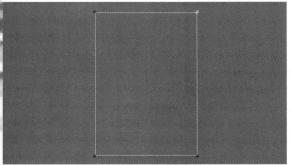

图4-138

图4-139

技术链接14：平滑的计算原理

读者在进行平滑处理的时候，无论是使用平滑类修改器，还是使用多边形建模中的【曲面细分】，都不能得到自己理想的平滑效果，这是因为读者没有掌握平滑的原理。

在 3ds Max 中，平滑是通过边控制的，要平滑某个棱角边，平滑的范围是由相邻边进行控制的，如图 4-141 所示。右边是左边的平滑效果，系统认为棱角边周围没有控制平滑的边，所以会以正中心开始平滑处理，也就造成了这种效果。

现在我们为长方体的每个棱角边增加结构边，用于控制平滑，效果如图 4-142 所示，此时棱角就会真正平滑了。

那么我们怎么控制平滑的范围呢？很简单，设置棱角边与周围控制边的距离即可控制范围，如图 4-143 所示。

图4-141

图4-142

图4-143

这就是 3ds Max 的平滑计算原理，还有不理解的地方，请观看视频，在视频中有详细的演示过程。

随堂练习 | 制作浴缸

扫码观看视频

- 场景位置 无
- 实例位置 实例文件 >CH04> 随堂练习：制作浴缸 .max
- 视频名称 制作浴缸 .mp4
- 技术掌握 调整顶点的方法、倒角工具 、【涡轮平滑】修改器、【壳】修改器

01 使用 **平面** 创建一个平面，设置【长度】为 1600mm、【宽度】为 800mm、【长度分段】为 6、【宽度】分段为 9，如图 4-144 所示，创建完成后将平面转换为多边形对象。

02 切换到顶视图，按 1 键进入【顶点】层级，调整顶点位置，如图 4-145 所示。

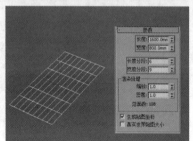

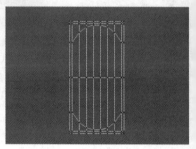

图4-144　　　　　　　　　　图4-145

Tips

在调整顶点时，不要调整最外面的顶点，保持平面大小不变。

03 切换到透视图，按 4 键进入【多边形】层级，选择图 4-146 所示的面，打开【编辑多边形】卷展栏，单击 **倒角** 按钮后的 ■（设置）按钮，设置【倒角—高度】为 -400mm、【倒角—轮廓】为 -100mm，如图 4-147 所示。

04 切换到顶视图，按 1 键进入【顶点】层级，对顶点进行调整，如图 4-148 所示。

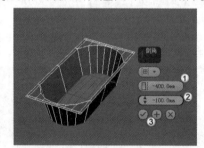

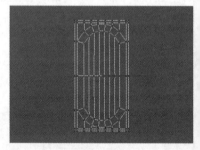

图4-146　　　　　　　　　　图4-147　　　　　　　　　　图4-148

Tips

这里主要是调节倒角处理后地面产生不规则的边，通过调整顶点来使边规则，避免在后面的操作中，造成模型错误。

05 按 1 键退出【顶点】层级，在【修改器列表】中选择【壳】修改器，设置【外部量】为 10mm，如图 4-149 所示，完成操作后，将对象转化为可编辑对象。

Tips

之所以要转化为多边形对象，是因为还要进行切角和平滑操作。

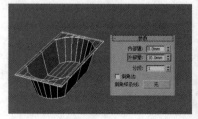

图4-149

06 按 2 键进入【边】层级，选择图 4-150 所示的边，打开【编辑边】卷展栏，单击 切角 按钮后的 ■（设置）按钮，设置【切角一数量】为 2mm，如图 4-151 所示。

图4-150

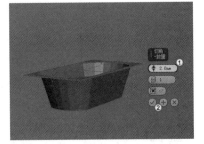

图4-151

07 按 2 键退出【边】层级，在【修改器列表】中选择【涡轮平滑】修改器，设置【迭代次数】为 2，如图 4-153 所示。

08 使用 圆柱体 创建一个圆柱体，设置【半径】为 25mm、【高度】为 60mm、【边数】为 32，如图 4-154 所示。

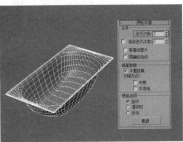

图4-153

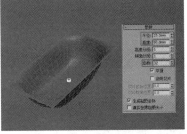

图4-154

Tips

为了得到浴缸内槽底部圆滑的效果图，这里并未选择内槽底部的边，如图 4-152 所示。

图4-152

Tips

因为这里要使用圆柱体进行布尔运算，制作浴缸的排水口，所以圆柱体应贯穿浴缸底部，如图 4-155 所示。

图4-155

09 选择浴缸模型，执行步骤 ■（创建）→ ○（几何体）→复合对象→ 布尔 ，单击 拾取操作对象B 按钮，选择圆柱体模型，如图 4-156 所示，单击 ■（修改）按钮，进入【修改】面板，选择【差集（A-B）】，如图 4-157 所示。

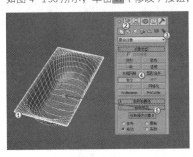

图4-156

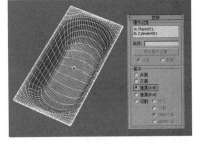

图4-157

Tips

制作排水口同样可以使用多边形建模技术，即对顶点进行调整，然后删除面。但是使用【布尔】工具速度更快。

10 用同样的方法制作出另一个排水口，如图 4-158 所示。

11 使用 圆柱体 创建一个圆柱体，设置【半径】为 25mm、【高度】为 10mm，如图 4-159 所示，完成创建后将圆柱体转换为多边形对象。

Tips

这里最好是将两个圆柱体塌陷成一个物体，然后进行布尔运算。

图4-158

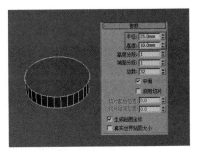

图4-159

12 按 4 键进入【多边形】层级，选择图 4-160 所示的面，使用 倒角 将其处理成图 4-161 所示的形态。

13 按 2 键进入【边】层级，选择图 4-162 所示的边，打开【编辑边】卷展栏，单击 切角 按钮后的 ▣（设置）按钮，设置【切角—分段】为 0.5mm，如图 4-163 所示。

14 按 2 键退出【边】层级，在【修改器列表】中选择【涡轮平滑】修改器，设置【迭代次数】为 2，将其复制 1 个，移动到排水口处，对排水口进行填补，如图 4-164 所示。

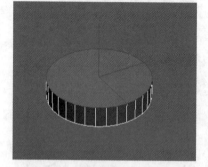

图4-160

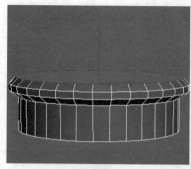

图4-161

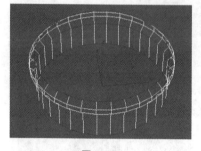

图4-162

图4-163

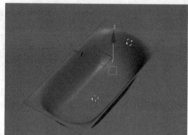

图4-164

15 使用 切角长方体 创建一个切角长方体，设置【长度】为 2 400mm、【宽度】为 1 200mm、【高度】为 500mm、【圆角】为 20mm、【圆角分段】为 2，如图 4-165 所示。

16 将长方体沿 z 轴向上复制一个，将【长度】改为 1 600mm、【宽度】改为 800mm，如图 4-166 所示。

17 选中下面的切角长方体，执行步骤 ✦（创建）→ ◯（几何体）→复合对象→ 布尔 ，单击 拾取操作对象B 按钮，选择上面的切角长方体，如图 4-167 所示，单击 ☑（修改）按钮，进入【修改】面板，选择【切割】>【移除内部】，如图 4-168 所示。

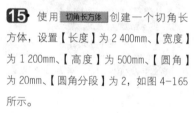

图4-165

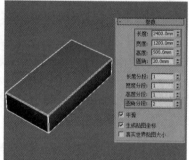

图4-166

图4-167

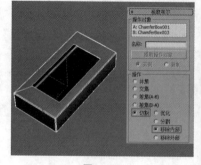

图4-168

18 将浴缸模型移动到布尔运算后的切角长方体上，组成完整的浴缸模型，如图 4-169 所示。

19 将以前创建的水龙头模型合并到浴缸模型中，如图 4-170 所示。此时，浴缸模型就制作完成了。

图4-169

图4-170

随堂练习　制作电视柜

📱 扫码观看视频

- 场景位置　无
- 实例位置　实例文件 >CH04> 随堂练习：制作电视柜 .max
- 视频名称　制作电视柜 .mp4
- 技术掌握　多边形建模技术、挤出工具 挤出 、倒角工具 倒角

01 使用 长方体 创建一个长方体，设置【长度】为 1200mm、【宽度】为 550mm、【高度】为 20mm，如图 4-171 所示，创建完成后，将长方体转换为多边形对象。

02 按 4 键进入【多边形】层级，选择图 4-172 所示的面，打开【编辑多边形】卷展栏，单击 倒角 按钮后的 ▫（设置）按钮，设置【倒角—轮廓】为 -10mm，选择 ➕（倒角—应用并继续），如图 4-173 所示，再次设置【倒角—高度】为 10mm、【倒角—轮廓】为 -8mm，选择 ☑（挤出多边形—确定），如图 4-174 所示。完成操作后再重复一遍上述的操作。

图4-171

图4-172

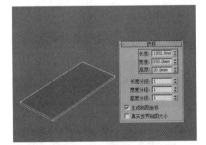

图4-173

图4-174

🍧 Tips

这里要做出一个阶梯的效果，其前面的效果图如图 4-175 所示。

图4-175

03 按2键进入【边】层级，按Ctrl+A组合键选择所有边，打开【编辑边】卷展栏，单击 切角 按钮后的 □ （设置）按钮，设置【切角—数量】为2mm，如图4-176所示。

04 使用 长方体 创建一个长方体，设置【长度】为60mm、【宽度】为470mm、【高度】为500mm，将其作为柜身的一部分，如图4-177所示，创建完成后，将长方体转换为多边形对象。

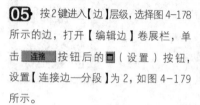

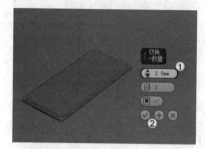

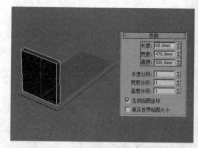

图4-176

图4-177

05 按2键进入【边】层级，选择图4-178所示的边，打开【编辑边】卷展栏，单击 连接 按钮后的 □ （设置）按钮，设置【连接边—分段】为2，如图4-179所示。

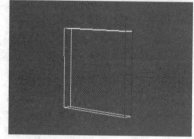

图4-178

图4-179

Tips

为了方便操作，可以将当前编辑的多边形对象独立显示，待编辑完成后再退出独立显示。

06 选择新添加的两条边，调整其位置，如图4-180所示，用上一步的方法为两条线直接添加6条边，如图4-181所示。

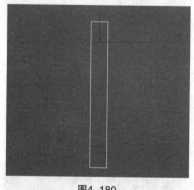

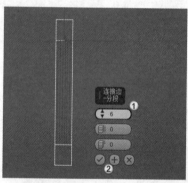

图4-180

图4-181

07 切换到透视图，按4键进入【多边形】层级，选择图4-182所示的面，打开【编辑多边形】卷展栏，单击 挤出 按钮后的 □ （设置）按钮，设置【挤出多边形—高度】为-5mm，如图4-183所示。

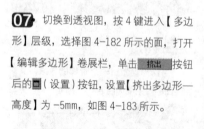

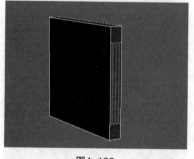

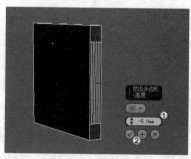

图4-182

图4-183

08 按2键进入【边】层级，选择图4-184
所示的边，打开【编辑边】卷展栏，单
击 切角 按钮后的□（设置）按钮，设
置【切角—数量】为2mm，如图4-185
所示。

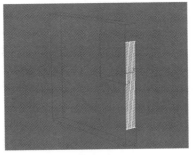

图4-184

图4-185

09 按2键退出【边】层级，将对象复制一个，位置如图4-186所示。

10 使用 长方体 创建一个长方体，设置【长度】为1000mm、【宽度】为40mm、【高度】为500mm，如图4-187所示。此时，
柜身部分已经有了一定的轮廓。

11 使用 长方体 创建一个长方体，设置【长度】为1000mm、【宽度】为400mm、【高度】为25mm，将其作为隔板，如
图4-188所示。完成创建后，将长方体转换为多边形对象。

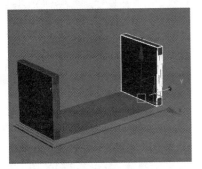

图4-186

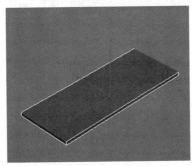

图4-187

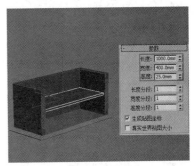

图4-188

12 按2键进入【边】层级，选择图4-189
所示的边，打开【编辑边】卷展栏，单
击 连接 按钮后的□（设置）按钮，
设置【连接边—分段】为1，如图4-190
所示。

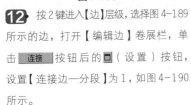

图4-189

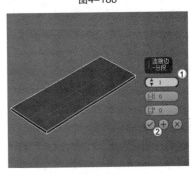

图4-190

13 选择新添加的边，调整其位置，
如图4-191所示，单击 切角 按钮后
的□（设置）按钮，设置【切角—数量】
为12mm，如图4-192所示。

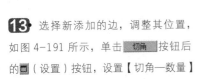

图4-191

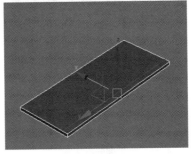

图4-192

14 按 4 键进入【多边形】层级，选择图 4-193 所示的面，打开【编辑多边形】卷展栏，单击 倒角 按钮后的 □（设置）按钮，设置【倒角—高度】为 -5mm、【倒角—轮廓】为 -5mm，如图 4-194 所示。

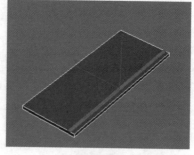

图4-193

图4-194

15 按 4 键退出【多边形】层级，选择最下面的多边形对象，将其向上复制一个，如图 4-195 所示。

16 使用 长方体 创建一个长方体，位置和参数如图 4-196 所示，创建完成后将其转换为多边形对象。

17 切换到左视图，按 1 键进入【顶点】层级，将顶点调整为图 4-197 所示的样子。

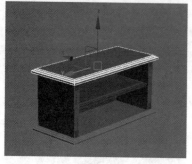

图4-195

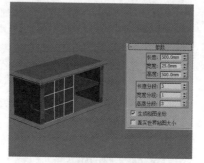

图4-196

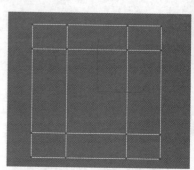

图4-197

18 按 4 键进入【多边形】层级，选择图 4-198 所示的面，打开【编辑多边形】卷展栏，单击 插入 按钮后的 □（设置）按钮，设置【插入—数量】为 20mm，如图 4-199 所示。

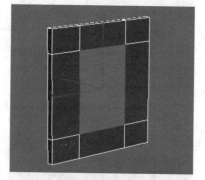

图4-198

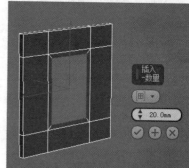

图4-199

19 选择图 4-200 所示的面，单击 挤出 按钮后的 □（设置）按钮，设置【挤出多边形—高度】为 -8mm，如图 4-201 所示。

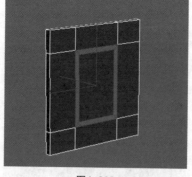

图4-200

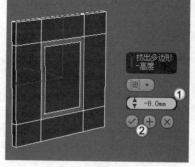

图4-201

20 按 2 键进入【边】层级，选择图 4-202 所示的边，打开【编辑边】卷展栏，单击 切角 按钮后的 ■（设置）按钮，设置【切角—数量】为 2mm，如图 4-203 所示。

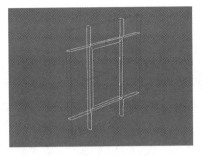

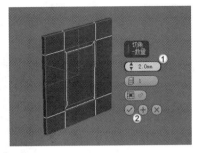

图4-202

图4-203

21 使用 切角圆柱体 创建一个切角圆柱体，将其作为拉手，位置及参数如图 4-204 所示。

22 使用 长方体 创建一个长方体，设置【长度】为 65mm、【宽度】为 50mm、【高度】为 60mm、【高度分段】为 3，如图 4-205 所示，完成创建后将长方体转换为多边形对象。

23 切换到前视图，按 1 键进入【顶点】层级，调整顶点的位置，如图 4-206 所示。

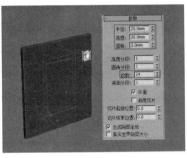

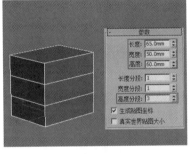

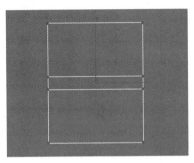

图4-204

图4-205

图4-206

24 切换到透视图，按 4 键进入【多边形】层级，选择图 4-207 所示的面，打开【编辑多边形】层级，单击 挤出 按钮后的 ■（设置）按钮，选择【挤出多边形—本地法线】，设置【挤出多边形—高度】为 -10mm，如图 4-208 所示。

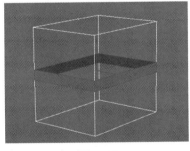

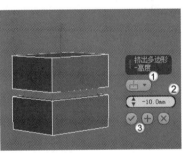

图4-207

图4-208

25 按 2 键切换到【边】层级，选择图 4-209 所示的边，打开【编辑边】卷展栏，单击 切角 按钮后的 ■（设置）按钮，设置【切角—数量】为 2mm，如图 4-210 所示。

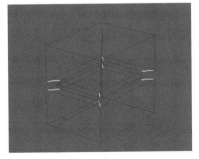

图4-209

图4-210

26 按2键退出【边】层级，将其移动到柜子模型的最下方，作为柜脚，并复制3个柜脚，如图4-211所示。此时，电视柜模型就制作完成了。

图4-211

4.3　思考与练习

　　思考一： 多边形建模非常重要，请读者多用多边形建模制作身边的对象，无论难易，都要去练习，只有不断地练习，才能提高自己的多边形建模技术，没有任何捷径可言。

　　思考二： 本章介绍了平滑的运算原理，请读者仔细观看相关视频讲解，一定要掌握这个原理，才能做出理想的平滑效果。

摄影机技术

* 了解摄影机的类型
* 掌握摄影机的创建方法
* 掌握构图的类型
* 掌握构图的方法
* 掌握景深效果的制作方法
* 掌握运动模糊的制作方法

5.1 3ds Max中的摄影机

　　3ds Max 中的摄影机可以完全模拟真实摄影机的拍摄效果，不仅可以确定渲染视角、出图范围，同时还可以调节图像的亮度，或添加一些诸如景深、运动模糊等特效。摄影机的创建直接关系到效果图的构图内容和展示视角，其成功与否对效果图的展示效果有最直接的影响。

　　加载了 VRay 后的 3ds Max，可以使用 4 种摄影机，分别是【目标摄影机】、【自由摄影机】、【VRay 物理摄影机】和【VRay 穹顶摄影机】，如图 5-1 和图 5-2 所示，其中【目标摄影机】和【自由摄影机】是两种常用的摄影机，主要用于构图和拍摄，【自由摄影机】主要用于制作漫游展示动画。

图5-1　　　　　　　　图5-2

技术链接15：创建摄影机的方法

　　在介绍摄影机参数之前，先以【目标摄影机】为例来介绍一下摄影机的创建方法。正常情况下有两种创建摄影机的方法。

　　第 1 种

　　以图 5-3 所示的场景为例，这是透视图的效果。我们可以在透视图中通过视图调整得到想要的拍摄角度，如图 5-4 所示。执行【创建】>【摄影机】>【从视图创建摄影机】（组合键为 Ctrl+C），如图 5-5 所示，此时系统会以当前视图创建一个摄影机，并自动切换到摄影机视图。

图5-3　　　　　　　　　　　　图5-4　　　　　　　　　　　　图5-5

　　第 2 种

　　这种方法是一种比较正规的摄影机创建方法，建议读者要掌握好该方法。

　　第 1 步：切换到顶视图，然后在视图中创建一个【目标摄影机】，使目标点位置位于要拍摄的主体物上，如图 5-6 所示。

　　第 2 步：切换到左视图，然后调整摄影机和目标点的高度，如图 5-7 所示。

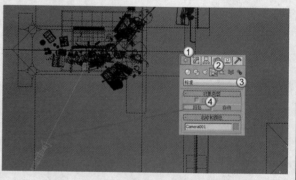

图5-6

技术链接15：创建摄影机的方法

第 3 步：确认好后，切换到透视图，按 C 键切换到摄影机视图，查看拍摄效果，如图 5-8 所示。

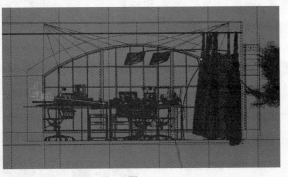

图5-7　　　　　　　　　　　　　　　　图5-8

这里的步骤看起来很简单，但实际操作时，需进行各种调试，请注意观看视频进行学习。

↘ 5.1.1　目标摄影机

本例介绍的重点工具是【目标摄影机】。目标摄影机可以查看目标周围的区域，它比自由摄影机更容易定向。选择【目标摄影机】工具 ▬目标▬，在场景中拖曳指针可以创建一台目标摄影机，可以观察到目标摄影机包含目标点和摄影机两个部件，如图 5-9 所示，参数面板如图 5-10 所示。

1.【参数】卷展栏

展开【参数】卷展栏，如图 5-11 所示。

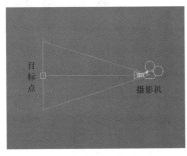

图5-9

图5-10　　　　　　　　　图5-11

重要参数说明

* 镜头：以 mm 为单位来设置摄影机的焦距。
* 视野：设置摄影机查看区域的宽度视野，有水平 ➡、垂直 ↕ 和对角线 ↗ 3 种方式。
* 剪切平面：主要用于设置摄影机的可视区域。

  手动剪切：启用该选项可定义剪切的平面。

近距 / 远距剪切：设置近距和远距平面。对于摄影机，比【近距剪切】平面近或比【远距剪切】平面远的对象是不可见的。

* **目标距离**：当使用【目标摄影机】时，该选项用来设置摄影机与其目标之间的距离。

2. 【景深】参数卷展栏

当设置【多过程效果】为【景深】时，系统会自动显示出【景深参数】卷展栏，如图 5-12 所示。

图5-12

* **使用目标距离**：启用该选项后，系统会将摄影机的目标距离用作每个过程偏移摄影机的点。

* **焦点深度**：当关闭【使用目标距离】选项时，该选项可以用来设置摄影机的偏移深度，其取值范围为 0~100。

* **显示过程**：启用该选项后，【渲染帧窗口】对话框中将显示多个渲染通道。

* **使用初始位置**：启用该选项后，第 1 个渲染过程将位于摄影机的初始位置。

* **过程总数**：设置生成景深效果的过程数。增大该值可以提高效果的真实度，但是会增加渲染时间。

* **采样半径**：设置场景生成的模糊半径。数值越大，模糊效果越明显。

* **采样偏移**：设置模糊靠近或远离【采样半径】的权重。增加该值将增加景深模糊的数量级，从而得到更均匀的景深效果。

> **Tips**
>
> 通过设置景深可以很好地突出主题，不同的景深参数下的效果各不相同，如图 5-13 所示。
>
>
>
> 图5-13

↘ 5.1.2 VR物理摄影机

【VR 物理摄影机】是 VRay 渲染器中的摄影机，如图 5-14 所示。【VR 物理摄影机】相当于一台真实的摄影机，有光圈、快门、曝光、ISO 等调节功能，【VR 物理摄影机】的参数包含 5 个卷展栏，如图 5-15 所示。

1. 【基本参数】卷展栏

展开【基本参数】卷展栏，如图 5-16 所示。

图5-14

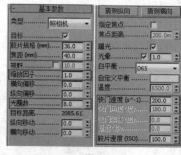

图5-15　　　　图5-16

重要参数说明

* **胶片规格（mm）**：控制摄影机所看到的景色范围。值越大，拍到的景象就越多。

* **焦距（mm）**：设置摄影机的焦长，同时也会影响到画面的感光强度。焦距较大产生的效果类似于长焦效果，且感光材料（胶片）会变暗，特别是在胶片的边缘区域；焦距较小产生的效果类似于广角效果，其透视感比较强，当然胶片也会变亮。

* **缩放因子**：控制摄影机视图的缩放。值越大，摄影机视图拉得越近。

* **光圈数**：设置摄影机的光圈大小，主要用来控制渲染图像的最终亮度。值越小，图像越亮；值越大，图像越暗，如图 5-17 和图 5-18 所示。注意，光圈和景深也有关系，大光圈的景深小，小光圈的景深大。

图5-17

图5-18

* **猜测纵向** 猜测纵向 / **猜测横向** 猜测横向 : 用于校正垂直 / 水平方向上的透视关系。

* **自定义平衡**: 用于手动设置白平衡的颜色, 从而控制图像的色偏。比如图像偏蓝, 就应该将白平衡颜色设置为蓝色。

* **快门速度 (s^-1)**: 控制进光时间。值越小, 进光时间越长, 图像就越亮; 值越大, 进光时间就越短, 图像就越暗, 如图 5-19 和图 5-20 所示。

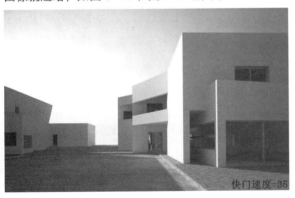

图5-19

图5-20

* **胶片速度 (ISO)**: 控制图像的亮暗。值越大, 表示 ISO 的感光系数越强, 图像也越亮。一般白天效果适合用较小的 ISO, 而晚上效果适合用较大的 ISO, 如图 5-21 和图 5-22 所示。

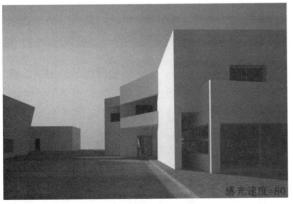

图5-21

图5-22

2.【散景特效】卷展栏

【散景特效】卷展栏下的参数主要用于控制散景效果，如图 5-23 所示。当渲染景深的时候，或多或少都会产生一些散景效果，这主要和散景到摄影机的距离有关，图 5-24 所示为使用真实摄影机拍摄的散景效果。

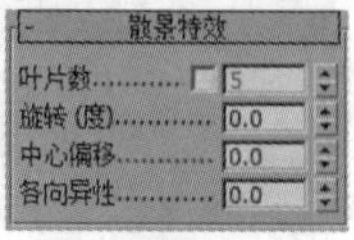

图5-23

图5-24

重要参数说明

＊ 叶片数：控制散景产生的小圆圈的边，默认值为 5 表示散景的小圆圈为正五边形。如果关闭该选项，那么散景就是个圆形。

＊ 旋转（度）：散景小圆圈的旋转角度。

＊ 中心偏移：散景偏移源物体的距离。

＊ 各向异性：控制散景的各向异性，值越大，散景的小圆圈拉得越长，即变成椭圆。

3.【采样】卷展栏

展开【采样】卷展栏，如图 5-25 所示。

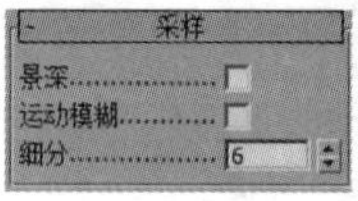

图5-25

重要参数说明

＊ 景深：控制是否开启景深效果。当某一物体聚焦清晰时，从该物体前面的某一段距离到其后面的某一段距离内的所有景物都是相当清晰的。

＊ 细分：设置【景深】或【运动模糊】的【细分】采样。数值越高，效果越好，但是会增长渲染时间。

Tips

【VR 物理摄影机】的大部分参数和真实摄影机的专业术语相同，其控制原理也是一样的。

5.2 摄影构图

什么是构图？相信大家都听说过"摄影构图"吧。与现实生活一样，在 3ds Max 中使用摄影机拍摄场景，我们同样要对场景进行构图处理，简而言之就是找一个合适的角度、合适的图像比例来展示我们要表现的对象。

↘ 5.2.1 图像比例

图像比例就是图像的纵横比，比如我们常说的分辨率为 1 280 像素 ×720 像素，此时的图像纵横比就是 16：9。因此，图像比例可以大致分为 3 类：横构图、竖构图和方构图。下面主要介绍横构图和竖构图的概念。

1.横构图

横构图就是一种比较常用的构图比例，我们常说的 16：9、4：3 就是典型的横构图比例，其中 16：9 是人眼视域的标准比例。4 : 3 是 3ds Max 的默认构图比例。总之，长度与宽度的比值大于 1 的，都可以称为横构图。图 5-26 和图 5-27 所示的是典型的横构图效果。

图5-26   图5-27

横构图的比例是最自然的，也是目前大家最能接受的一种比例。因为横构图能最大限度地展示拍摄内容，画幅的宽度可以使画面内容表现出高低起伏的节奏感。

2.竖构图

与横构图相反，竖构图是长度与宽度的比值小于 1 的构图比例。在观察竖构图时，建议大家从上往下去观察，因为竖构图往往用于表现垂直方向比较强的内容，比如山峰、深邃的空间、俯视效果和鸟瞰效果等。总之，竖构图可以增加空间感和力度感，使图像看起来有深度。图 5-28 ~ 图 5-30 所示的是典型的竖构图效果。

图5-28   图5-29   图5-30

↘ 5.2.2 摄影镜头

因为 3ds Max 的摄影机可以模拟真实摄影，所以我们可以用长焦镜头和短焦镜头来对拍摄进行分类。

1.短焦构图

短焦也叫广角镜头，特点是透视强，画面内容展示多。但是，需要注意的是，在使用短焦镜头对拍摄内容进行拍摄的时候，千万不能过度使用广角效果，否则广角的画面会使四周的内容产生严重的畸形变化。图5-31所示是典型的短焦构图，在 3ds Max 的【目标摄影机】中，【镜头】参数越小，则【视野】越大，如图5-32所示，广角效果也就越明显。

2.长焦构图

长焦的特点是透视弱，即画面视野小，摄影机的可拍摄视域小。因此，长焦构图常用于表现单一对象和特写效果，同时，长焦可以拉近远景，且场景对象不会发生畸形变化，如图5-33所示，其在 3ds Max 中的摄影机参数与短焦构图刚好相反，如图5-34所示。

图5-31　　　　　　　　　　　图5-32

图5-33　　　　　　　　　　　图5-34

5.3　构图方法

在 3ds Max 中，确定画面比例并不是通过摄影机，摄影机只能确认拍摄镜头和角度。那么我们应该如何去处理画面比例呢？这里要使用到的工具是【图像纵横比】面板和【安全框】。

↘5.3.1　图像纵横比

【图像纵横比】在【渲染设置】面板中，按F10键可以打开【渲染设置】面板，如图5-35所示。用户可以直接设置【图像纵横比】的比值来确认构图比例，也可以设置【长度】和【宽度】的分辨率来控制比例。

↘5.3.2　安全框

在 3ds Max 中，安全框并不是默认显示的，而是需要按 Shift+F 组合键激活，视图中才会出现 3 个不同颜色的矩形框，如图5-36所示。

在 3ds Max 要渲染的时候，会默认渲染最外侧黄色框以内的所有内容，而这个安全框的比例是与我们在【渲染设置】中的【图形纵横比】完全一致的。安全框的作用就是预览渲染比例和渲染内容，图5-37所示为没有激活安全框的摄影机视图。

图5-35

图5-36

大家可以对比图 5-36 和图 5-37，其内容是不一样的，如果我们不激活安全框，一定会以为渲染出图 5-37 所示的效果，但实际上确是渲染出图 5-36 所示的效果，这就是安全框的作用。因此，建议大家在创建好摄影机后，一定要激活安全框验证一下。

图5-37

随堂练习 **创建室内摄影机**  扫码观看视频

- 场景位置　场景文件 >CH05> 随堂练习：创建室内摄影机 .max
- 实例位置　实例文件 >CH05> 随堂练习：创建室内摄影机 .max
- 视频名称　创建室内摄影机 .mp4
- 技术掌握　目标摄影机、安全框

01 打开"场景文件 >CH05> 随堂练习：创建室内摄影机 .max"文件，场景中已经设置好了材质、灯光以及渲染参数，如图 5-38 所示。

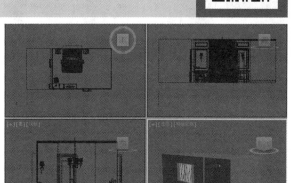

Tips

　　这里为了方便操作，文件中是隐藏了灯光的，若要显示灯光可以按 Shift+L 组合键。同理，隐藏摄影机按 Shift+C 组合键即可。

图5-38

02 最大化顶视图，这里设定拍摄角度为从床的侧面进行拍摄，在【创建】面板中选择【目标】摄影机，在顶视图中按住鼠标左键，同时从右往左拖动指针，使摄影机从侧面拍摄床，如图 5-39 所示。

03 按 Alt+W 组合键切换到四视图，选中透视图，按 C 键切换至摄影机视图，如图 5-40 所示，此时可以从摄影机视图中看到拍摄效果，摄影机的位置偏低。

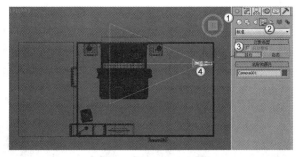

图5-39

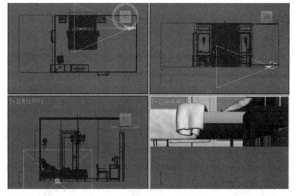

图5-40

Tips

　　在选择摄影机时，由于视图中的对象重合，不便于选择，可以使用主工具栏的 [全部▼]（过滤）来选择，在下拉列表中选择某一类对象，在选择操作中就只能选择这一类对象。例如，这里选择的是【C- 摄影机】，那么在操作中就只能选择摄影机，其他对象是无法选择的。

04 选中前视图，然后将摄影机和目标点同时选中，根据摄影机视图的效果将其向上移动到合适位置，如图 5-41 所示。

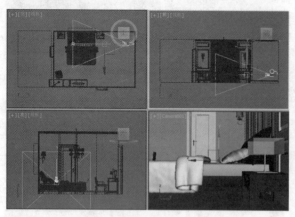

图5-41

05 这里需要设定一个俯视的效果，所以选中摄影机（不选择目标点），将其向上平移一段距离，如图 5-42 所示。

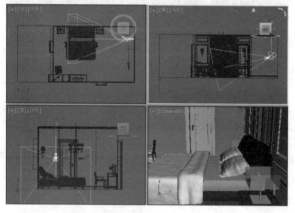

图5-42

06 选中顶视图，然后选择摄影机（不选择目标点），将其向下方平移一段距离，如图 5-43 所示，观察此时的摄影机视图，可发现摄影机视角已经设置好了。

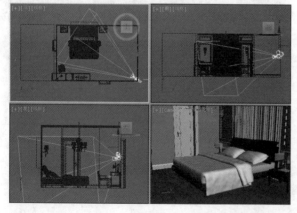

图5-43

07 最大化摄影机视角，然后按 Shift+F 组合键，如图 5-44 所示，安全框内的范围就是渲染出图的范围。

图5-44

08 按 F10 键打开【渲染设置】对话框，接下来对渲染纵横比进行设置，在【公用】选项卡下设置【纵横比】为 1.333，如图 5-45 所示。

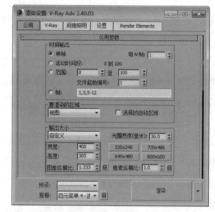

图5-45

09 因视图中的门发生倾斜，所以在视图中单击鼠标右键，在弹出的菜单中选择【应用摄影机校正修改器】选项，如图 5-46 所示。

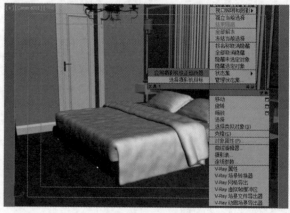

图5-46

【摄影机校正】修改器是一个很
特殊的修改器，它只能用于摄影机，
不能用于其他对象。使用该修改器可
以通过设置【数量】参数来校正两点
透视的视角强度，如图 5-47 所示。

图5-47

10 加载【摄影
机校正】修改器后，
如图 5-48 所示，此
时摄影机视图中的
对象就正常了，室
内环境的摄影机也
创建完成了。

图5-48

5.4 摄影机效果

大家在使用真实摄影机拍摄景物的时候，可以拍
出景深、运动模糊等效果。在 3ds Max 中，也同样
可以使用摄影机制作出景深和运动模糊的效果。

5.4.1 景深效果

什么是景深？所谓景深，就是一张照片中，背景
被模糊处理，主体物体被清晰地展示出来，这就是景
深效果。景深效果可以使清晰的物体有一种跃然纸上
的感觉，因此，我们常用景深来做镜头特写、产品概
念等。图 5-49 所示就是景深效果。

图5-49

随堂练习 用目标摄影机制作景深 扫码观看视频

- 场景位置 场景文件 >CH05> 随堂练习: 用目标摄影机制作景深 .max
- 实例位置 实例文件 >CH05> 随堂练习: 用目标摄影机制作景深 .max
- 视频名称 用目标摄影机制作景深 .mp4
- 技术掌握 目标摄影机、景深

01 打开素材文件中的"场景文件 >CH05> 用目标摄影机制作
景深 .max"文件，如图 5-50 所示。

02 使用 **目标** （目标摄影机）工具在视图中创建一个
摄影机，调整摄影机的位置，并按 Shift+F 组合键激活【安全
框】，如图 5-51 所示。

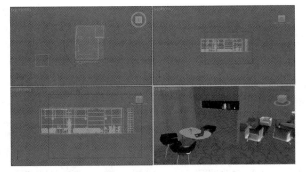

图5-50

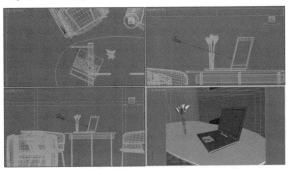

图5-51

03 选择创建的摄影机，在视图中单击鼠标右键，选择【应用摄影机校正修改器】，为摄影机加载一个【摄影机校正】修改器，并根据摄影机视图效果调整参数，如图 5-52 所示。

Tips

这里的参数设置是根据创建摄影机的位置和视角来调整的，所以读者在练习时，不一定要和书中参数一致。

图5-52

05 按 F9 键渲染摄影机视图，如图 5-54 所示，此时效果是清晰的，未出现景深效果。

Tips

关于渲染的知识，在第 10 章会进行详细介绍。

06 按 F10 键打开【渲染设置】对话框，切换到【VRay】选项卡，打开【摄影机】卷展栏，勾选【景深】选项，设置【光圈】为 15、【焦距】为 620，勾选【从摄影机获取】选项，如图 5-55 所示。

07 按 F9 键渲染摄影机视图，效果如图 5-56 所示，此时出现了景深效果。

Tips

这里的渲染效果较粗糙，是渲染参数比较低的原因，通过学习本例主要掌握的是景深的制作方法，关于渲染参数的设置，在第 10 章会详细介绍。

图5-55

04 选择目标摄影机，打开【参数】卷展栏，设置调整【镜头】和【视野】参数，选择【景深】选项，设置【目标距离】为 625mm，如图 5-53 所示。

Tips

在制作的过程中，本步骤设置的参数要根据实际情况而定。

图5-53

图5-54

图5-56

技术链接16：准确地控制景深范围

在前面一个案例中，我们虽然做出了景深效果，但是有个问题，那就是我们无法精确地控制景深范围和景深效果，是否有一种更好的景深制作方法呢？答案是有的，那就是使用【VR 物理摄影机】，我们直接在视图中就能确认景深的范围，然后通过【光圈数】控制景深的强烈程度。

当我们在顶视图中创建好【VR 物理摄影机】后，如图 5-57 所示，读者会发现目标点两边会有两根线，即图 5-58 中用红线标注的部分。

技术链接16：准确地控制景深范围

如果此时我们使用景深效果，那么处于这两条线之间的对象将会是清晰的，在这两条线之外将会是模糊的，这样就形成了景深效果。当然，这仅仅是顶视图，这个清晰区域是由两个平面切割的，如图 5-59 所示。

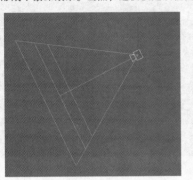

图5-57

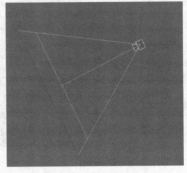

图5-58

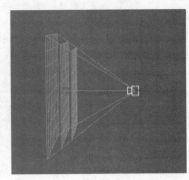

图5-59

默认情况下，我们会以目标点作为摄影机的焦点，焦点前后会有一个清晰区域，也就是左右两个面之间的区域，这两个面之外就是模糊区域。根据景深大小和光圈的关系，可以推理出清晰区域的大小能够通过【光圈数】来调整。

另外，使用【VR 物理摄影机】制作景深效果，其方法和原理要比【目标摄影机】简单许多。

随堂练习 **用VR物理摄影机制作景深**  扫码观看视频

- 场景位置　场景文件 >CH05> 随堂练习：用 VR 物理摄影机制作景深 .max
- 实例位置　实例文件 >CH05> 随堂练习：用 VR 物理摄影机制作景深 .max
- 视频名称　用 VR 物理摄影机制作景深 .mp4
- 技术掌握　VR 物理摄影机、景深

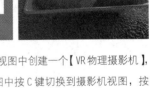

01 打开 "场景文件 >CH05> 用 VR 物理摄影机制作景深 .max" 文件，如图 5-60 所示。

02 使用 VR物理摄影机 工具在视图中创建一个【VR 物理摄影机】，调整摄影机的位置，在透视图中按 C 键切换到摄影机视图，按 Shift+F 组合键打开【安全框】，如图 5-61 所示。

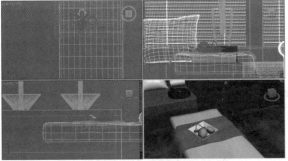

图5-60

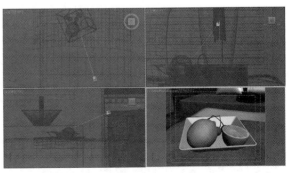

图5-61

03 选择创建的【VR 物理摄影机】，设置【光圈数】为 8、【白平衡】为【自定义】【快门速度】为 60、【胶片速度】为 100，打开【采样】卷展栏，勾选【景深】选项，设置【细分】为 16，如图 5-62 所示。

04 按 F9 键渲染摄影机视图，效果如图 5-63 所示，图中有景深效果。

Tips

本步骤练习的是重要参数的设置，在练习过程中，可能其他参数与图中不同，请以实际操作参数为准。

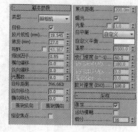

图5-62

图5-63

↘ 5.4.2 运动模糊

什么是运动模糊？简单地说，当大家在拍照时，由于手抖动，造成画面模糊，有运动拖尾和运动趋势的现象，这就可以理解为运动模糊。运动模糊效果可以使画面有很强的动感效果，如图 5-64 和图 5-65 所示。在 3ds Max 中，运动模糊的制作比较简单，与使用【目标摄影机】制作景深的原理和思路差不多，但是前提是需要为运动模糊对象增加一个运动动画。

图5-64

图5-65

随堂练习 用目标摄影机制作运动模糊 扫码观看视频

- 场景位置　场景文件 >CH05> 随堂练习：用目标摄影机制作运动模糊 .max
- 实例位置　实例文件 >CH05> 随堂练习：用目标摄影机制作运动模糊 .max
- 视频名称　用目标摄影机制作运动模糊 .mp4
- 技术掌握　VR 物理摄影机、景深

01 打开"场景文件 >CH05> 随堂练习：用目标摄影机制作运动模糊 .max"文件，如图 5-66所示。

图5-66

02 设置摄影机的类型为【标准】，然后在左视图中创建一台目标摄影机，调节好目标点的位置，如图 5-67 所示。

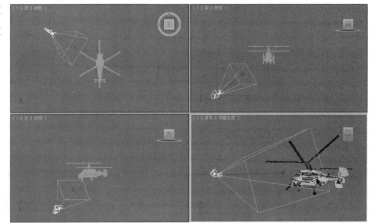

图5-67

Tips

关于运动动画的创建方法，在第 11 章会进行详细讲解。

03 选择目标摄影机，在【参数】卷展栏下设置【镜头】为 43.456mm、【视野】为 45°，设置【目标距离】为 100 000mm，如图 5-68 所示。

图5-68

04 按 F10 键打开【渲染设置】面板，单击 V-Ray 选项卡，展开【V-Ray 摄像机】卷展栏，在【运动模糊】选项组下勾选【开】选项，如图 5-69 所示。

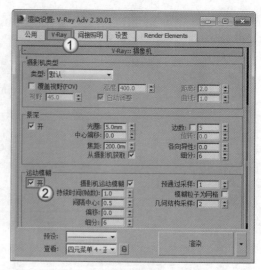

图5-69

05 在透视图中按 C 键切换到摄影机视图，然后将时间线滑块拖曳到第 1 帧，接着按 F9 键渲染当前场景，可以发现已经产生了运动模糊效果，如图 5-70 所示。

图5-70

5.5 思考与练习

　　思考一：请练习摄影机的创建方法，并结合安全框和图像纵横比进行构图。

　　思考二：请练习景深的制作方法，尽量使用 VR 物理摄影机准确地控制景深范围。请思考决定景深效果的参数有哪些。

CHAPTER

06

灯光技术

* 了解灯光的作用和类型
* 掌握【VRay灯光】、【VRay太阳】、
  【目标灯光】的使用方法
* 掌握【VRay天光】和【VRay太阳】
  的关联方法

* 掌握半封闭空间的布光方法
* 掌握封闭空间的布光方法
* 掌握室外建筑的布光方法

6.1 灯光的常识

在三维场景中，就算前期工作做得再完美，没有灯光，场景也会一片漆黑。图6-1~ 图6-3所示为不同光照下的效果。

图6-1

图6-2

图6-3

↘6.1.1 灯光的作用

有光才有影，只要有了灯光，物体就能呈现出三维立体感。不同的灯光，营造的氛围是不同的，给人带来的感官体验也不同。灯光是视觉画面的一部分，主要有以下3个功能。

（1）照亮整个场景，并提供一个整体氛围，展现出影像实体，营造出空间氛围。

（2）为画面着色，烘托材质效果，塑造空间和形式。

（3）指导人们的视觉焦点，控制观察者的视觉注意力。

↘6.1.2 灯光的分类

在现实生活中，灯光可以分为自然光和人造光两种。在三维设计中我们可以通过搭配这两种灯光来烘托出我们想要的氛围，制作出我们理想的灯光效果。

1.自然光

自然光能使人们欣赏到大自然丰富、美丽的变化。自然光常用于充当主体光源。图6-4和图6-5所示为自然光的效果。

图6-4

图6-5

2.人造光

人造光是人们有目的性地创造的，它们的作用比较有针对性，大部分都是用于烘托氛围和局部照明，比如烛光、射灯、霓虹灯等。另外，在大场景中，设计师们通常将人造光和自然光结合使用，来表现不同的灯光效果和空间氛围。图 6-6 和图 6-7 所示为人造光的效果。

图6-6

图6-7

6.2 3ds Max中的常用灯光

加载了 VRay 后，3ds Max 中有 3 种类型的灯光，分别是【光度学】、【标准】和【VRay】，如图 6-8~图 6-10 所示。下面将重点介绍常用灯光。

图6-8

图6-9

图6-10

↘ 6.2.1 VRay灯光

VRay 灯光可以用来模拟室内灯光，是使用频率非常高的一种灯光，参数设置面板如图 6-11 所示。

重要参数说明

* 类型：设置 VRay 灯光的类型，共有【平面】、【穹顶】、【球体】和【网格】4 种类型，如图 6-12 所示。

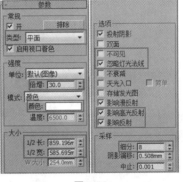

图6-11

图6-12

平面：将 VRay 灯光设置成平面形状。该光源以一个平面区域的方式显示，用该区域来照亮场景，由于该光源能够均匀柔和地照亮场景，因此常用于模拟自然光源或大面积的反光。

穹顶：将 VRay 灯光设置成穹顶形状。光线来自位于灯光 z 轴的半球体状圆顶。该光源能够均匀照射整个场景，光源位置和尺寸对照射效果几乎没有影响，常用于空间较为宽广的室内场景或在室外场景中模拟环境光。

球体：以光源为中心向四周发射光线。该光源常被用于模拟人照灯光，比如室内设计中的壁灯、台灯和吊灯。

Tips

【平面】、【穹顶】、【球体】和【网格】灯光的形状各不相同，因此它们可以运用在不同的场景中，如图6-13所示。【网格】不常用，本书不做介绍。

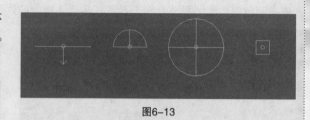

图6-13

* **倍增**：设置 VRay 灯光的强度。
* **颜色**：指定灯光的颜色。
* **1/2 长**：设置灯光的长度。
* **1/2 宽**：设置灯光的宽度。
* **双面**：用来控制是否让灯光的双面都产生照明效果（当灯光类型设置为【平面】时有效，其他灯光类型无效），图6-14和图6-15所示为开启与关闭该选项时的灯光效果。

图6-14

图6-15

* **不可见**：这个选项用来控制最终渲染时是否显示 VRay 灯光的形状，图6-16和图6-17所示为关闭与开启该选项时的灯光效果。

图6-16

图6-17

* **忽略灯光法线**：该选项控制灯光的发射是否按照灯光的法线进行发射，图6-18和图6-19所示为关闭与开启该选项时的灯光效果。

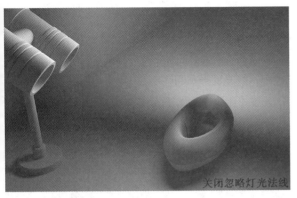

关闭忽略灯光法线

图6-18

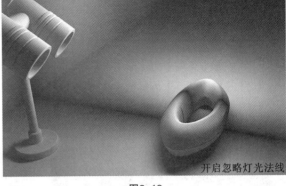

开启忽略灯光法线

图6-19

* **影响高光反射**：该选项决定灯光是否影响物体材质属性的高光。
* **影响反射**：勾选该选项时，灯光将对物体的反射区进行光照，物体可以将灯光反射。
* **细分**：这个参数控制 VRay 灯光的采样细分。当设置为较低值时，会增加阴影区域的杂点，但是渲染速度比较快；当设置为较高值时，会减少阴影区域的杂点，但是会降低渲染速度，如图 6-20 和图 6-21 所示。

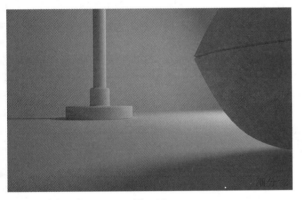

图6-20

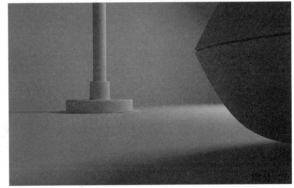

图6-21

随堂练习 制作台灯照明

 扫码观看视频

* **场景位置** 场景文件 >CH06> 随堂练习：制作台灯照明 .max
* **实例位置** 实例文件 >CH06> 随堂练习：制作台灯照明 .max
* **视频名称** 制作台灯照明 .mp4
* **技术掌握** VRay 灯光、球体光

01 打开素材文件中的"案例 > 场景文件 >CH06> 随堂练习：制作台灯照明 .max"文件，如图 6-22 所示，按 F9 键渲染摄影机视图，渲染效果如图 6-23 所示，此时台灯没有照明效果。

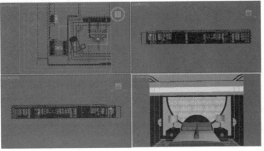

图6-22

图6-23

02 使用 [VR灯光] 在台灯灯罩中创建一盏【VRay 灯光】，并以实例的形式复制一盏到另一盏台灯灯罩中，灯光位置如图 6-24 所示，具体参数设置如图 6-25 所示。

设置步骤

（1）设置【类型】为【球体】，设置【倍增器】为 25，模拟灯光的形态和强度。

（2）设置【颜色】为黄色（红 :255，绿 :172，蓝 :83），设置【半径】为 115mm，模拟灯光的颜色和大小。

（3）勾选【不可见】选项，使光源不可见。

03 按 F9 键渲染摄影机视图，渲染效果如图 6-26 所示，此时两盏台灯均产生照明效果。

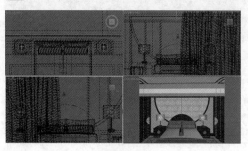

| 图6-24 | 图6-25 | 图6-26 |

Tips

【VRay 灯光】的应用不仅仅局限于做台灯、吊灯和灯带这些简单的模拟灯光，在后面的内容中会详细讲解它的空间布光能力。

技术链接17：如何找回丢失贴图的链接

这里要讲解一个在实际工作中非常实用的技术，即追踪场景资源技术。在打开一个场景文件时，往往会缺失贴图、光域网文件。比如，用户在打开本例的场景文件时，会弹出一个【缺少外部文件】对话框，提醒用户缺少外部文件，如图 6-27 所示。造成这种情况的原因是移动了实例文件或贴图文件的位置（比如将其从 D 盘移动到了 E 盘），造成 3ds Max 无法自动识别文件路径。遇到这种情况可以先单击"继续" [继续] 按钮 ，然后再查找缺失的文件。

按 Shift+T 组合键打开【资源追踪】对话框，如图 6-28 所示。在该对话框中可以观察到缺失了哪些贴图文件或光域网（光度学）文件。这时可以按住 Shift 键全选缺失的文件，然后单击鼠标右键，在弹出的菜单中选择"设置路径"命令，如图 6-29 所示，接着在弹出的对话框中链接好文件路径（贴图和光域网等文件最好放在一个文件夹中），如图 6-30 所示。链接好文件路径后，有些文件可能仍然显示缺失，这是因为在前期制作中可能有多余的文件，因此 3ds Max 保留了下来，只要场景贴图齐备即可，如图 6-31 所示。

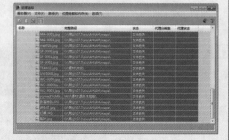

| 图6-27 | 图6-28 |

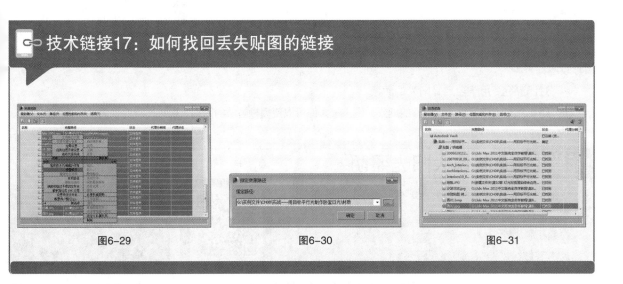

技术链接17：如何找回丢失贴图的链接

图6-29　　　　　　　　　图6-30　　　　　　　　　图6-31

↘ 6.2.2 VRay太阳

VRay 太阳主要用来模拟真实的室外太阳光。VRay 太阳的参数比较简单，只包含一个【VRay 太阳参数】卷展栏，如图 6-32 所示。

重要参数说明

*　**浊度**：该参数控制空气的混浊度，它影响 VRay 太阳和 VRay 天空的颜色。较小的值表示晴朗干净的空气，此时 VRay 太阳和 VRay 天空的颜色较蓝。图 6-33 和图 6-34 所示的分别是【浊度】值为 2 和 10 时的阳光效果。

图6-32　　　　　　　　　图6-33　　　　　　　　　图6-34

*　**臭氧**：该参数是指空气中臭氧的含量，较小值的阳光较黄，较大值的阳光较蓝，图 6-35 和图 6-36 所示的分别是【臭氧】值为 0 和 1 时的阳光效果。

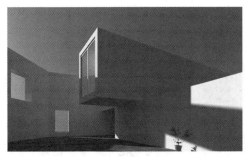

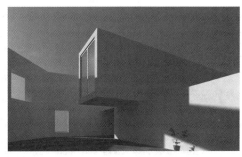

图6-35　　　　　　　　　图6-36

* **强度倍增**：该参数是指阳光的亮度，默认值为 1。

* **大小倍增**：该参数是指太阳的大小，它的作用主要表现在阴影的模糊程度上，设为较大值可以使阳光阴影较模糊。

* **过滤颜色**：用于自定义阳光的颜色。

* **阴影细分**：该参数是指阴影的细分，设为较大值可以使模糊区域的阴影产生较光滑的效果，并且没有杂点。

随堂练习 制作太阳光照明

 扫码观看视频

* 场景位置　场景文件 >CH06> 随堂练习: 制作太阳光照明 .max
* 实例位置　实例文件 >CH06> 随堂练习: 制作太阳光照明 .max
* 视频名称　制作太阳光照明 .mp4
* 技术掌握　VRay 太阳、VRay 天空

01 打开素材文件中的"场景文件 >CH06> 随堂练习: 制作太阳光照明 .max" 文件，如图 6-37 所示，这是一个阳台场景，按 F9 键渲染摄影机视图，效果如图 6-38 所示。

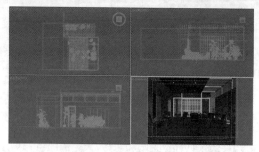

图6-37

图6-38

> 🎂**Tips**
>
> 在渲染效果中有亮点，这不是灯光效果，是因为筒灯由【VRay 灯光】材质制作导致的。

02 使用 `VR太阳` 在视图中创建一盏太阳光，在创建时会弹出【VRay 太阳】对话框，询问是否添加一张【VRay 天空】贴图，单击 `是` 按钮，如图 6-39 所示。

> 🎂**Tips**
>
> 通过此操作自动为场景添加一张【VRay】天空环境贴图。

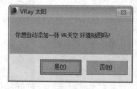

图6-39

03 调整【VRay】太阳的位置，如图 6-40 所示，设置【浊度】为 20、【强度倍增】为 0.1、【大小倍增】为 3、【阴影细分】为 8，如图 6-41 所示。

04 按 8 键打开【环境与效果】对话框，勾选【使用贴图】选项，按 M 键打开【材质编辑器】，将【环境贴图】通道中的【VRay天空】拖曳到一个空白材质上，如图 6-42 所示，此时会弹出【实例（副本）贴图】对话框，选择【实例】，如图 6-43 所示。

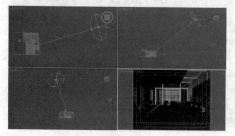

图6-40

图6-41

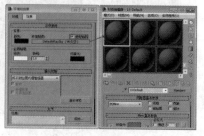

图6-42

图6-43

本步骤是将【VRay 天空】贴图以实例的形式转移到材质球上，通过调整材质球参数来控制【VRay 天空】的效果。

05 选择上一步产生的材质球，单击【太阳光】后面的按钮并选择视图中的【VRay 太阳】，拾取太阳光，设置【太阳强度倍增】为 0.09，控制天光的强度，如图 6-44 所示。

图6-44

当拾取视图中的太阳光后，调整太阳光的位置，可以发现【材质编辑器】中的材质球效果会发生变化，通过这种方法可以控制天空的天光效果，从而模拟不同时间段的太阳照射效果。

...

06 按 F9 键渲染摄影机视图，图 6-45 所示为太阳光的照射效果。

图6-45

技术链接18：关联【VRay太阳】和【VRay天空】

在前面的练习中，我们接触到了一个新概念——【VRay 天空】，它是用于模拟天空环境光的。因为 VRay 是没有天光引擎的，所以我们会使用 3ds Max 的环境来进行处理。关于环境的操作在第 8 章会进行详细介绍，这里只重点说明如何关联天空。

在我们创建【VRay 太阳】时，系统会提示是否添加【VRay 天空】，当我们选择【是】后，系统会自动在【环境和效果】面板中添加一个【VRay 天空】，如图 6-46 所示。

此时，系统只是创建了天光，并没有与【VRay 太阳】产生关联，也就是说，现在的天光不会受【VRay 太阳】影响。因此，我们可以将【VRay 天空】以【实例】的方式拖曳到空白材质球上，那么，此时我们就可以编辑【材质编辑器】中的【VRay 天空参数】，如图 6-47 所示。

要使【VRay 天空】受【VRay 太阳】的影响，我们还需将两者关联起来，即勾选【使用太阳节点】，然后单击【太阳光】后的 无 ，并单击视图中的【VRay 太阳】，即可将二者关联起来，如图 6-48 所示。

当我们设置好【VRay 天空】的参数后，如果移动太阳光的位置，可以发现，在【材质编辑器】中的【VRay 天空】的颜色和明暗也会跟着变化，如图 6-49 所示。

图6-46

图6-47

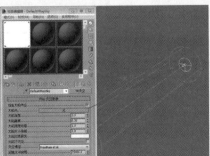

图6-48

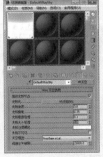

图6-49

↘ 6.2.3 目标灯光

目标灯光带有一个目标点，用于指向被照明物体，如图 6-50 所示，目标灯光主要用来模拟现实中的筒灯、射灯和壁灯等，其默认参数包含 10 个卷展栏，如图 6-51 所示。

1. 【常规参数】卷展栏

展开【常规参数】卷展栏，如图 6-52 所示。

重要参数说明

* **启用**：控制是否开启灯光的阴影效果。

* **阴影类型列表**：设置渲染器渲染场景时使用的阴影类型，包括 7 种类型，如图 6-53 所示，常用的是【VRay 阴影】。

* **灯光分布（类型）**：设置灯光的分布类型，包含 4 种类型，如图 6-54 所示，常用的是【光度学 Web】选项。

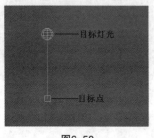
图6-50

图6-51

图6-52

图6-53

图6-54

2. 【分布（光度学Web）】卷展栏

设置灯光分布类型为【光度学 Web】后，会自动激活该卷展栏，如图 6-55 所示，可以通过单击 ＜选择光度学文件＞ 按钮加载文件夹中的光度学文件来模拟筒灯。

3. 【强度/颜色/衰减】卷展栏

展开【强度 / 颜色 / 衰减】卷展栏，如图 6-56 所示。

重要参数说明

* **过滤颜色**：使用颜色过滤器来模拟置于灯光上的过滤色效果。

* **强度**：用于设置灯光强度，包含以下 3 个单位，常用的是坎德拉（cd）。

lm（流明）：测量整个灯光（光通量）的输出功率。100 瓦的通用灯炮约有 1 750 lm 的光通量。

cd（坎德拉）：用于测量灯光的最大发光强度，通常沿着瞄准发射。100 瓦通用灯炮的发光强度约为 139 cd。

lx（lux）：测量由灯光引起的照度，该灯光以一定距离照射在曲面上，并面向灯光的方向。

图6-55

图6-56

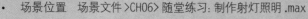

随堂练习　制作射灯照明　📱 扫码观看视频

- 场景位置　场景文件 >CH06> 随堂练习：制作射灯照明 .max
- 实例位置　实例文件 >CH06> 随堂练习：制作射灯照明 .max
- 视频名称　制作射灯照明 .mp4
- 技术掌握　目标灯光

　打开素材文件中的"场景文件 >CH06> 随堂练习：制作射灯照明 .max"文件，如图 6-57 所示。按 F9 键渲染摄影机视图，如图 6-58 所示，渲染效果一片漆黑，表示环境中没有灯光照射。

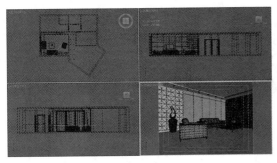

图6-57　　　　　　　　　　　　　　图6-58

02 切换到前视图，使用 目标灯光 在视图中的筒灯处从上到下拖曳绘制出一盏灯光，如图 6-59 所示，切换到顶视图，框选整个【目标灯光】，将其位置移动到筒灯处，如图 6-60 所示。

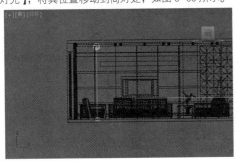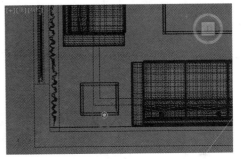

图6-59　　　　　　　　　　　　　　图6-60

> **Tips**
>
> 　这里一定要框选选择，通过点选只能选择灯光或者目标点的其中一个。

03 框选创建的【目标灯光】，按住 Shift 键移动位置，将它以【实例】的形式复制到每一个筒灯处，一共要复制 20 个，如图 6-61 所示。

> **Tips**
>
> 　因为每一盏灯都是相同的，所以以【实例】的形式进行复制，在设置参数时只需要设置其中一盏即可。

04 点选其中一盏灯光，具体参数设置如图 6-62 所示。

设置步骤

　① 打开【常规参数】卷展栏，勾选【阴影】选项，选择【VRay 阴影】，设置【灯光分布（类型）】为【光度学 Web】，模拟灯光阴影效果。

　② 打开【分布（光度学 Web）】卷展栏，为其加载一个案例文件夹中的【00.ies】灯光文件，模拟筒灯样式。

　③ 打开【强度 / 颜色 / 衰减】卷展栏，设置过滤颜色为蓝色（红 :191，绿 :201，蓝 :254），模拟筒灯颜色，设置【强度】为 50 000，模拟灯光亮度。

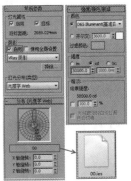

图6-61

> **Tips**
>
> 　在加载了灯光文件后，视图中的灯光形状会发生变化。另外，在布置灯光时，灯光的强度不可能一次就设置到位，在工作中，都是通过不断测试来确定最终参数的。

图6-62

图6-63

05 切换到摄影机视图，按F9键渲染摄影机视图，渲染效果如图 6-63 所示，这就是筒灯照明效果。

图6-64

↘ 6.2.4　目标平行光

【目标平行光】可以用于模拟太阳光照明，也可以直接模拟平行面光照明，其参数面板如图 6-64 所示。

Tips

【目标平行光】的使用方法与【目标灯光】基本相同，关于其参数，大家可以参考【目标灯光】，这里不做介绍。

6.3　室内场景布光

　　在前面的小结，我们学习了 3ds Max 中常用灯光的使用方法和重要参数。在三维设计中，灯光的运用不可能只有单个灯光的的使用，而是需要多个灯光搭配使用。对于初学者而言，如果给出一个全新的空间进行布光，则很有可能无从下手。这是布光的难点，也是布光的精彩所在，因为布光的主观性很强，所以没有明确的公式、数值来概括场景布光。下面给出一些业内布光的经验供读者参考。

　　第 1 步：明确主光。对场景进行全方位观察，明确主光所在。对于室外空间和半封闭空间，太阳光和环境光是主光；对于室内空间，主光不是亮度最大的灯光，也不是照射范围最大的灯光，而是实实在在在场景中存在的灯光，且在现实生活中最先打开的灯光，例如天花灯、吊灯。如果场景中没有天花灯和吊灯，那么就退而求其次，筒灯即是主光，它们的共同点是真实存在，且当人们进入空间时，都是通过打开它们来实现主要照明。

　　第 2 步：照亮场景。确认好主光后，通过相应的灯光创建主光，然后测试亮度。对于室内环境而言，因为 VRay 的渲染系统，我们创建的灯光很难绝对照亮场景，此时就需要使用补光来照亮场景。

　　第 3 步：修饰灯光。照亮场景后，其实场景布光基本已经完成，但有时为了满足艺术需求，还需要用一些修饰灯光来增加灯光的层次。这时可以考虑在场景中的装饰物体上创建相应的灯光，亮度不宜过大，能照亮各自对应的区域即可。另外，对于装饰灯光的颜色，建议均选择与主光色调相反的颜色，例如主光是冷色调，那么装饰灯光就应该选择暖色调，反之亦然。

　　通过以上 3 步，虽然在初期无法做出特别绚丽而又真实的灯光效果，但是要做到正确布光是没有问题的。布光是一个循序渐进的过程，不能急，要慢慢测试，因为布光是最考验耐心的一个环节。下面列出实际工作中最常见的 3 种空间，并介绍其布光的思路和方法。

↘ 6.3.1　半封闭空间的布光

　　半封闭空间是一种比较常见的空间环境，有进光口的空间都可以称为半封闭空间。这类空间的灯光特点是环境光。（太阳光）作为主光照亮空间，人造光作为点缀灯光烘托氛围。图 6-65 和图 6-66 所示为半封闭空间的灯光效果。

图6-65

图6-66

这是两个典型的半封闭空间，即窗户作为进光口，太阳光透过窗户照亮整个场景，室内的筒灯作为点缀光为空间增加氛围。

技术链接19：半封闭空间布光法则

对于半封闭空间，主光源一般都是太阳光（VRay 太阳）和天光。半封闭空间的布光顺序和布光原理与封闭空间比较类似。例如图 6-67 所示的这个空间，先创建一个【VRay 太阳】（黄色）作为主光源，通过进光口（一般是门或窗户）照射进空间，然后在室内创建筒灯（红色）作为修饰光，如图 6-68~ 图 6-71 所示。需要注意的是，这里并没有使用 VRay 平面光作为补光，而是直接在"环境和效果"中设置了一个淡蓝色背景作为天光来模拟天空环境，如图 6-72 所示。

图6-67

图6-68

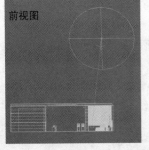
图6-69

图6-70

图6-71

图6-72

随堂练习 制作客厅灯光效果

扫码观看视频

- 场景位置　场景文件 >CH06> 随堂练习：制作客厅灯光效果 .max
- 实例位置　实例文件 >CH06> 随堂练习：制作客厅灯光效果 .max
- 视频名称　制作客厅灯光效果 .mp4
- 技术掌握　【VRay 太阳】、【VRay 灯光】

01 打开素材文件中的"场景文件 >CH06> 随堂练习：制作客厅灯光效果 .max"文件，如图 6-73 所示。

02 使用 VR太阳 在视图中创建一盏【VRay 太阳】灯光，灯光位置如图 6-74 所示，设置【强度倍增】为 0.1、【过滤颜色】为蓝色（红 :181，绿 :215，蓝 :135），如图 6-75 所示。

图6-73

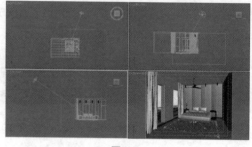

图6-74

图6-75

Tips

在这里不需要创建【VRay 天空】，因为在场景中，有作为外景的对象。

03 按 F9 键渲染摄影机视图，渲染效果如图 6-76 所示，此时太阳光照亮了整个场景，但室内整体偏暗。

Tips

在实际工作中，每创建一盏或一组灯光，都会进行测试，待达到设计要求后，才会开始下一盏灯光的创建。

图6-76

04 使用【VRay 灯光】在场景中创建一盏【平面】光作为室内的补光，灯光位置如图 6-77 所示，具体参数设置如图 6-78 所示。

设置步骤

① 设置【类型】为【平面】，设置【倍增器】为 6。

② 设置【颜色】为蓝色（红 :105，绿 :158，蓝 :255），调整【1/2 长】为 2085、【1/2 宽】为 1 500。

③ 勾选【不可见】选项，因为这里只是制作太阳的补光，所以取消勾选【影响高光反射】和【影响反射】选项。

05 按 F9 键渲染摄影机视图，渲染效果如图 6-79 所示，室内效果明亮了很多，半封闭空间的灯光就制作完成了。有兴趣的读者可以在筒灯处使用【目标灯光】工具制作筒灯，丰富室内灯光效果。

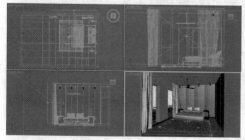

图6-77

图6-78

图6-79

↘ 6.3.2 封闭空间的布光

　　在三维设计中，封闭空间并不是只有完全封闭的空间，在场景中，如果室外灯光的照明作用非常小，该空间也可以称为封闭空间，比如夜晚空间。因此，在全封闭空间中，其主光源和点缀光都应该是人造光，即便有室外灯光，也仅仅是作为背景出现。图 6-80 和图 6-81 所示为封闭空间的灯光效果。

图6-80

图6-81

技术链接20：全封闭空间的布光法则

　　对于封闭空间，主要是由室内灯光提供照明。在创建灯光之前，要找出主要照明光源是哪盏灯光。对于室内环境，主要照明光源通常是吊灯、天花灯，甚至筒灯也可以作为主要光。图 6-82 所示为一个极其简单的封闭空间，以筒灯（红色）为主要光源，当筒灯无法满足空间灯光层次感时，就应该考虑使用室内点缀光源（黄色）来增加空间的灯光层次，最后根据空间的亮度，创建一盏室内空间补光（紫色）来补充亮度，灯光的位置如图 6-83～图 6-86 所示。

渲染效果

图6-82

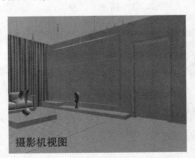

摄影机视图

图6-83

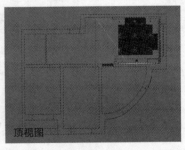

顶视图

图6-84

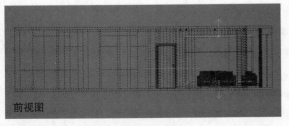

前视图

图6-85

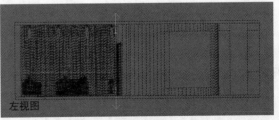

左视图

图6-86

随堂练习 制作走廊的灯光效果

扫码观看视频

- 场景位置 场景文件＞CH06＞随堂练习：制作走廊的灯光效果 .max
- 实例位置 实例文件＞CH06＞随堂练习：制作走廊的灯光效果 .max
- 视频名称 制作走廊的灯光效果 .mp4
- 技术掌握 【VRay 灯光】

01 打开素材文件中的"场景文件＞CH06＞随堂练习：制作走廊的灯光效果 .max"文件，如图 6-87 所示。

02 使用【VRay 灯光】在天花灯中创建一盏【球体】光，灯光位置如图 6-88 所示，具体参数设置如图 6-89 所示。

设置步骤

① 设置【类型】为【球体】，【倍增器】为 100。

② 设置【颜色】为淡蓝色（红 :210，绿 :236，蓝 :255），设置【半径】为 37.5mm，勾选【不可见】选项。

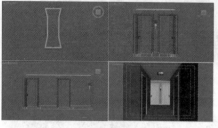

图6-87

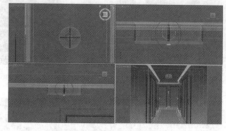

图6-88

图6-89

03 使用【VRay 灯光】在壁灯中创建一盏【球体】光，灯光位置如图 6-90 所示，具体参数设置如图 6-91 所示。

设置步骤

① 设置【类型】为【球体】，【倍增器】为 45。

② 设置【颜色】为淡蓝色（红 :210，绿 :236，蓝 :255），设置【半径】为 25mm，勾选【不可见】选项。

04 按 F9 键渲染摄影机视图，效果如图 6-92 所示，此时并未出现预期的照亮场景的效果。

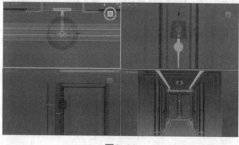

图6-90

图6-91

图6-92

Tips

如果继续增加【球体】灯的亮度，灯光强度会变得过大，导致显示不出天花灯和壁灯的效果。所以，这里考虑使用补光来模拟室内照明效果。

05 使用【VRay 灯光】在天花板处创建一盏【平面】灯光，灯光位置如图 6-93 所示，具体参数设置如图 6-94 所示。

设置步骤

① 设置【类型】为【平面】，【倍增器】为 2。

② 设置【颜色】为淡蓝色（红 :220，绿 :241，蓝 :255），设置【1/2 长】为 1 048mm、【1/2 宽】为 2 735mm，勾选【不可见】选项，取消勾选【影响高光反射】和【影响反射】选项。

06 按 F9 键渲染摄影机视图，效果如图 6-95 所示，此时照明效果良好。

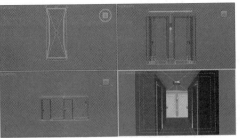

图6-93

图6-94

图6-95

随堂练习 制作夜晚卧室的灯光效果 [⊙] 扫码观看视频

- 场景位置 场景文件>CH06>随堂练习: 制作夜晚卧室的灯光效果 .max
- 实例位置 实例文件>CH06>随堂练习: 制作夜晚卧室的灯光效果 .max
- 视频名称 制作走廊的灯光效果 .mp4
- 技术掌握 【VRay 灯光】

01 打开素材文件中的 "场景文件 >CH06> 随堂练习: 制作夜晚卧室的灯光效果 .max" 文件，如图 6-96 所示，按 F9 键渲染摄影机视图，效果如图 6-97 所示，室内一片漆黑，只能看到窗外的夜景。

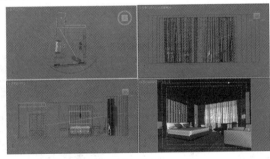

图6-96

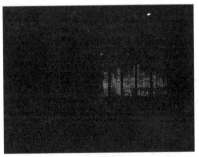

图6-97

02 使用【VRay 灯光】在台灯中创建一盏【球体】灯光，灯光位置如图 6-98 所示，具体参数设置如图 6-99 所示。

设置步骤

① 设置【类型】为【球体】，【倍增器】为 50。

② 设置【颜色】为黄色（红 :255，绿 :144，蓝 :24），设置【半径】为 100mm，勾选【不可见】选项。

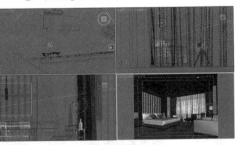

图6-98

图6-99

Tips

在制作夜晚灯光时，通常将灯光颜色调整为黄色，可以更好地突显出夜间的氛围。

03 使用【VRay 灯光】在壁灯中创建一盏【球体】灯光，灯光位置如图 6-100 所示，具体参数设置如图 6-101 所示。

设置步骤

① 设置【类型】为【球体】，【倍增器】为 80。

② 设置【颜色】为黄色（红:255，绿:143，蓝:44），设置【半径】为 40mm，勾选【不可见】选项。

04 按 F9 键渲染摄影机视图，效果如图 6-102 所示，此时台灯和壁灯均点亮，整个场景也有了一丝夜间的氛围。

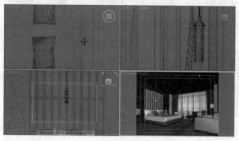

| 图6-100 | 图6-101 | 图6-102 |

05 使用【VRay 灯光】在床头柜中创建两盏【平面】光（为了方便设置参数，可以使用复制【实例】的形式创建），灯光位置如图 6-103 所示，具体参数设置如图 6-104 所示。

设置步骤

① 设置【类型】为【平面】，【倍增器】为 8。

② 设置【颜色】为蓝色（红:255，绿:214，蓝:149），设置【1/2 长】为 80mm、【1/2 宽】为 250mm，勾选【不可见】选项。

📖 **Tips**

这里之所以将颜色设置为蓝色，是为了模拟外景的灯光颜色。

06 按 F9 键渲染摄影机视图，效果如图 6-105 所示，此时床头也被照亮，但室内整体偏暗。

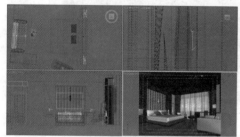

| 图6-103 | 图6-104 | 图6-105 |

07 使用【VRay 灯光】在窗口创建一盏【平面】灯，向内照射，作为补光，灯光位置如图 6-106 所示，具体参数设置如图 6-107 所示。

设置步骤

① 设置【类型】为【平面】，【倍增器】为 9。

② 设置【颜色】为黄色（红:255，绿:214，蓝:149），设置【1/2 长】为 1 750mm、【1/2 宽】为 860mm，勾选【不可见】选项，取消勾选【影响高光反射】和【影响反射】选项。

08 按 F9 键渲染摄影机视图，效果如图 6-108 所示，夜晚效果非常明显。

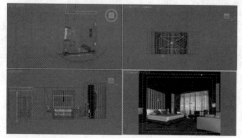

| 图6-106 | 图6-107 | 图6-108 |

6.4 室外建筑布光

相对于室内场景来说，室外建筑的布光要简单许多。通常情况下，我们设计这种室外建筑的日景效果，使用太阳光和天光即可，重点在于把握好太阳的照射角度。图 6-109 和图 6-110 所示为室外建筑的日光效果。

图6-109

图6-110

随堂练习 制作建筑日光效果

[📱] 扫码观看视频

- 场景位置　场景文件 >CH06> 随堂练习：制作建筑日光效果 .max
- 实例位置　实例文件 >CH06> 随堂练习：制作建筑日光效果 .max
- 视频名称　制作建筑日光效果 .mp4
- 技术掌握　【目标平行光】、【环境贴图】

01 打开 "场景文件 >CH06> 随堂练习：制作建筑日光效果 .max"，如图 6-111 所示，这是一个大厦场景。

02 使用【目标平行光】为场景创建一个太阳光，灯光的位置如图 6-112 所示。

图6-111

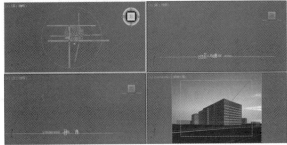

图6-112

03 选择上一步创建的【目标平行光】，然后设置参数，如图 6-113 所示。

设置步骤

① 在【常规参数】中勾选【启用】选项，然后设置阴影类型为【VRay 阴影】。

② 在【强度 / 颜色 / 衰减】中设置【倍增】为 0.8，颜色为黄色，然后设置【近距衰减】为 0~0.04m，【远距衰减】为 0.08~0.2m。

③ 在【平行光参数】中设置【聚光区 / 光束】为 130m，【衰减区 / 区域】为 300m，其中【聚光区 / 光束】表示阴影清晰的范围，【衰减区 / 区域】表示阴影柔和的区域。

图6-113

04 按 F9 键渲染摄影机视图，如图 6-114 所示，此时的场景已经被照亮，但是没有天空效果。

05 按 8 键打开【环境和效果】面板，然后在【环境贴图】中为场景加载一张天空贴图，如图 6-115 所示。

06 按 F9 键渲染摄影机视图，效果如图 6-116 所示，此时场景中有了天空，但是效果不是很好。

图6-114　　　　　　　　　　　图6-115　　　　　　　　　　　图6-116

07 按 M 键打开【材质编辑器】，将【环境和效果】面板中的天空贴图拖曳到一个空白材质球上，在弹出的对话框中选择【实例】，如图 6-117 所示。

08 在【材质编辑器】中选择前面复制的天空贴图，然后打开【坐标】卷展栏，设置【贴图】的方式为【屏幕】，如图 6-118 所示。

09 按 F9 键渲染摄影机视图，效果如图 6-119 所示，此时的建筑效果较好，建筑表面也反射天空效果。

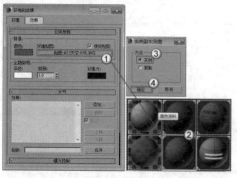 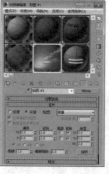 

图6-117　　　　　　　　　　　图6-118　　　　　　　　　　　图6-119

Tips

至此，所有场景的布光法则都介绍完了。另外，在布光法中还有一种特殊的布光——产品渲染布光，因为这种布光方法涉及材质的环境反射，会用到 VRayHDRI 贴图和【渲染设置】的内容，所以本书将其放到第 10 章进行介绍。

6.5　思考与练习

思考一：【VRay 灯光】是一种非常重要的灯光，请用【VRay 灯光】练习台灯、吊灯和灯带的制作方法。

思考二：布光是三维设计的一个难点，请根据书中的布光法则并结合书中的场景制作自己理想的灯光效果。

CHAPTER
07

材质与贴图技术

* 掌握材质编辑器的使用方法
* 掌握VRayMtl材质的使用方法
* 掌握【混合】材质的使用原理

* 掌握【多维/子对象】的使用方法
* 掌握【位图】等常用贴图的使用方法
* 掌握常用典型材质的制作方法

7.1 材质的物理属性

什么是材质?

所谓材质，就是对象的制作材料，简单来讲就是物体的可见属性，即大部分对象的表面物理现象，如颜色、发光度、反射、折射、高光、透明度、软硬和凹凸等直观物理属性，都是对象的材质。材质的表现和制作，其实就是通过 3ds Max 来模拟这些特性。如果使用 3ds Max 来模拟材质，只需要抓住几个关键属性就可以了，比如颜色、反射、折射、高光、软硬和凹凸等。

↘ 7.1.1 颜色

对于颜色，大家必须明白，即"你所见并非其实"。这是现实生活中比较普遍的现象，即我们看到的颜色未必是物体的真实颜色。因为我们肉眼所见到的都是对象的反射光线生成的，如果光线本身为白色，那么颜色自然是正确的；如果光线本身就是有色的，那么我们所见的颜色就未必正确了。

如图 7-1 所示，注意观察天花吊顶，请对比左边吊顶和右边吊顶的颜色：左边吊顶呈现白色，但略微偏红；右边吊顶呈现为淡黄色。其实，吊顶的颜色是纯白色，这便是照明灯光和桌椅的反射光造成的。

图7-1

↘ 7.1.2 反射与高光

反射其实是一个比较复杂的概念，因为它涉及很多物理属性，比如，前面所说的颜色问题，其实就是反射造成的。这里要介绍的高光效果，也和反射相关。

对于反射，现实生活中的对象，都或多或少的具有菲涅尔反射效果：当视线垂直于物体表面时，反射较弱；当视线非垂直于物体表面时，夹角越小，反射越强烈。如图 7-2 所示，这是一个大理石球体，对比图中圈出的两部分：当观察 A 区域时，视线与对象表面几乎垂直，所以反射效果较弱；当观察 B 区域时，因为观察的是球的边缘，鉴于球体的弧面关系，所以视线与 B 区域的表面夹角很小，此时 B 区域的反射效果很好。

对于高光，读者可能会感觉有些抽象，如果说光滑，应该就能理解了。回想一下，我们是如何判定对象是否光滑的。当然最直接的方法是去摸一下；除此之外，我们凭目测也能分辨出光滑的物体，当有灯光照射时，会有光亮区域，或者该对象有明显的反射成像效果，比如玻璃、金属、瓷器和清漆等，如图 7-3 所示。

图7-2

图7-3

↘ 7.1.3 折射与透明度

对于折射和透明度，相信读者并不陌生，透明度是通过折射来控制的，对于有折射率的物体，它们都具有一定的透明度，即可以透过物体看对象，而且观察到的对象或多或少会出现变形，如图 7-4 所示。

因为折射与反射的原理比较类似，所以这里不详细介绍，重点如下。

① 折射颜色。折射颜色控制对象的透明度强弱，与反射相同，白色表示纯透明，黑色表示不透明。

② 折射光泽度。控制透明效果，在 VRay 中，折射的光泽度越大，透明效果越清晰；折射的光泽度越小，透明效果越模糊。

③ 折射率。对于有一定透明度的物体，其折射率是不同的，通过设置折射率，可以区分对象是水还是玻璃，或是其他材料。

图7-4

7.2　认识材质编辑器

01 启动 3ds Max 2014，单击主工具栏的 （材质编辑器），打开【Slate 材质编辑器】，如图 7-5 所示。

02 首次打开【材质编辑器】，系统默认打开的是【Slate 材质编辑器】，执行【模式】>【精简材质编辑】命令，如图 7-6 所示，【材质编辑器】对话框如图 7-7 所示。

图7-5

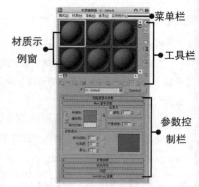

图7-6　　　　　　　　　　　　　　　　　　　图7-7

Tips

在工作中，通常使用【精简材质编辑器】进行材质制作。

重要参数说明

* Standard （材质球通道按钮）：单击该按钮，可以打开【材质／贴图浏览器】对话框，双击对话框中的材质名称可以新建对应的材质球。

* （将材质指定给选定对象）：选中需要添加材质的模型，然后选择材质，单击该按钮可以将材质添加到模型上，如图7-8所示。

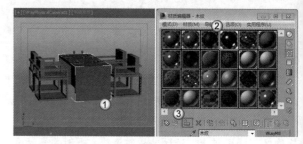

图7-8

* （视口中显示明暗处理材质）：在某些情况下，指定了材质后，视口中的模型未出现材质，单击该按钮，可以显示材质效果。

* （转到父层级）：单击该按钮，可以回到上一层级。

* （从对象拾取材质）：选择材质球后，使用该工具可以从模型上获取材质。

技术链接21：如何加载材质球

在3ds Max的【材质编辑器】中可以加载不同类型的材质球，即通过【材质／贴图浏览器】来选择需要的材质类型，下面以VRayMtl材质为例。

第1步：按M键打开【材质编辑器】，单击材质通道按钮 Standard （默认材质为【标准】材质），如图7-9所示。

第2步：系统会打开【材质／浏览器】对话框，打开【材质】卷展栏，打开VRay卷展栏，选择VRayMtl，单击【确定】按钮 确定 ，如图7-10所示。

第3步：系统会自动加载VRayMtl材质球，如图7-11所示。

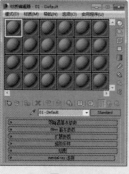

图7-9　　　　　　　　　　图7-10　　　　　　　　　图7-11

7.3 3ds Max中的常用材质

单击 Standard（标准）按钮 Standard，然后在弹出的【材质 / 贴图浏览器】对话框中可以观察到所有的材质类型，如图 7-12 所示。本节将介绍常用的材质类型。

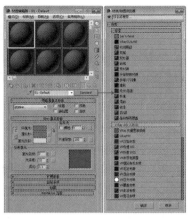

图7-12

↘ 7.3.1 标准

【标准】材质是 3ds Max 默认的材质，也是使用频率最高的材质之一，它几乎可以模拟真实世界中的任何材质，其参数设置面板如图 7-13 所示。

1.明暗器基本参数卷展栏

在【明暗器基本参数】卷展栏下可以选择明暗器的类型，还可以设置【线框】、【双面】、【面贴图】和【面状】等参数，如图 7-14 所示。

重要参数说明

* **明暗器列表**:在该列表中包含了 8 种明暗器类型，如图 7-15 所示。

图7-13

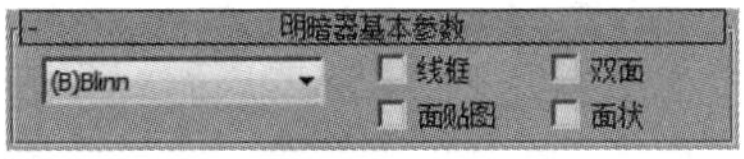

图7-14

图7-15

各向异性：这种明暗器通过调节两个垂直方向上可见高光尺寸之间的差值来提供一种【重折光】的高光效果，利用这种渲染属性可以很好地表现毛发、玻璃和被擦拭过的金属等物体。

Blinn：这种明暗器是以光滑的方式来渲染物体表面的，是最常用的一种明暗器。

金属：这种明暗器适用于金属表面，它能提供金属所需的强烈反光。

多层：【多层】明暗器与【各向异性】明暗器很相似，但【多层】明暗器可以控制两个高亮区，因此【多层】明暗器拥有对材质更多的控制，第 1 高光反射层和第 2 高光反射层具有相同的参数控制，可以对这些参数使用不同的设置。

Oren-Nayar-Blinn：这种明暗器适用于无光表面（如纤维或陶土），与 Blinn 明暗器几乎相同，通过它附加的【漫反射色级别】和【粗糙度】两个参数可以实现无光效果。

Phong：这种明暗器可以平滑面与面之间的边缘，也可以真实地渲染有光泽和规则曲面的高光，适用于高强度的表面和具有圆形高光的表面。

Strauss：这种明暗器适用于金属和非金属表面，与【金属】明暗器十分相似。

半透明明暗器：这种明暗器与 Blinn 明暗器类似，它们之间最大的区别在于该明暗器可以设置半透明效果，使光线能够穿透半透明的物体，并且在穿过物体内部时离散。

* **线框**：以线框模式渲染材质，用户可以在【扩展参数】卷展栏下设置线框的【大小】参数，如图 7-16 所示。

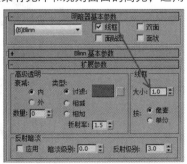

图7-16

＊ **双面**：将材质应用到选定面，使材质成为双面。

＊ **面贴图**：将材质应用到几何体的各个面。如果材质是贴图材质，则不需要贴图坐标，因为贴图会自动应用到对象的每一个面。

＊ **面状**：使对象产生不光滑的明暗效果，把对象的每个面都作为平面来渲染，可以用于制作加工过的钻石、宝石和任何带有硬边的物体表面。

2.Blinn基本参数卷展栏

下面以 Blinn 明暗器来讲解明暗器的基本参数。展开【Blinn 基本参数】卷展栏，在这里可以设置材质的【环境光】、【漫反射】、【高光反射】、【自发光】、【不透明度】、【高光级别】、【光泽度】和【柔化】等属性，如图 7-17 所示。

图7-17

重要参数说明

＊ **环境光**：用于模拟间接光，也可以用来模拟光能传递。

＊ **漫反射**：【漫反射】是在光照条件较好的情况下（如在太阳光和人工光直射的情况下）物体反射出来的颜色，又被称作物体的【固有色】，也就是物体本身的颜色。

＊ **高光反射**：物体发光表面高亮显示部分的颜色。

＊ **自发光**：使用【漫反射】颜色替换曲面上的任何阴影，从而创建出白炽效果。

＊ **不透明度**：控制材质的不透明度。

＊ **高光级别**：控制【反射高光】的强度。数值越大，反射强度越强。

＊ **光泽度**：控制镜面高亮区域的大小，即反光区域的大小。数值越大，反光区域越小。

＊ **柔化**：设置反光区和无反光区衔接的柔和度。0 表示没有柔化效果，1 表示应用最大量的柔化效果。

随堂练习　制作棉布材质

　　　　　　　　　　　　　　　　　　　　　　　　　　［◌］扫码观看视频

- 场景位置　场景文件 >CH07> 随堂练习：制作棉布材质 .max
- 实例位置　实例文件 >CH07> 随堂练习：制作棉布材质 .max
- 视频名称　制作棉布材质 .mp4
- 技术掌握　【标准】材质

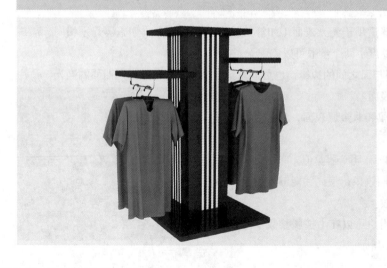

01 打开素材文件中的 "场景文件 >CH07> 随堂练习：制作棉布材质 .max" 文件，如图 7-18 所示。

02 按 M 键打开【材质编辑器】，因为【标准】材质是默认材质，所以我们直接编辑即可。选择一个空白材质球，然后在【明暗器基本参数】中设置类型为 Ore-Nayar-Blinn，这是一种专门用于制作布料的明暗器，接着在【Oren—Nayar—Blinn 基本参数中】设置【漫反射】为蓝色，如图 7-19 所示，材质球效果如图 7-20 所示，材质模拟效果如图 7-21 所示。

03 选择衣服模型，然后选择上一步制作的材质，单击 ![icon]（将材质指定给选定对象）将材质指定给衣服，接着单击 ![icon]（视口中显示明暗处理材质）将材质效果在视图中显示出来，最后按 F9 键渲染摄影机视图，渲染效果如图 7-22 所示。

图7-18

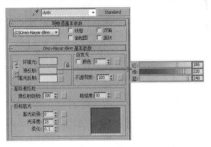

图7-19

图7-20

图7-21

图7-22

↘ 7.3.2 VRayMtl

VRayMtl 材质是使用频率非常高的一种材质，也是使用范围最广的一种材质，常用于制作室内外效果图。VRayMtl 材质除了能完成一些反射和折射效果外，还能出色地表现出 SSS 以及 BRDF 等效果，其参数设置面板如图 7-23 所示。

图7-23

1.【基本参数】卷展栏

展开【基本参数】卷展栏，如图 7-24 所示。

重要参数说明

* **漫反射**：物体的漫反射用来决定物体的表面颜色。通过单击它的色块，可以调整自身的颜色。单击右边的 ![icon] 按钮可以选择不同的贴图类型。

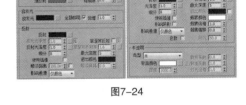

图7-24

* **反射**：这里的反射是靠颜色的灰度来控制，颜色越白反射越亮，越黑反射越弱；而这里选择的颜色则是反射出来的颜色，和反射的强度是分开来计算的。单击旁边的 ![icon] 按钮，可以使用贴图的灰度来控制反射的强弱。

* **菲涅耳反射**：勾选该选项后，反射强度会与物体的入射角度有关，入射角度越小，反射越强烈。当垂直入射时，反射强度最弱。同时，菲涅耳反射的效果也和下面的【菲涅耳折射率】有关。当【菲涅耳折射率】为 0 或 100 时，将产生完全反射；而当【菲涅耳折射率】从 1 变化到 0 时，反射越强烈；同样，当【菲涅耳折射率】从 1 变化到 100 时，反射也越来越强烈。

🍰Tips

　　【菲涅尔反射】是模拟真实世界中的一种反射现象，反射的强度与摄影机的视点和具有反射功能的物体的角度有关。角度接近 0 时，反射最强；当光线垂直于表面时，反射最弱，这也是物理世界中的现象。

    * **高光光泽度**：控制材质的高光大小，默认情况下和【反射光泽度】一起关联控制，可以通过单击旁边的 L 按钮 L 来解除锁定，从而单独调整高光的大小。

    * **反射光泽度**：通常也被称为【反射模糊】。物理世界中所有的物体都有反射光泽度，只是或多或少而已。默认值 1 表示没有模糊效果，值越小表示模糊效果越强烈。单击右边的■按钮，可以通过贴图的灰度来控制反射模糊的强弱。

    * **细分**：用来控制【反射光泽度】的品质，值较高可以取得较平滑的效果，而值较低可以让模糊区域产生颗粒效果。注意，细分值越大，渲染速度越慢。

    * **折射**：和反射的原理一样，颜色越白，物体越透明，进入物体内部产生折射的光线也就越多；颜色越黑，物体越不透明，产生折射的光线也就越少。单击右边的■按钮，可以通过贴图的灰度来控制折射的强弱。

    * **折射率**：设置透明物体的折射率。

> **Tips**
>
>   真空的折射率是 1，水的折射率是 1.33，玻璃的折射率是 1.5，水晶的折射率是 2，钻石的折射率是 2.4，这些都是制作效果图时常用的折射率。

    * **光泽度**：用来控制物体的折射模糊程度。值越小，模糊程度越明显；默认值 1 不产生折射模糊。单击右边的按钮■，可以通过贴图的灰度来控制折射模糊的强弱。

    * **细分**：用来控制折射模糊的品质，值较高可以得到比较光滑的效果，但是渲染速度会变慢；而值较低可以使模糊区域产生杂点，但是渲染速度会变快。

    * **影响阴影**：该选项用来控制透明物体产生的阴影。勾选该选项时，透明物体将产生真实的阴影。注意，该选项仅对【VRay 灯光】和【VRay 阴影】有效。

    * **烟雾颜色**：该选项可以让光线通过透明物体后变少，就好像物理世界中的半透明物体一样。这个颜色值和物体的尺寸有关，厚的物体颜色需要设置淡一点才有效果。

    * **烟雾倍增**：可以理解为烟雾的浓度。值越大，雾越浓，光线穿透物体的能力越差。不推荐使用大于 1 的值。

2.【双向反射分布函数】卷展栏

展开【双向反射分布函数】卷展栏，如图 7-25 所示。

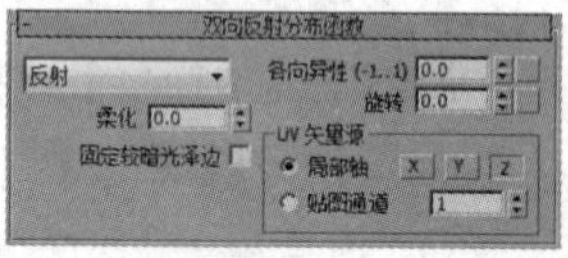

重要参数说明

图7-25

    * **明暗器列表**：包含 3 种明暗器类型，分别是反射、多面和沃德。反射适合硬度很高的物体，高光区很小；多面适合大多数物体，高光区适中；沃德适合表面柔软或粗糙的物体，高光区最大。

    * **各向异性**（–1,1）：控制高光区域的形状，可以用该参数来设置拉丝效果。

    * **旋转**：控制高光区的旋转方向。

> **Tips**
>
>   关于双向反射现象，在物理世界中随处可见。比如在图 7-26 中，我们可以看到不锈钢锅底的高光形状是由两个锥形构成的，这就是双向反射现象。这是因为不锈钢表面是一个有规律的均匀的凹槽（比如常见的拉丝不锈钢效果），当光反射到这样的表面上就会产生双向反射现象。

图7-26

3.【选项】卷展栏

展开【选项】卷展栏，如图 7-27 所示，该选项组常用的是【跟踪反射】选项，用于控制光线是否追踪反射。如果不勾选该选项，VRay 将不渲染反射效果。

4.【贴图】卷展栏

展开【贴图】卷展栏，如图 7-28 所示。

重要参数说明

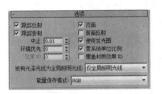
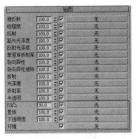

图7-27　　　　　　　　图7-28

* ⁂ 凹凸：主要用于制作物体的凹凸效果，在后面的通道中可以加载一张凹凸贴图。

* ⁂ 置换：主要用于制作物体的置换效果，在后面的通道中可以加载一张置换贴图。

* ⁂ 不透明度：主要用于制作半透明物体，如窗帘、灯罩等。

* ⁂ 环境：主要是针对上面的一些贴图而设定的，比如反射、折射等，只是在其贴图的效果上加入了环境贴图效果。

🖳 Tips

在每个贴图通道后面都有一个数值输入框，该输入框内的数值主要有以下两个功能。

①用于调整参数的强度。如在【凹凸】贴图通道中加载了凹凸贴图，那么该参数值越大，所产生的凹凸效果就越强烈。

②用于调整参数颜色通道与贴图通道的混合比例。如在【漫反射】通道中既调整了颜色，又加载了贴图，如果此时数值为 100，就表示只有贴图产生作用；如果数值调整为 50，则两者各作用一半；如果数值为 0，则贴图将完全失效，只表现为调整的颜色效果。

随堂练习 | 制作玻璃材质

🎬 扫码观看视频

- 场景位置　场景文件 >CH07> 随堂练习：制作玻璃材质 .max
- 实例位置　实例文件 >CH07> 随堂练习：制作玻璃材质 .max
- 视频名称　制作玻璃材质 .mp4
- 技术掌握　VRayMtl

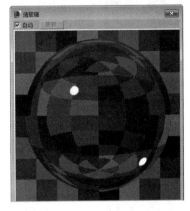

01 打开素材文件中的"场景文件 >CH07> 随堂练习：制作玻璃材质 .max"文件。

02 按 M 键打开【材质编辑器】，新建一个 VRayMtl 材质球，具体参数设置如图 7-29 所示，材质球效果如图 7-30 所示，材质模拟效果如图 7-31 所示。

设置步骤

① 设置【漫反射】颜色为（红 :37，绿 :60，蓝 :45）。

② 设置【反射】颜色为（红 :121，绿 :121，蓝 :121），然后设置【高光光泽度】为 0.9、【反射光泽度】为 1。

③ 设置【折射】颜色为（红 :242，绿 :242，蓝 :242），设置【折射率】为 1.5，勾选【影响阴影】选项。

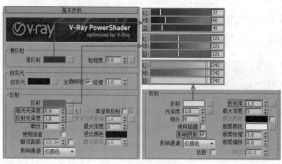

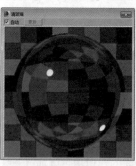

图7-29   图7-30   图7-31

03 将材质球指定给茶几的台面模型，材质赋予效果如图 7-32 所示。然后按 F9 键渲染摄影机视图，效果如图 7-33 所示。

图7-32   图7-33

↘ 7.3.3 VRay灯光

【VRay 灯光】材质主要用来模拟自发光效果，常用于制作计算机、电视、发光灯管等对象的材质。在【材质 / 贴图浏览器】对话框中可以找到【VRay 灯光材质】，其参数设置面板如图 7-34 所示。

图7-34

重要参数说明

* **颜色**：设置对象自发光的颜色，后面的输入框用于设置自发光的【强度】。通过后面的贴图通道可以加载贴图来代替自发光的颜色。

* **不透明度**：用贴图来指定发光体的透明度。

* **背面发光**：当勾选该选项时，它可以让材质光源双面发光。

随堂练习 **制作电视材质**   📱 扫码观看视频

- 场景位置　场景文件 >CH07> 随堂练习：制作电视材质 .max
- 实例位置　实例文件 >CH07> 随堂练习：制作电视材质 .max
- 视频名称　制作电视材质 .mp4
- 技术掌握　【VRay 灯光】、【位图】

01 打开素材文件中的"场景文件 >CH07> 随堂练习：制作电视材质 .max"文件。

02 新建一个【VRay 灯光】材质球，具体参数设置如图 7-35 所示，材质球效果如图 7-36 所示，材质模拟效果如图 7-37 所示。

设置步骤

① 设置【颜色】为白色。

② 在【颜色】后的贴图通道中加载一个【位图】贴图，选择文件夹中的一张风景图片。

03 将制作的材质指定给视图中的显示屏，视图显示效果如图 7-38 所示。

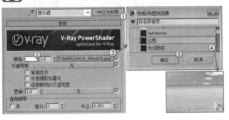

图7-35　　　　　　图7-36　　　　　　图7-37　　　　　　图7-38

04 选择显示屏模型，在【修改器列表】中加载一个【UVW 贴图】修改器，选择【平面】，保持其他参数不变，如图 7-39 所示。

05 按 F9 键渲染摄影机视图，效果如图 7-40 所示。

Tips

　　【UVW 贴图】只针对于材质贴图的修改器，可以根据模型的轮廓选择【贴图】的类型，然后调整【长度】、【宽度】和【高度】来控制贴图的比例大小。

图7-39　　　　　　　　　图7-40

↘ 7.3.4 混合

　　【混合】材质可以在模型的单个面上将两种材质通过一定的百分比进行混合，其参数设置面板如图 7-41 所示。

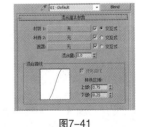

图7-41

重要参数说明

＊ **材质 1/ 材质 2**：可在其后面的材质通道中对两种材质分别进行设置。

＊ **遮罩**：可以选择一张贴图作为遮罩。利用贴图的灰度值可以决定【材质 1】和【材质 2】的混合情况。

＊ **混合量**：控制两种材质混合百分比。如果使用遮罩，则【混合量】选项将不起作用。

＊ **交互式**：用来选择哪种材质在视图中以实体着色方式显示在物体的表面。

随堂练习 制作夹丝玻璃材质

扫码观看视频

- 场景位置　场景文件 >CH07> 随堂练习：制作夹丝玻璃材质 .max
- 实例位置　实例文件 >CH07> 随堂练习：制作夹丝玻璃材质 .max
- 视频名称　制作夹丝玻璃材质 .mp4
- 技术掌握　VRayMtl、【混合】

01　打开素材文件中的"场景文件 >CH07> 随堂练习：制作夹丝玻璃材质 .max"文件。

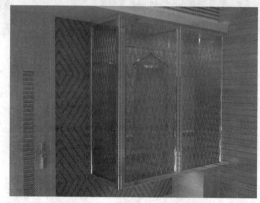

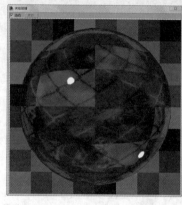

02　因为要在一个材质球上表现两种材质效果，新建一个【混合】材质球，将其命名为【夹丝玻璃】，为【材质 1】和【材质 2】分别加载一个 VRayMtl 材质球，并命名为【玻璃材质】和【钢材质】，选择【材质 1】后面的【交互式】，将玻璃材质置于整个材质的表面，如图 7-42 所示。

03　设置【材质 1】的玻璃材质参数。设置【反射】颜色为（红 :72，绿 :72，蓝 :72），设置【高光光泽度】为 0.92、【反射光泽度】为 0.88，模拟玻璃表面的高光反射效果；设置【折射】颜色为（红 :240，绿 :240，蓝 :240）、【烟雾颜色】为（红 :241，绿 :255，蓝 :255）、【烟雾倍增】为 0.002，模拟玻璃的透光效果，参数设置如图 7-43 所示。

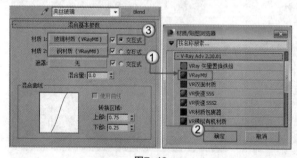

图7-42

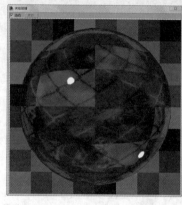

图7-43

04　单击■（转到父层级）回到上一层级，设置【材质 2】中的钢材质。设置【漫反射】颜色为黑色；设置【反射】颜色为（红 :186，绿 :186，蓝 :186）、【高光光泽度】为 0.91、【反射光泽度】为 0.85，如图 7-44 所示。

05　在【遮罩】通道中加载一张夹丝贴图，如图 7-45 示，材质球效果如图 7-46 所示，材质模拟效果如图 7-47 所示。

图7-44

图7-45

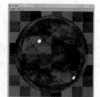

图7-46

图7-47

06 将材质球指定给窗户模型，赋予材质后的效果如图 7-48 所示。

07 按 F9 键渲染摄影机视图，渲染效果如图 7-49 所示。

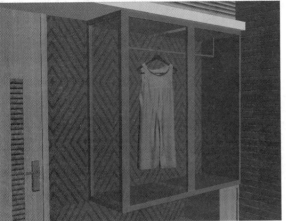

图7-48

图7-49

↘ 7.3.5 多维/子对象

使用【多维／子对象】材质可以采用几何体的子对象级别分配不同的材质，其参数设置面板如图 7-50 所示。

图7-50

重要参数说明

* **数量**：显示包含在【多维／子对象】材质中的子材质的数量。

* **设置数量** 设置数量 ：单击该按钮可以打开【设置材质数量】对话框，如图 7-51 所示。在该对话框中可以设置材质的数量。

图7-51

* **添加** 添加 ：单击该按钮可以添加子材质。

* **删除** 删除 ：单击该按钮可以删除子材质。

* **ID** ID ：单击该按钮将对列表进行排序，其顺序开始于最低材质 ID 的子材质，结束于最高材质 ID。

* **名称** 名称 ：单击该按钮可以用名称进行排序。

* **子材质** 子材质 ：单击该按钮可以通过显示于【子材质】按钮上的子材质名称进行排序。

* **启用 / 禁用**：启用或禁用子材质。

* **子材质列表**：单击子材质后面的【无】按钮 无 ，可以创建或编辑一个子材质。

技术链接22：【多维/子对象】的使用方法

很多初学者都无法理解【多维／子对象】材质的原理及用法，下面就以图 7-52 所示的一个多边形球体来详细介绍一下该材质的原理及用法。

图7-52

技术链接22：【多维/子对象】的使用方法

第1步：设置多边形的材质ID号。每个多边形都具有自己的ID号，进入【多边形】级别，然后选择两个多边形，接着在【多边形：材质ID】卷展栏下将这两个多边形的材质ID设置为1，如图7-53所示。同理，用相同的方法设置其他多边形的材质ID，如图7-54和图7-55所示。

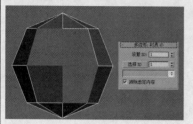

图7-53

图7-54

图7-55

第2步：设置【多维/子对象】材质。由于这里只有3个材质ID号。因此将【多维/子对象】材质的数量设置为3，并分别在各个子材质通道加载一个VRayMtl材质，然后分别设置VRayMtl材质的【漫反射】颜色为蓝、绿、红，如图7-56所示，接着将设置好的【多维/子对象】材质指定给多边形球体，效果如图7-57所示。

图7-56

图7-57

从图7-57可以得出一个结论：【多维/子对象】材质的子材质的ID号对应模型的材质ID号。也就是说，ID 1子材质指定给了材质ID号为1的多边形，ID 2子材质指定给了材质ID号为2的多边形，ID 3子材质指定给了材质ID号为3的多边形。

随堂练习 制作拼砖材质

📷 扫码观看视频

- 场景位置　场景文件 >CH07> 随堂练习：制作拼砖材质 .max
- 实例位置　实例文件 >CH07> 随堂练习：制作拼砖材质 .max
- 视频名称　制作拼砖材质 .mp4
- 技术掌握　VRayMtl、【多维/子对象】

01 打开素材文件中的"场景文件 >CH07> 随堂练习：制作拼砖材质 .max"文件，如图 7–58 所示。

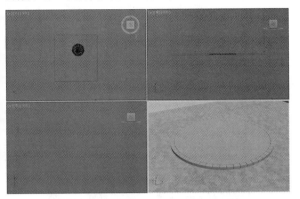

图7–58

02 选择拼花模型，按 4 键进入【多边形】层级，选择图 7–59 所示的面，打开【多边形：材质 ID】对话框，【设置 ID】为 1，将选择的面的 ID 号码设置为 1，如图 7–60 所示。

图7–59　　　　　　图7–60

03 用同样的方法选择图 7–61 所示的面，设置 ID 号为 2，如图 7–62 所示。

图7–61　　　　　　图7–62

04 选择图 7–63 所示的面，设置 ID 号为 3，如图 7–64 所示。

图7–63　　　　　　图7–64

05 新建一个【多维 / 子对象】材质球，设置材质的数量为 3，分别在 ID 1、ID 2 和 ID 3 材质通道中各加载一个 VRayMtl 材质，如图 7–65 所示。

06 单击 ID 1 材质通道，切换到 VRayMtl 材质设置面板，具体参数设置如图 7–66 所示。

设置步骤

① 在【漫反射】贴图通道中加载一张【贴图 .jpg】贴图文件，在【坐标】卷展栏下设置【瓷砖】的 U 和 V 为 3。

② 在【反射】贴图通道中加载一张【衰减】程序贴图，设置【侧】通道颜色为（红 :228，绿 :228，蓝 :228），设置【衰减类型】为 Fresnel。

07 单击 ID 2 材质通道，切换到 VRayMtl 材质设置面板，具体参数设置如图 7–67 所示。

设置步骤

① 在【漫反射】贴图通道中加载一张【黑线 1.jpg】贴图文件，在【坐标】卷展栏下设置【瓷砖】的 U 和 V 为 3。

② 在【反射】贴图通道中加载一张【衰减】程序贴图，设置【侧】通道颜色为（红 :228，绿 :228，蓝 :228），设置【衰减类型】为 Fresnel。

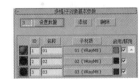

图7–65

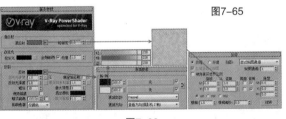

图7–66

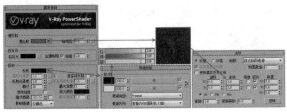

图7–67

08 单击 ID 3 材质通道，切换到 VRayMtl 材质设置面板，具体参数设置如图 7-68 所示，制作好的材质球效果如图 7-69 所示，材质模拟效果如图 7-70 所示。

设置步骤

① 在【漫反射】贴图通道中加载一张【啡网纹 02.jpg】贴图文件，然后在【坐标】卷展栏下设置【瓷砖】的 U 和 V 为 4。

② 在【反射】贴图通道中加载一张【衰减】程序贴图，设置【侧】通道颜色为（红 :228，绿 :228，蓝 :228），设置【衰减类型】为 Fresnel。

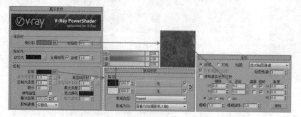 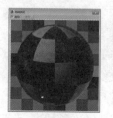 

图7-68　　　　　　　　　　　　　　图7-69　　　　　　　　图7-70

09 将制作好的材质球指定给地砖拼花模型，效果如图 7-71 所示，然后按 F9 键渲染摄影机视图，效果如图 7-72 所示。

图7-71　　　　　　　　　　　　　　　　　　图7-72

7.4　3ds Max中的常用贴图

贴图主要用于表现物体材质表面的纹理，利用贴图不用增加模型的复杂程度就可以表现对象的细节，并且可以创建反射、折射、凹凸和镂空等多种效果。通过贴图可以增强模型的质感，完善模型的造型，使三维场景更加接近真实的环境，如图 7-73 和图 7-74 所示。

图7-73　　　　　　　　　　　　　　　　　　图7-74

展开 VRayMtl 材质的【贴图】卷展栏，在该卷展栏下有很多贴图通道，在这些贴图通道中可以加载贴图来表现物体的相应属性，如图 7-75 所示。

随意单击一个通道，在弹出的【材质 / 贴图浏览器】对话框中可以观察到很多贴图，主要包括【标准】贴图和【VRay】贴图，如图 7-76 所示。本节主要介绍常用贴图的使用方法。

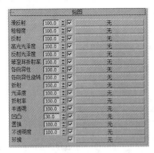

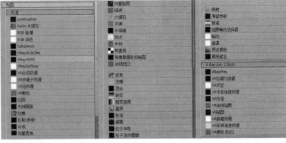

图7-75　　　　　　　　　　　　　　　　图7-76

↘ 7.4.1 位图

【位图】是一种最基本的贴图类型，也是最常用的贴图类型。【位图】贴图支持很多种格式，包括 FLC、AVI、BMP、GIF、JPEG、PNG、PSD 和 TIFF 等主流图像格式，如图 7-77 所示，图 7-78~ 图 7-80 是一些常见的位图贴图。

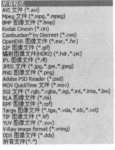

图7-77　　　　　　图7-78　　　　　　图7-79　　　　　　图7-80

在所有的贴图通道中都可以加载位图贴图。在【漫反射】贴图通道中加载一张木质位图贴图，如图 7-81 所示，然后将材质指定给一个球体模型，渲染效果如图 7-82 所示。

图7-81　　　　　　　　　　　　　图7-82

加载位图后，3ds Max 会自动弹出位图的参数设置面板，如图 7-83 所示。这里的参数主要用来设置位图的【偏移】值、【瓷砖】（即位图的平铺数量）值和【角度】值，图 7-84 所示是【瓷砖】的 V 为 3、U 为 1 时的渲染效果。

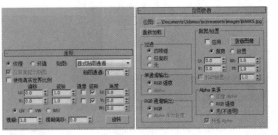

图7-83　　　　　　　　　　　　　图7-84

勾选【镜像】选项后，贴图就会变成镜像方式，当贴图不是无缝贴图时，建议勾选【镜像】选项，图 7-85 所示的是勾选该选项时的渲染效果。

当设置【模糊】为 0.01 时，可以在渲染时得到最精细的贴图效果，如图 7-86 所示；如果设置为 1 或更大的值（注意，数值低于 1 并不表示贴图不模糊，只是模糊效果不是很明显），则可以得到模糊的贴图效果，如图 7-87 所示。

在【位图参数】卷展栏下勾选【应用】选项，然后单击后面的【查看图像】按钮 查看图像 ，在弹出的对话框中可以对位图的应用区域进行调整，如图 7-88 所示。

图7-85

图7-86

图7-87

图7-88

随堂练习 制作木地板材质

 扫码观看视频

- 场景位置 场景文件 >CH07> 随堂练习：制作木地板材质 .max
- 实例位置 实例文件 >CH07> 随堂练习：制作木地板材质 .max
- 视频名称 制作木地板材质 .mp4
- 技术掌握 VRayMtl、【位图】、【UVW 贴图】

01 打开素材文件中的"场景文件 >CH07> 随堂练习：制作木地板材质 .max"文件。

02 新建一个 VRayMtl 材质球，具体参数设置如图 7-89 所示，材质球效果如图 7-90 所示，材质球模拟效果如图 7-91 所示。

设置步骤

① 在【漫反射】贴图通道中加载一张文件夹中的木纹贴图，模拟木纹。

② 设置【反射】颜色为（红 :81，绿 :81，蓝 :81），设置【高光光泽度】为 0.8、【反射光泽度】为 0.8，模拟木纹的反射效果。

③ 展开【贴图】卷展栏，然后将【漫反射】贴图通道中的木纹贴图文件拖曳复制到【凹凸】贴图通道中，设置【凹凸】数值为 10，模拟木纹地板表面的凹凸效果。

图7-89

图7-90

图7-91

03 将制作好的材质指定给地板模型，然后在修改器列表中为地板模型加载一个【UVW 贴图】修改器，因为地板为长方体，所以选择【长方体】，根据视图的贴图尺寸设置【长度】、【宽度】、【高度】均为 60mm，如图 7-92 所示，设置完成后，视图效果如图 7-93 所示。

04 按 F9 键渲染摄影机视图，渲染效果如图 7-94 所示。

| 图7-92 | 图7-93 | 图7-94 |

Tips

在指定有位图的材质球的时候，通常会为模型加载一个【UVW 贴图】修改器，根据模型的轮廓形状选择对应的【贴图】类型即可，并可通过设置【长度】、【宽度】、【高度】的值来控制贴图的大小。

↘ 7.4.2 衰减

【衰减】程序贴图可以用来控制材质从强烈到柔和的过渡效果，使用频率较高，其参数设置面板如图 7-95 所示。

重要参数说明

* 衰减类型：设置衰减的方式，常用的共有以下两种。

  垂直 / 平行：在与衰减方向相垂直的法线和与衰减方向相平行的法线之间设置角度衰减范围。

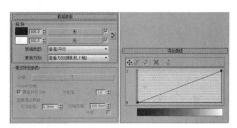

图7-95

  Fresnel：基于 IOR（折射率）在面向视图的曲面上产生暗淡反射，而在有角的面上产生较明亮的反射。

* 衰减方向：设置衰减的方向。

↘ 7.4.3 噪波

使用【噪波】程序贴图可以将噪波效果添加到物体的表面，以突出材质的质感。【噪波】程序贴图通过应用分形噪波函数来扰动像素的 UV 贴图，从而表现出非常复杂的物体材质，其参数设置面板如图 7-96 所示。

重要参数说明

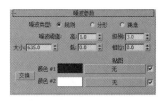

图7-96

* 噪波类型：共有 3 种类型，分别是【规则】、【分形】和【湍流】。

  规则：生成普通噪波，如图 7-97 所示。

  分形：使用分形算法生成噪波，如图 7-98 所示。

  湍流：生成应用绝对值函数来制作故障线条的分形噪波，如图 7-99 所示。

* **大小**：以 3ds Max 为单位设置噪波函数的比例。

图7-97　　　　　　　　图7-98　　　　　　　　图7-99

随堂练习　制作绒布材质

 扫码观看视频

* 场景位置　场景文件 >CH07> 随堂练习：制作绒布材质 .max
* 实例位置　实例文件 >CH07> 随堂练习：制作绒布材质 .max
* 视频名称　制作绒布材质 .mp4
* 技术掌握　VRayMtl、【位图】、【衰减】

01 打开素材文件中的"场景文件 >CH07> 随堂练习：制作绒布材质 .max"文件。

02 新建一个 VRayMtl 材质球，在【漫反射】贴图通道中加载一张【衰减】程序贴图，分别在【前】【侧】通道中加载一张颜色深浅不同的绒布贴图，用于模拟绒布的渐变效果。设置【反射】颜色为（红:25，绿:25，蓝:25），并设置【高光光泽度】为 0.25，模拟绒布表面弱光效果，如图 7-100 所示。

03 因为绒布没有强烈反射，打开【选项】卷展栏，取消勾选【跟踪反射】选项，这样绒布就不会有反射成像的效果，如图 7-101 所示。

04 打开【贴图】卷展栏，在【凹凸】贴图通道中加载一张【噪波】程序贴图，然后设置噪波的【大小】为 2，并设置【凹凸】强度为 80，模拟毛茸茸的感觉，如图 7-102 所示，材质球效果如图 7-103 所示，材质模拟效果如图 7-104 所示。

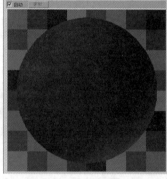

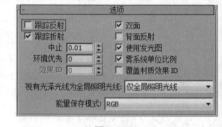

图7-100　　　　　　　　　　　　　　图7-101

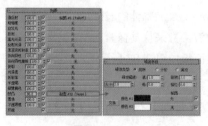

图7-102　　　　　　　　图7-103　　　　　　　　图7-104

05 将绒布指定给沙发模型，在【修改器列表】中为沙发加载【UVW 贴图】修改器，设置贴图参数，如图 7-105 所示，视图效果如图 7-106 所示。

06 按 F9 键渲染摄影机视图，渲染效果如图 7-107 所示。

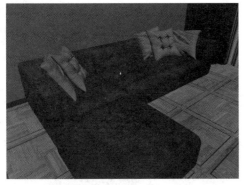

图7-105　　　　　　　　　　　图7-106　　　　　　　　　　　图7-107

↘ 7.4.4 VRayHDRI

VRayHDRI 可以理解为高动态范围贴图，主要用来设置场景的环境贴图，即把 HDRI 当作光源来使用，其参数设置面板如图 7-108 所示。

图7-108

重要参数说明

* 位图：单击后面的"浏览"按钮 浏览 可以指定一张 HDR 贴图。

* 贴图类型：控制 HDRI 的贴图方式，共有以下 5 种。

  角度：主要用于使用了对角拉伸坐标方式的 HDRI。

  立方：主要用于使用了立方体坐标方式的 HDRI。

  球形：主要用于使用了球形坐标方式的 HDRI。

  球状镜像：主要用于使用了镜像球体坐标方式的 HDRI。

  3ds Max 标准：主要用于对单个物体指定环境贴图。

* **水平旋转**：控制 HDRI 在水平方向的旋转角度。

* **水平翻转**：让 HDRI 在水平方向上翻转。

* **垂直旋转**：控制 HDRI 在垂直方向的旋转角度。

* **垂直翻转**：让 HDRI 在垂直方向上翻转。

* **全局倍增**：用来控制 HDRI 的亮度。

* **渲染倍增**：设置渲染时的光强度倍增。

* **伽玛值**：设置贴图的伽玛值。

7.5　典型材质示例

本节将介绍典型的实物材质的制作方法，这些材质都是比较常用的，请读者注意学习其制作原理，了解参数的设置思路。

↘ 7.5.1 磨砂玻璃

磨砂玻璃，又叫毛玻璃、暗玻璃，是用普通平板玻璃经机械喷砂、手工研磨或氢氟酸溶蚀等方法将表面处理成均匀表面制成的。由于表面粗糙，光线产生漫反射，透光而不透视，它可以使室内光线柔和而不刺眼。这类玻璃在室内设计中常用于制作家具推拉门、办工桌隔板、门窗等。生活中的磨砂玻璃如图7-109所示。

图7-109

制作方法

磨砂玻璃的视觉效果是不透明或者不完全透明，而且凭观察就能分辨出其表面不光滑，所以根据这两个特性就能设置其材质参数，如图7-110所示，材质球效果如图7-111所示，材质模拟效果如图7-112所示。

① 设置【漫反射】颜色为（红:132，绿:149，蓝:157），以模拟磨砂玻璃的灰蓝色。

② 因为磨砂玻璃的反射并不是很明显，所以设置【反射】颜色为（红:20，绿:20，蓝:20），再设置【高光光泽度】为0.85、【反射光泽度】为0.9、【细分值】为8。

③ 因为磨砂玻璃的表面应显颗粒感，所以在【凹凸】贴图通道中加载一张【噪波】程序贴图，并设置噪波的【大小】为4，接着设置【凹凸】的强度为60，控制颗粒感的强度。

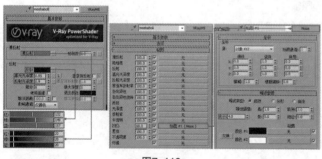

图7-110

图7-111   图7-112

Tips

因为篇幅问题，本章主要介绍材质的具体制作方法和材质的使用范围。

↘ 7.5.2 玻璃砖

玻璃砖是用透明或颜色玻璃料压制成形的块状或空心盒状且体形较大的玻璃制品。其品种主要有玻璃空心砖、玻璃实心砖，马赛克不包括在内。多数情况下，玻璃砖并不作为饰面材料使用，而是作为结构材料，作为墙体、屏风、隔断等类似功能使用。现实中的玻璃砖如图7-113所示。

图7-113

制作方法

常用的玻璃砖都是带有花纹的，所以通常会使用贴图来模拟，其透明度是根据需求来设置的，在通常情况下，玻璃砖的透明度低于常规玻璃。参数设置如图 7-114 所示，材质球效果如图 7-115 所示，材质模拟效果如图 7-116 所示。

① 在【漫反射】贴图通道中加载一张玻璃砖贴图。

② 设置【反射】颜色为（红 :255，绿 :255，蓝 :255），然后设置【高光光泽度】为 1。

③ 因为玻璃砖透明度不强，所以设置【折射】颜色为（红 :133，绿 :133，蓝 :133），然后勾选【影响阴影】选项，接着设置【折射率】为 1.5，模拟玻璃砖的折射效果。

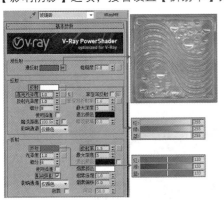

图7-114

图7-115

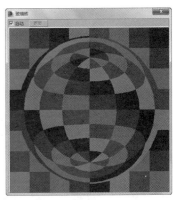

图7-116

↘ 7.5.3 水晶

水晶是宝石的一种，属于石英结晶体，通常有纯洁的透明水晶，也有含有微量元素的色心水晶。水晶与玻璃类似，具有表面光滑、硬度大、强高光、有一定透明度等特征，多用于制作装饰物、首饰等工艺品，现在比较流行的有水晶灯。常见的水晶如图 7-117 所示。

图7-117

制作方法

水晶在外观上与玻璃比较接近，一般的透明水晶具有无色、表面光滑、高光强等特点，水晶的折射率与玻璃不同，这点极其重要，在参数设置时也是必须注意的。具体参数设置如图 7-118 所示，材质球效果如图 7-119 所示，材质模拟效果如图 7-120 所示。

① 新建一个 VRayMtl 材质球，然后设置【漫反射】的颜色为（红 :255，绿 :255，蓝 :255）。

② 设置【反射】颜色为（红 :74，绿 :74，蓝 :74），然后设置【高光光泽度】为 0.85。

③ 设置【折射】颜色为（红 :255，绿 :255，蓝 :255），然后设置【折射率】为 2，并勾选【影响阴影】选项。

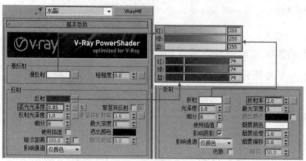

图7-118

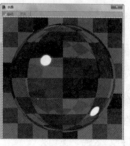

图7-119

图7-120

↘ 7.5.4 丝绸

丝绸，是一种纺织品，用蚕丝或合成纤维、人造纤维、长丝织成；是蚕丝或人造丝纯织或交织而成的织品的总称。丝绸也特指由桑蚕丝织造的纺织品，它轻薄、柔软、滑爽、透气、色彩绚丽，富有光泽，高贵典雅，且穿着舒适。现实中的丝绸如图 7-121 所示。

图7-121

制作方法

丝绸最明显的物理特性就是高光、反射特效，以及特别明显的颜色渐变，其本身有丝绸纹路，却没有明显的凹凸感，根据这些特性，就能对丝绸材质进行制作。参数设置如图 7-122 和图 7-123 所示，材质球效果如图 7-124 所示，材质模拟效果如图 7-125 所示。

① 为了合理地模拟出丝绸特有的线纹，在【漫反射】贴图通道中加载一张【VR 合成纹理】程序贴图，然后在【源 A】贴图通道中加载一张线纹贴图，接着在【源 B】贴图通道中加载一张【VR 颜色】程序贴图，并设置【红】为 0.53、【绿】为 0.14、【蓝】为 0.9。

② 在【反射】贴图通道中加载一张【衰减】程序贴图，然后设置【侧】通道颜色为（红 :206，绿 :141，蓝 :244），再设置【高光光泽度】为 0.45、【反射光泽度】为 0.65。

③ 打开【双向反射分布函数】卷展栏，然后设置【各项异性】为 0.55，接着打开【贴图】卷展栏，然后在【凹凸】贴图通道中加载一张模拟丝绸线纹的贴图，因为这里仅仅是为了模拟丝绸的纹路，不需要明显的凹凸效果，所以设置【凹凸】强度为 10。

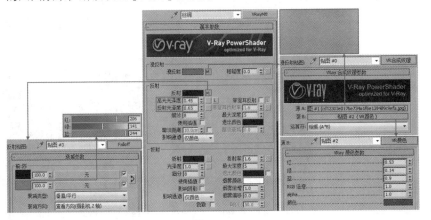

图7-122

Tips

这里用到了【VR 合成纹理】和【VR 颜色】贴图。可以简单地将【VR 合成纹理】理解为混合工具，将【源 A】和【源 B】进行混合，【运算符】通常使用【相乘（A*B）】模式。【VR 颜色】就是添加的一个颜色贴图。

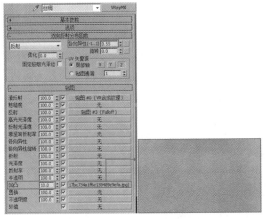

图7-123

图7-124

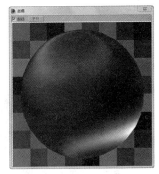

图7-125

7.5.5　镜面不锈钢

镜面不锈钢指的是不锈钢的表面状态，其基本属性还是属于不锈钢。这类不锈钢的特点在于其表面非常光滑，仿佛可以当作镜子来使用，它们以此得名。这类不锈钢的应用领域比较广泛。常见的镜面不锈钢如图 7-126 所示。

图7-126

制作方法

镜面不锈钢不仅拥有金属的表面光滑、强高光、强反射、有延展性等特性，其最为突出的是其镜面成像特性。根据这些特性，下面制作一个镜面不锈钢材料的垃圾桶，通过效果图可以观察到不锈钢垃圾桶的桶身清楚地反射了周围的背景。参数设置如图 7-127 所示，材质球效果如图 7-128 所示，材质模拟效果如图 7-129 所示。

图7-127　　　　　　　　　　图7-128　　　　　　　　　图7-129

↘ 7.5.6　拉丝不锈钢

拉丝不锈钢是不锈钢的加工产品，市面上常见的是直纹拉丝不锈钢，其外观形象是由上到下的直线纹路，左右间距是不等的，这类不锈钢通常不会存在镜面反射效果，应用比较广泛，现实中的拉丝不锈钢如图 7-130 所示。

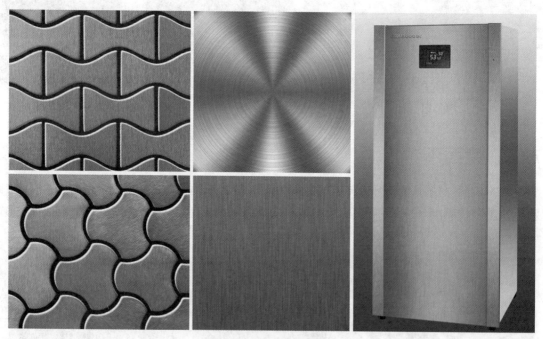

图7-130

制作方法

拉丝不锈钢独有的是其拉丝特性，其他属性与普通不锈钢完全一样。不锈钢的拉丝不同于其他凹凸效果，其拉丝也具有不锈钢的基础属性，所以不能简单地理解为通过设置材质凹凸就能完成。另外，为了更好地反应金属的各向异性，可以设置其【双向反射分布函数】参数。具体参数设置如图 7-131 和图 7-132 所示，材质球效果如图 7-133 所示，材质模拟效果如图 7-134 所示。

① 新建一个 VRayMtl 材质球，然后设置其【漫反射】颜色为（红 :58，绿 :58，蓝 :58），模拟不锈钢的本身亮度。

② 设置【反射】颜色为（红 :152，绿 :152，蓝 :152），接着设置【高光光泽度】和【反射光泽度】均为 0.9，然后分别在【反射】和【高光光泽度】的贴图通道中加载一张拉丝贴图，最后设置【细分】为 32，以此模拟不锈钢的反射效果。

③ 打开【贴图】卷展栏，然后在【凹凸】贴图中加载一张【拉丝】贴图，因为这里只需要模拟出拉丝效果，其凹凸感并不强，所以设置【凹凸】为 2.6。

④ 打开【双向反射分布函数】卷展栏，然后设置类型为【沃德】，模拟不锈钢的各向异性。

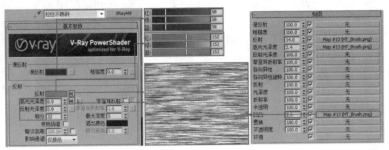

图7-131

图7-132

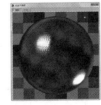

图7-133

图7-134

↘ 7.5.7 铸铁

在我们的生活中，铁可以算得上是最常见的金属之一了。装备制造、铁路车辆、道路、桥梁、轮船、码头、房屋、土建均离不开铁。总体来说，铁与人们的生活息息相关，在室内设计中也是离不开铁的。现实中的铁如图 7-135 所示。

图7-135

制作方法

生铁和钢铁不同，生铁看起来很脆，而且颜色偏暗，生铁拥有不明显的金属光泽，表面通常有明显的凹凸感，为了避免生铁生锈，人们通常会在其表面刷漆，这样的铁的光泽度会有所提高，但是其凹凸感也会更明显。具体参数设置如图 7-136 所示，材质球效果如图 7-137 所示，材质模拟效果如图 7-138 所示。

① 新建一个 VRayMtl 材质球，然后设置【漫反射】颜色为（红 :23，绿 :23，蓝 :23），模拟生铁的颜色。

② 设置【反射】颜色为（红 :55，绿 :55，蓝 :55），然后设置【高光光泽度】为 0.6，【反射光泽度】为 0.7，以此模拟生铁的反射效果。

③ 打开【贴图】卷展栏，在【凹凸】贴图通道中加载一张划痕贴图，模拟铁表面的凹凸感。

图7-136   图7-137   图7-138

↘ 7.5.8 陶瓷

陶瓷是陶器和瓷器的总称，常见的陶瓷材料有粘土、氧化铝、高岭土等。陶瓷材料一般硬度较高，但可塑性较差。在生活中，陶瓷的用处非常广泛，居家环境中随处可见陶瓷的身影。在效果图制作中，陶瓷常用于厨浴环境，比如浴缸、坐便器、洗漱池以及餐具等。现实生活中的陶瓷如图 7-139 所示。

图7-139

制作方法

虽然在现实中，陶器和瓷器有明显的界定，但是在材质制作时，它们的制作方法基本相同，都是模拟其高光、表面光滑、硬度大等特点。具体参数设置如图 7-140 所示，材质球效果如图 7-141 所示，材质模拟效果如图 7-142 所示。

① 设置【漫反射】的颜色为（红 :252，绿 :252，蓝 :252），模拟陶瓷的乳白色。

② 在【反射】贴图通道中加载一张【衰减】程序贴图，设置【衰减类型】为 Fresnel，设置【高光光泽度】为 0.85、【反射光泽度】为 0.95，模拟陶瓷的反射效果。

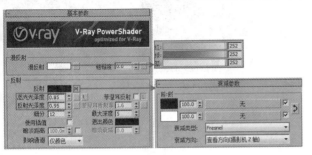

图7-140　　　　　　　　　图7-141　　　　　　图7-142

↘ 7.5.9 皮革

皮革是生活中比较常见的一种材质。皮革是经脱毛和鞣制等物理、化学工序加工得到的已经变性不易腐烂的动物皮，其表面有一种特殊的粒面层，具有自然的粒纹和光泽，手感舒适。在居家环境中，皮革常用于沙发、坐垫之类的家具，如图 7-143 所示。

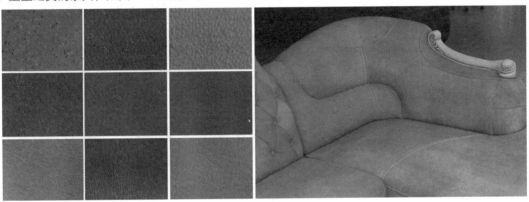

图7-143

制作方法

在生产中，皮革会经过很多工序才能出产，但是在材质制作中，皮革的制作却是非常简单的，只需要模拟其高光、光滑、反射等特点即可，对于皮革的花纹和凹痕，通过贴图来模拟即可。具体参数设置如图 7-144 所示，材质球效果如图 7-145 所示，材质模拟效果如图 7-146 所示。

① 在【漫反射】贴图通道中加载一张沙发的贴图，模拟皮革的花纹。

② 设置【反射】颜色为（红 :60，绿 :60，蓝 :60），设置【高光光泽度】为 0.75、【反射光泽度】为 0.75、【细分】为 20，模拟皮革的反射效果。

③ 打开【贴图】卷展栏，在【凹凸】贴图中加载一张沙发贴图，设置【凹凸】的强度为 30，模拟皮革的凹凸感。

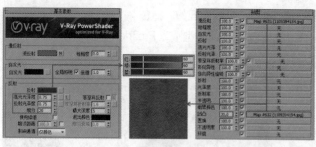
图7-144

图7-145

图7-146

Tips

　　这里虽然只介绍了9种材质，但是掌握好它们的制作方法，类似的材质也都能制作出来。比如，掌握好陶瓷材质的制作方法，白漆、乳胶漆等白色高光材质就都能做出来。

7.6　思考与练习

　　思考一：本章提供了很多材质制作的案例场景，常见的还有很多其他材质，请将这些材质吸取出来，然后观察其参数设置，并对应着做相关练习。

　　思考二：根据本章介绍的9种典型材质示例的制作方法，制作生活中的类似材质。

CHAPTER

08

环境和效果

* 了解环境的概念
* 掌握背景的加载方法
* 掌握火焰、体积光的制作方法

* 掌握【大气装置】的使用原理
* 掌握【效果】的使用方法
* 掌握镜头效果的制作方法

8.1 环境

在现实世界中，环境是一个很大的范畴，我们周边的实物都可以称为环境，比如闪电、大风、沙尘、雾和光束等，如图 8-1~ 图 8-3 所示，环境对场景的氛围可以起到至关重要的作用。在 3ds Max 中，我们可以使用【环境和效果】为场景添加云、雾、火、体积雾和体积光等环境效果，如图 8-4 所示。

图8-1

图8-2

图8-3

图8-4

↘ 8.1.1 背景和全局照明

一幅优秀的三维作品，精细的模型、真实的材质和合理的渲染参数是必不可少的因素，但是，如果没有符合当前场景的背景和全局照明，就得不到理想的空间氛围。在 3ds Max 中，背景与全局照明都在【环境和效果】对话框中进行设定。按主键盘上的 8 键可以打开【环境和效果】面板，如图 8-5 所示。

重要参数说明

（1）【背景】选项组

* **颜色**：设置环境的背景颜色。

* **环境贴图**：在其贴图通道中加载一张【环境】贴图来作为背景。

* **使用贴图**：使用一张贴图作为背景。

（2）【全局照明】选项组

* **染色**：如果该颜色不是白色，那么场景中的所有灯光（环境光除外）都将被染色。

* **级别**：增强或减弱场景中所有灯光的亮度。值为 1 时，所有灯光保持原始设置；增加该值可以加强场景的整体照明；减小该值可以减弱场景的整体照明。

* **环境光**：设置环境光的颜色。

图8-5

随堂练习 | **为场景添加环境**　　　　　　　　📱 扫码观看视频

- 场景位置　场景文件 >CH08> 随堂练习：为场景添加环境 .max
- 实例位置　实例文件 >CH08> 随堂练习：为场景添加环境 .max
- 视频名称　为场景添加环境 .mp4
- 技术掌握　【环境贴图】、【位图】

01 打开"场景文件 >CH08> 随堂练习: 为场景添加环境 .max"文件, 如图 8-6 所示, 然后按 F9 键测试渲染当前场景, 效果如图 8-7 所示。

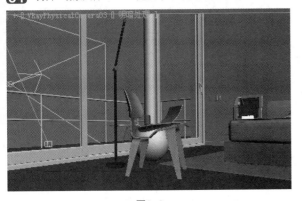
图8-6

图8-7

Tips

在默认情况下, 背景颜色都是黑色, 也就是说渲染出来的背景颜色是黑色。如果更改背景颜色, 则渲染出来的背景颜色也会随着改变。图 8-7 所示的背景是天蓝色的, 这是因为加载了【VRay 天空】环境贴图。

02 按 8 键打开【环境和效果】面板, 然后在【环境贴图】选项组下单击 无 按钮, 在弹出的【材质 / 贴图浏览器】对话框中单击【位图】选项, 接着在弹出的【选择位图图像文件】对话框中选择一张环境贴图, 如图 8-8 所示。

03 按 C 键切换到摄影机视图, 然后按 F9 键渲染当前场景, 最终效果如图 8-9 所示。

图8-9

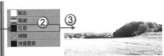
图8-8

↘ 8.1.2 曝光控制

【曝光控制】是用于调整渲染的输出级别和颜色范围的插件组件, 就像调整胶片曝光一样。展开【曝光控制】卷展栏, 可以观察到 3ds Max 2014 的曝光控制类型共有 6 种, 如图 8-10 所示。

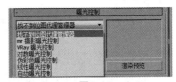
图8-10

重要参数说明

* **mr 摄影曝光控制**：可以提供像摄影机一样的控制，包括快门速度、光圈和胶片速度以及对高光、中间调和阴影的图像控制。

* **VRay 曝光控制**：用来控制 VRay 的曝光效果，可调节曝光值、快门速度、光圈等数值。

* **对数曝光控制**：对数曝光控制类型适用于动态阈值非常高的场景。

* **伪彩色曝光控制**：实际上是一个照明分析工具，可以直观地观察和计算场景中的照明级别。

* **线性曝光控制**：可以从渲染中进行采样，并且可以使用场景的平均亮度来将物理值映射为 RGB 值。线性曝光控制最适合用在动态范围很低的场景中。

* **自动曝光控制**：可以从渲染图像中进行采样，并生成一个直方图，以便在渲染的整个动态范围中提供良好的颜色分离。

1.自动曝光控制

在【曝光控制】卷展栏下设置曝光控制类型为【自动曝光控制】，其参数设置面板如图 8-11 所示。

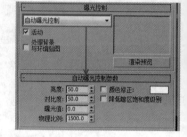

图8-11

重要参数说明

* **活动**：控制是否在渲染中开启曝光控制。

* **处理背景与环境贴图**：启用该选项时，场景背景贴图和场景环境贴图将受曝光控制的影响。

* **渲染预览** ▮ 渲染预览 ▮：单击该按钮可以预览要渲染的缩略图。

* **亮度**：调整转换颜色的亮度，范围为 0~200，默认值为 50。

* **对比度**：调整转换颜色的对比度，范围为 0~100，默认值为 50。

* **曝光值**：调整渲染的总体亮度，范围从 -5~5。设为负值可使图像变暗，设为正值可使图像变亮。

* **物理比例**：设置曝光控制的物理比例，主要用在非物理灯光中。

* **颜色修正**：勾选该选项后，颜色修正会改变所有颜色，使色样中的颜色显示为白色。

* **降低暗区饱和度级别**：勾选该选项后，渲染出来的颜色会变暗。

2.对数曝光控制

在【曝光控制】卷展栏下设置曝光控制类型为【对数曝光控制】，其参数设置面板如图 8-12 所示。

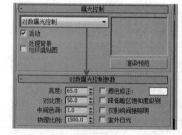

图8-12

重要参数说明

* **仅影响间接照明**：启用该选项时，【对数曝光控制】仅应用于间接照明的区域。

* **室外日光**：启用该选项时，可以转换适合室外场景的颜色。

🍚**Tips**

【对数曝光控制】的其他参数可以参考【自动曝光控制】。

3.伪彩色曝光控制

在【曝光控制】卷展栏下设置曝光控制类型为【伪彩色曝光控制】，其参数设置面板如图 8-13 所示。

重要参数说明

* **数量**：设置所测量的值。

  照度：显示曲面上的入射光的值。

  亮度：显示曲面上的反射光的值。

* **样式**：选择显示值的方式。

  彩色：显示光谱。

  灰度：显示从白色到黑色范围的灰色色调。

* **比例**：选择用于映射值的方法。

  对数：使用对数比例。

  线性：使用线性比例。

* **最小值**：设置在渲染中要测量和表示的最小值。

* **最大值**：设置在渲染中要测量和表示的最大值。

* **物理比例**：设置曝光控制的物理比例，主要用于非物理灯光。

* **光谱条**：显示光谱与强度的映射关系。

图8-13

4.线性曝光控制

【线性曝光控制】从渲染图像中采样，使用场景的平均亮度将物理值映射为 RGB 值，非常适合用于动态范围很低的场景，其参数设置面板如图 8-14 所示。

图8-14

Tips

> 【线性曝光控制】的参数与【自动曝光控制】的参数完全相同，因此这里不再重复叙述。

↘ 8.1.3 大气

3ds Max 中的大气环境效果可以用来模拟自然界中的云、雾、火和体积光等环境效果，增强场景的氛围，使场景显得更有空间感，其参数设置面板如图 8-15 所示。

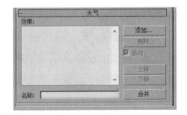

图8-15

重要参数说明

* **效果**：显示已添加的效果名称。

* **名称**：为列表中的效果自定义名称。

* **【添加】按钮** 添加... ：单击该按钮可以打开【添加大气效果】对话框，在该对话框中可以添加大气效果，如图 8-16 所示。

* **【删除】按钮** 删除 ：在【效果】列表中选择效果以后，单击该按钮可以删除选中的大气效果。

* **活动**：勾选该选项可以启用添加的大气效果。

* **【上移】按钮** 上移 /**【下移】按钮** 下移 ：更改大气效果的应用顺序。

* **【合并】按钮** 合并 ：合并其他 3ds Max 场景文件中的效果。

图8-16

1.火效果

使用【火效果】环境可以制作出火焰、烟雾和爆炸等效果，如图 8-17 所示。【火效果】不产生任何照明效果，若要模拟产生的灯光效果，可以使用灯光来实现，其参数设置面板如图 8-18 所示。

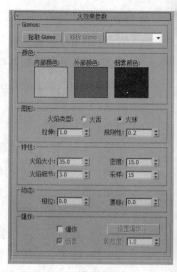

重要参数说明

* 拾取 Gizmo ：
单击该按钮可以拾取场景中要产生火效果的 Gizmo 对象。

* 移除 Gizmo 移除 Gizmo：
单击该按钮可以移除列表中所选的 Gizmo。移除 Gizmo 后，Gizmo 仍在场景中，但是不再产生火效果。

图8-17

图8-18

* **内部颜色**：设置火焰中最密集部分的颜色。

* **外部颜色**：设置火焰中最稀薄部分的颜色。

* **烟雾颜色**：当勾选【爆炸】选项时，该选项才可用，主要用来设置爆炸的烟雾颜色。

* **火焰类型**：共有【火舌】和【火球】两种类型。选择【火舌】将沿着中心使用纹理创建带方向的火焰，这种火焰类似于篝火，其方向沿着火焰装置的局部 z 轴；选择【火球】将创建圆形的爆炸火焰。

* **拉伸**：将火焰沿着装置的 z 轴进行缩放，该选项最适合创建【火舌】火焰。

* **规则性**：修改火焰填充装置的方式，范围为 1~0。

* **火焰大小**：设置装置中各个火焰的大小。装置越大，需要的火焰也越大，使用 15~30 范围内的值可以获得最佳的火效果。

* **火焰细节**：控制每个火焰中显示的颜色更改量和边缘的尖锐度，范围为 0~10。

* **密度**：设置火焰效果的不透明度和亮度。

* **采样数**：设置火焰效果的采样率。值越高，生成的火焰效果越细腻，但是会增加渲染时间。

* **相位**：控制火焰效果的速率。

* **漂移**：设置火焰沿着火焰装置的 z 轴的渲染方式。

* **爆炸**：勾选该选项后，火焰将产生爆炸效果。

* **设置爆炸** 设置爆炸…：单击该按钮可以打开【设置爆炸相位曲线】对话框，在该对话框中可以调整爆炸的【开始时间】和【结束时间】。

* **烟雾**：控制爆炸是否产生烟雾。

* **剧烈度**：改变【相位】参数的涡流效果。

2.雾

使用 3ds Max 的【雾】环境可以创建出雾、烟雾和蒸汽等特殊环境效果，如图 8-19 所示。

【雾】效果的类型分为【标准】和【分层】两种，其参数设置面板如图 8-20 所示。

图8-19

重要参数说明

* ⋆ **颜色**: 设置雾的颜色。
* ⋆ **环境颜色贴图**: 从贴图导出雾的颜色。
* ⋆ **使用贴图**: 使用贴图来产生雾效果。
* ⋆ **环境不透明度贴图**: 使用贴图来更改雾的密度。
* ⋆ **雾化背景**: 将雾应用于场景的背景。
* ⋆ **标准**: 使用标准雾。
* ⋆ **分层**: 使用分层雾。
* ⋆ **指数**: 随距离按指数增大密度。
* ⋆ **近端 %**: 设置雾在近距范围的密度。
* ⋆ **远端 %**: 设置雾在远距范围的密度。
* ⋆ **顶**: 设置雾层的上限（使用世界单位）。
* ⋆ **底**: 设置雾层的下限（使用世界单位）。
* ⋆ **密度**: 设置雾的总体密度。
* ⋆ **衰减顶 / 底 / 无**: 添加指数衰减效果。
* ⋆ **地平线噪波**: 启用【地平线噪波】系统。【地平线噪波】系统仅影响雾层的地平线, 用来增强雾的真实感。
* ⋆ **大小**: 应用于噪波的缩放系数。
* ⋆ **角度**: 确定受影响的雾与地平线的角度。
* ⋆ **相位**: 用来设置噪波动画。

图8-20

3.体积雾

【体积雾】可以用于创建有具体形态的雾效果。【体积雾】和【雾】区别在于【体积雾】是三维的雾, 是有体积的, 比如图 8-21 所示的云雾缭绕的效果, 其参数设置面板如图 8-22 所示。

重要参数说明

* ⋆ **拾取 Gizmo** 拾取 Gizmo : 单击该按钮可以拾取场景中要产生体积雾效果的 Gizmo 对象。
* ⋆ **移除 Gizmo** 移除 Gizmo : 单击该按钮可以移除列表中所选的 Gizmo。移除 Gizmo 后, Gizmo 仍在场景中, 但是不再产生体积雾效果。

图8-21   图8-22

* ⋆ **柔化 Gizmo 边缘**: 羽化体积雾效果的边缘。值越大, 边缘越柔滑。
* ⋆ **颜色**: 设置雾的颜色。
* ⋆ **指数**: 随距离按指数增大密度。
* ⋆ **密度**: 控制雾的密度, 范围为 0~20。
* ⋆ **步长大小**: 确定雾采样的粒度, 即雾的细度。
* ⋆ **最大步数**: 限制采样量, 以便雾的计算不会永远执行。该选项适合于雾密度较小的场景。
* ⋆ **雾化背景**: 将体积雾应用于场景的背景。
* ⋆ **类型**: 有【规则】、【分形】、【湍流】和【反转】4 种类型可供选择。

* **噪波阈值**：限制噪波效果，范围为 0~1。
* **级别**：设置噪波迭代应用的次数，范围为 1~6。
* **大小**：设置烟卷或雾卷的大小。
* **相位**：控制风的种子。如果【风力强度】大于 0，雾体积会根据风向来产生动画。
* **风力强度**：控制烟雾远离风向（相对于相位）的速度。
* **风力来源**：定义风来自于哪个方向。

4.体积光

【体积光】环境可以用来制作光束效果，通常通过指定灯光（部分灯光除外，如【VRay 太阳】）来完成。这种体积光是因为光线前有遮挡物，光芒只能透过缝隙，从而形成可见光束的效果，常用来模拟树与树之间的缝隙中透过的光束，如图 8-23 所示，其参数设置面板如图 8-24 所示。

重要参数说明

* **拾取灯光** ：拾取要产生体积光的光源。

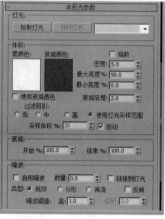

* **移除灯光** ：将灯光从列表中移除。
* **雾颜色**：设置体积光产生的雾的颜色。

图8-23

图8-24

* **衰减颜色**：体积光颜色随距离而衰减。
* **使用衰减颜色**：控制是否开启【衰减颜色】功能。
* **指数**：随距离按指数增大密度。
* **密度**：设置雾的密度。
* **最大 / 最小亮度 %**：设置可以达到的最大和最小的光晕效果。
* **衰减倍增**：设置【衰减颜色】的强度。
* **过滤阴影**：通过提高采样率可以获得更高质量的体积光效果，但会增加渲染时间，包括【低】、【中】、【高】3 个级别。
* **使用灯光采样范围**：根据灯光阴影参数中的【采样范围】值来使体积光中投射的阴影变模糊。
* **采样体积 %**：控制体积的采样率。
* **自动**：自动控制【采样体积 %】的参数。
* **开始 %/ 结束 %**：设置灯光效果开始和结束衰减的百分比。
* **启用噪波**：控制是否启用噪波效果。
* **数量**：应用于雾的噪波的百分比。
* **链接到灯光**：将噪波效果链接到灯光对象。

随堂练习 | 制作体积光

 扫码观看视频

* **场景位置**　场景文件 >CH08> 随堂练习：制作体积光 .max
* **实例位置**　实例文件 >CH08> 随堂练习：制作体积光 .max
* **视频名称**　制作体积光 .mp4
* **技术掌握**　【环境贴图】、【体积光】、【目标平行光】

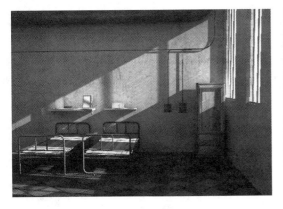

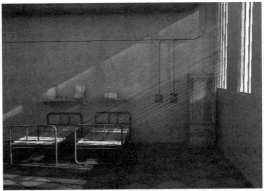

01 打开 "场景文件 >CH08> 随堂练习：制作体积光 .max" 文件，如图 8-25 所示。

03 选择 VRay 太阳，在【VRay 太阳参数】卷展栏下设置【强度倍增】为 0.06、【阴影细分】为 8、【光子发射半径】为 495 mm，如图 8-27 所示，然后按 F9 键测试渲染当前场景，效果如图 8-28 所示。

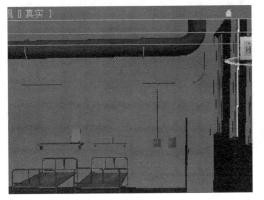

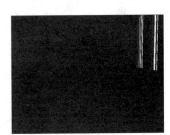

图8-25

图8-27

图8-28

02 设置灯光类型为 VRay，然后在天空中创建一盏 VRay 太阳，其位置如图 8-26 所示。

04 选择窗户外面的平面，单击鼠标右键，在弹出的菜单中选择【对象属性】，接着在弹出的【对象属性】面板中取消勾选【投射阴影】选项，如图 8-29 所示。

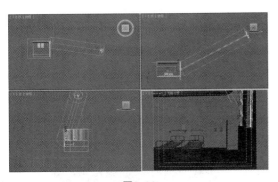

图8-26

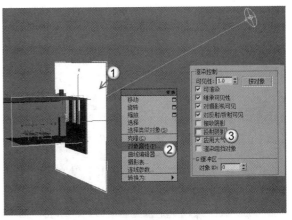

图8-29

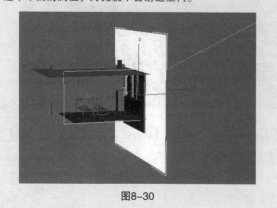
05 按 F9 键测试渲染当前场景，效果如图 8-31 所示。

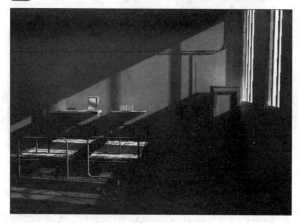

图8-31

06 在前视图中创建一个 VRay 灯光（光源）作为辅助光源，其位置如图 8-32 所示。

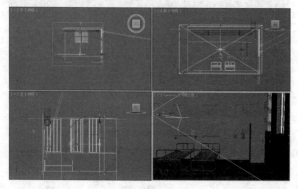

图8-32

07 选择上一步创建的 VRay 灯光，进入【修改】面板，展开【参数】卷展栏，在【常规】选项组下设置【类型】为【平面】，在【大小】选项组下设置【1/2 长】为 975mm、【1/2 宽】为 550mm，在【选项】选项组下勾选【不可见】选项，如图 8-33 所示。

08 设置灯光类型为【标准】，然后在天空中创建一个目标平行光（光源），位置如图 8-34 所示（与 VRay 太阳位置相同）。

图8-33

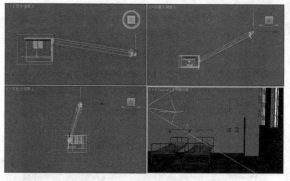

图8-34

09 选择上一步创建的目标平行光，进入【修改】面板，展开【常规参数】卷展栏，设置阴影类型为【VRay 阴影】。展开【强度 / 颜色 / 衰减】卷展栏，设置【倍增】为 0.9。展开【平行光参数】卷展栏，设置【聚光区 / 光束】为 150mm、【衰减区 / 区域】为 300mm。展开【高级效果】卷展栏，在【投影贴图】通道中加载一张黑白贴图，如图 8-35 所示。

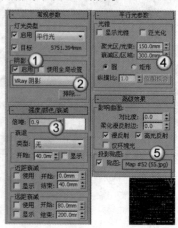

图8-35

10 按 F9 键测试渲染当前场景，效果如图 8-36 所示。

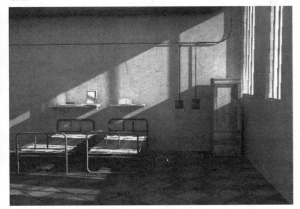

图8-36

11 按 8 键打开【环境和效果】对话框，展开【大气】卷展栏，单击【添加】按钮 <u>添加...</u>，在弹出的【添加大气效果】对话框中选择【体积光】选项，如图 8-37 所示。

图8-37

12 在【效果】列表中选择【体积光】选项，在【体积光参数】卷展栏下单击【拾取灯光】按钮 <u>拾取灯光</u>，然后在场景中拾取目标平行灯光，接着设置【雾颜色】为"红 :247，绿 :232，蓝 :205"，再勾选【指数】选项，并设置【密度】为 3.8，最后设置【过滤阴影】为【中】，如图 8-38 所示。

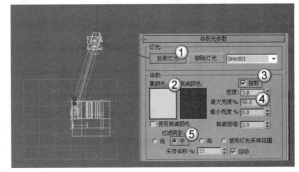

图8-38

13 按 F9 键渲染当前场景，最终效果如图 8-39 所示。

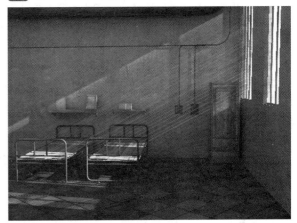

图8-39

技术链接23：如何制作火焰效果

　　【雾】的制作方法很简单，直接在【环境和效果】中加载一个【雾】，然后设置参数，系统就会为整个场景添加一个雾效果。

　　但是火焰不能这么做，因为我们不可能为整个场景添加火焰。在 3ds Max 中，如果要制作火焰，我们需要用到一个辅助工具，那就是【大气装置】，如图 8-40 所示。

　　使用大气装置下的 3 种 Gizmo（可以调整形态），我们可以创建 3 种不同的辅助对象，这些对象是不能被渲染的，它只是虚拟存在的，在制作火焰时，将火焰绑定在这些 Gizmo 上，就可以做出与 Gizmo 同形态的火焰效果，如图 8-41 所示。另外，【体积雾】的制作方法也是相同的。

图8-40

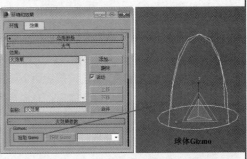

图8-41

8.2 效果

在【效果】面板中可以为场景添加【毛发和毛皮】、【镜头效果】、【模糊】、【亮度和对比度】、【色彩平衡】、【景深】、【文件输出】、【胶片颗粒】、【照明分析图像叠加】、【运动模糊】和【VRay 镜头效果】效果，如图 8-42 所示。

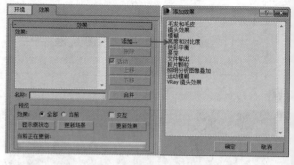

图8-42

Tips

不难发现，大部分效果如景深、运动模糊，我们在前面已经讲过，这里只是另一种方法而已，因为在 3ds Max 中，逼真的景深还是要通过摄影机来完成的，因此此处不做介绍。另外，在 Photoshop 中也可以制作景深，与此处的方法类似。关于毛发和毛皮，下一章会详细介绍。

↘ 8.2.1 镜头效果

使用【镜头效果】可以模拟照相机拍照时镜头所产生的光晕效果，这些效果包括【光晕】、【光环】、【射线】、【自动二级光斑】、【手动二级光斑】、【星形】和【条纹】，如图 8-43 所示。

图8-43

Tips

在【镜头效果参数】卷展栏下选择镜头效果，单击 > 按钮可以将其加载到右侧的列表中，以应用镜头效果；单击 < 按钮可以移除加载的镜头效果。

【镜头效果】包含一个【镜头效果全局】卷展栏，该卷展栏分为【参数】和【场景】两个面板，如图 8-44 和图 8-45 所示。

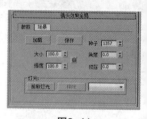

图8-44

重要参数说明

（1）【参数】选项卡

* 加载 加载：单击该按钮可以打开【加载镜头效果文件】对话框，在该对话框中可选择要加载的 lzv 文件。
* 保存 保存：单击该按钮可以打开【保存镜头效果文件】对话框，在该对话框中可以保存 lzv 文件。

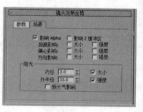

图8-45

* 大小：设置镜头效果的总体大小。
* 强度：设置镜头效果的总体亮度和不透明度。值越大，效果越亮越不透明；值越小，效果越暗越透明。
* 种子：为【镜头效果】中的随机数生成器提供不同的起点，并创建略有不同的镜头效果。
* 角度：当效果与摄影机的相对位置发生改变时，该选项用来设置镜头效果在默认位置的旋转量。
* 挤压：在水平方向或垂直方向挤压镜头效果的总体大小。
* 拾取灯光 拾取灯光：单击该按钮可以在场景中拾取灯光。
* 移除 移除：单击该按钮可以移除所选择的灯光。

（2）【场景】选项卡

* 影响 Alpha：如果图像以 32 位文件格式来渲染，那么该选项用来控制镜头效果是否影响图像的 Alpha 通道。
* 影响 Z 缓冲区：存储对象与摄影机的距离。Z 缓冲区用于光学效果。
* 距离影响：控制摄影机或视口的距离对光晕效果的大小和强度的影响。

* **偏心影响**：产生摄影机或视口偏心的效果，影响其大小或强度。
* **方向影响**：聚光灯相对于摄影机的方向，影响其大小或强度。
* **内径**：设置效果周围的内径，另一个场景对象必须与内径相交才能完全阻挡效果。
* **外半径**：设置效果周围的外径，另一个场景对象必须与外径相交才能开始阻挡效果。
* **大小**：减小所阻挡的效果的大小。
* **强度**：减小所阻挡的效果的强度。
* **受大气影响**：控制是否允许大气效果阻挡镜头效果。

↘ 8.2.2 模糊

使用【模糊】效果可以通过 3 种不同的方法使图像变得模糊，分别是【均匀型】、【方向型】和【径向型】。【模糊】效果根据用户在【像素选择】选项卡中所选择的对象来应用各个像素，使整个图像变模糊，其参数包含【模糊类型】和【像素选择】两大部分，如图 8-46 和图 8-47 所示。

图8-46

重要参数说明

（1）【模糊类型】选项卡

* **均匀型**：将模糊效果均匀地应用在整个渲染图像中。

    像素半径：设置模糊效果的半径。

    影响 Alpha：启用该选项时，可以将【均匀型】模糊效果应用于 Alpha 通道。

* **方向型**：按照【方向型】参数指定的任意方向应用模糊效果。

    U/V 向像素半径（%）：设置模糊效果的水平 / 垂直强度。

    U/V 向拖痕（%）：通过为 U/V 轴的某一侧分配更大的模糊权重来为模糊效果添加方向。

    旋转（度）：通过【U 向像素半径（%）】和【V 向像素半径（%）】来应用模糊效果的 U 向像素和 V 向像素的轴。

    影响 Alpha：启用该选项时，可以将【方向型】模糊效果应用于 Alpha 通道。

* **径向型**：以径向的方式应用模糊效果。

    像素半径（%）：设置模糊效果的半径。

    拖痕（%）：通过为模糊效果的中心分配更大或更小的模糊权重来为模糊效果添加方向。

    X/Y 原点：以【像素】为单位，对渲染输出的尺寸指定模糊的中心。

    无 ▉▉无▉▉：指定以中心作为模糊效果中心的对象。

    清除按钮 ▉清除▉：移除对象名称。

    影响 Alpha：启用该选项时，可以将【径向型】模糊效果应用于 Alpha 通道。

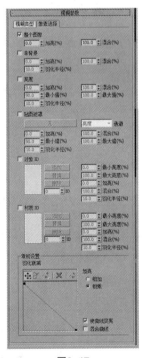

图8-47

    使用对象中心：启用该选项后，【无】按钮▉▉无▉▉指定的对象将作为模糊效果的中心。

（2）【像素选择】选项卡

* **整个图像**：启用该选项后，模糊效果将影响整个渲染图像。

    加亮（%）：加亮整个图像。

    混合（%）：将模糊效果和【整个图像】参数与原始的渲染图像进行混合。

* 非背景：启用该选项后，模糊效果将影响除背景图像或动画以外的所有元素。

  羽化半径（％）：设置应用于场景的非背景元素的羽化模糊效果的百分比。

* 亮度：影响亮度值介于【最小值（％）】和【最大值（％）】微调器之间的所有像素。

  最小／大值（％）：设置每个像素要应用模糊效果所需的最小和最大亮度值。

* 贴图遮罩：通过在【材质／贴图浏览器】对话框选择通道和应用遮罩来产生模糊效果。

* 对象 ID：如果对象匹配过滤器设置，会将模糊效果应用于对象或对象中具有特定对象 ID 的部分（在 G 缓冲区中）。

* 材质 ID：如果材质匹配过滤器设置，会将模糊效果应用于该材质或材质中具有特定材质效果通道的部分。

* 常规设置羽化衰减：使用曲线来确定基于图形的模糊效果的羽化衰减区域。

↘ 8.2.3　亮度和对比度

使用【亮度和对比度】效果可以调整图像的亮度和对比度，其参数设置面板如图 8-48 所示。

重要参数说明

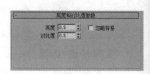

* 亮度：增加或减少所有色元（红色、绿色和蓝色）的亮度，取值范围为 0~1。

* 对比度：压缩或扩展最大黑色和最大白色之间的范围，其取值范围为 0~1。

* 忽略背景：是否将效果应用于除背景以外的所有元素。

图8-48

↘ 8.2.4　色彩平衡

使用【色彩平衡】效果可以通过调节【青—红】【洋红—绿】【黄—蓝】3 个通道来改变场景或图像的色调，其参数设置面板如图 8-49 所示。

重要参数说明

* 青—红：调整【青—红】通道。

* 洋红—绿：调整【洋红—绿】通道。

* 黄—蓝：调整【黄—蓝】通道。

* 保持发光度：启用该选项后，在修正颜色的同时将保留图像的发光度。

* 忽略背景：启用该选项后，可以在修正图像时不影响背景。

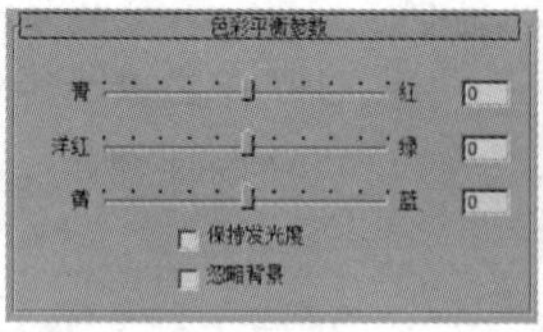

图8-49

↘ 8.2.5　胶片颗粒

【胶片颗粒】效果主要用于在渲染场景中重新创建胶片颗粒，同时还可以作为背景的源材质与软件中创建的渲染场景相匹配，其参数设置面板如图 8-50 所示。

重要参数说明

图8-50

* 颗粒：设置添加到图像中的颗粒度，其取值范围为 0~1。

* 忽略背景：屏蔽背景，使颗粒仅应用于场景中的几何体对象。

8.3　思考与练习

思考一：本章的内容非常简单，大部分效果其实都可以在 Photoshop 中完成，请读者自行完成【亮度和对比度】、【色彩平衡】等效果的练习。

思考二：【背景】是本章最重要的内容，虽然它的操作方法非常简单，但一定要多加练习。请读者使用本书的场景进行背景更换练习。

CHAPTER

09

毛发与布料

* 了解毛发的相关知识
* 了解布料的相关知识
* 掌握【Hair和Fur（WSM）】的使用方法

* 掌握【VRay毛皮】的使用方法
* 掌握【VRay置换模式】的使用方法
* 掌握Cloth的使用方法

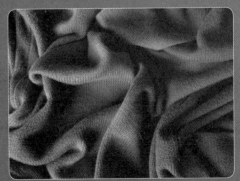

9.1 毛发系统

毛发在静帧和角色动画制作中非常重要，同时毛发也是动画制作中最难模拟的，图 9-1～图 9-3 所示为一组比较优秀的毛发作品。

图9-1   图9-2   图9-3

在 3ds Max 中，制作毛发的方法主要有以下 3 种。

第 1 种：使用 Hair 和 Fur（WSM）（毛发和毛皮（WSM））修改器进行制作。

第 2 种：使用【VRay 毛皮】工具 <u>VR-毛皮</u> 进行制作。

第 3 种：使用不透明度贴图进行制作。

↘ 9.1.1 Hair和Fur（WSM）

【Hair 和 Fur（WSM）】（毛发和毛皮（WSM））修改器是毛发系统的核心。该修改器可以应用在要生长毛发的任何对象上（包括网格对象和样条线对象）。如果是网格对象，毛发将从整个曲面上生长出来；如果是样条线对象，毛发将在样条线之间生长出来。

创建一个物体，然后为其加载一个【Hair 和 Fur（WSM）】（毛发和毛皮（WSM））修改器，可以观察到加载修改器之后，物体表面就生长出了毛发效果，如图 9-4 所示。

【Hair 和 Fur（WSM）】（毛发和毛皮（WSM））修改器的参数非常多，一共有14个卷展栏，如图 9-5 所示。下面依次对各卷展栏下的参数进行介绍。

1.【选择】卷展栏

展开【选择】卷展栏，如图 9-6 所示。

图9-4   图9-5   图9-6

重要参数说明

* **导向**🗹：这是一个子对象层级，单击该按钮后，【设计】卷展栏中的【设计发型】工具 <u>设计发型</u> 将自动启用。

* **面**◢：这是一个子对象层级，可以选择三角形面。

* **多边形**▣：这是一个子对象层级，可以选择多边形。

* **元素**▣：这是一个子对象层级，可以通过单击来选择对象中的连续多边形。

* **按顶点**：该选项只在【面】、【多边形】和【元素】级别中使用。启用该选项后，只需要选择子对象的顶点就可以选中子对象。

* **忽略背面**：该选项只在【面】、【多边形】和【元素】级别中使用。启用该选项后，选择子对象时只影响面对着用户的面。

* **复制** 复制：将命名选择集放置到复制缓冲区。
* **粘贴** 粘贴：从复制缓冲区中粘贴命名的选择集。
* **更新选择** 更新选择：根据当前子对象来选择重新要计算毛发生长的区域，然后更新显示。

2.【工具】卷展栏

展开【工具】卷展栏，如图9-7所示。

重要参数说明

* **从样条线重梳** 从样条线重梳：创建样条线后，使用该工具在视图中拾取样条线，可以从样条线重梳毛发，如图9-8所示。
* **样条线变形**：可以用样条线来控制发型与动态效果。
* **重置其余** 重置其余：在曲面上重新分布头发的数量，以得到较为均匀的结果。
* **重生毛发** 重生毛发：忽略全部样式信息，将毛发复位到默认状态。
* **加载** 加载：单击该按钮可以打开【Hair 和 Fur 预设值】对话框，在该对话框中可以加载预设的毛发样式，如图9-9所示。

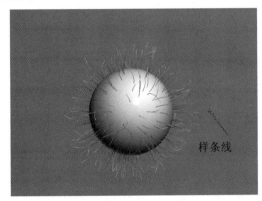

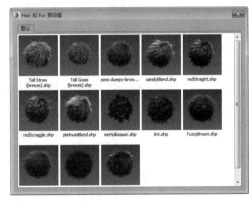

图9-7 图9-8 图9-9

* **保存** 保存：调整好毛发后，单击该按钮可以将当前的毛发保存为预设的毛发样式。
* **复制** 复制：将所有毛发设置和样式信息复制到粘贴缓冲区。
* **粘贴** 粘贴：将所有毛发设置和样式信息粘贴到当前的毛发修改对象中。
* **无** 无：如果要指定毛发对象，可以单击该按钮，然后拾取要应用毛发的对象。
* **X** X：如果要停止使用实例节点，可以单击该按钮。
* **混合材质**：启用该选项后，应用于生长对象的材质以及应用于毛发对象的材质将合并为单一的多子对象材质，并应用于生长对象。
* **导向–＞样条线** 导向->样条线：将所有导向复制为新的单一样条线对象。
* **毛发–＞样条线** 毛发->样条线：将所有毛发复制为新的单一样条线对象。
* **毛发–＞网格** 毛发->网格：将所有毛发复制为新的单一网格对象。
* **渲染设置** 渲染设置...：单击该按钮可以打开【环境和效果】对话框，在该对话框中可以对毛发的渲染效果进行更多的设置。

3.【设计】卷展栏

展开【设计】卷展栏，如图9-10所示。

重要参数说明

（1）【设计发型】选项组

* 设计发型 设计发型：单击该按钮可以设计毛发的发型，此时该按钮会变成凹陷的【完成设计】按钮 完成设计，单击【完成设计】按钮 完成设计 可以返回到【设计发型】状态。

（2）【选择】选项组

* 由头梢选择毛发：可以只选择每根导向毛发末端的顶点。

* 选择全部顶点：选择导向毛发中的任意顶点时，会选择该导向毛发中的所有顶点。

* 选择导向顶点：可以选择导向毛发上的任意顶点。

* 由根选择导向：可以只选择每根导向毛发根处的顶点，这样会选择相应导向毛发上的所有顶点。

* 顶点显示下拉列表 长方体标记：选择顶点在视图中的显示方式。

* 反选：反转顶点的选择，快捷键为 Ctrl+I。

* 轮流选：旋转空间中的选择。

* 扩展选定对象：通过递增的方式增大选择区域。

* 隐藏选定对象：隐藏选定的导向毛发。

* 显示隐藏对象：显示任何隐藏的导向毛发。

图9-10

（3）【设计】选项组

* 发梳：在该模式下，可以通过拖曳指针来梳理毛发。

* 剪毛发：在该模式下可以修剪导向毛发。

* 选择：单击该按钮可以进入选择模式。

* 距离褪光：启用该选项时，刷动效果将朝着画刷的边缘产生褪光现象，从而产生柔和的边缘效果（只适用于【发梳】模式）。

* 忽略背面毛发：启用该选项时，背面的毛发将不受画刷的影响（适用于【发梳】和【剪毛发】模式）。

* 画刷大小滑块：通过拖曳滑块来调整画刷的大小。另外，按住 Shift+Ctrl 组合键在视图中拖曳鼠标指针也可以更改画刷大小。

* 平移：按照鼠标指针的移动方向来移动选定的顶点。

* 站立：在曲面的垂直方向制作站立效果。

* 蓬松发根：在曲面的垂直方向制作蓬松效果。

* 丛：强制选定的导向之间相互更加靠近（向左拖曳鼠标）或更加分散（向右拖曳鼠标）。

* 旋转：以指针位置为中心（位于发梳中心）来旋转导向毛发的顶点。

* 比例：放大（向右拖曳鼠标）或缩小（向左拖曳鼠标）选定的导向。

（4）实用程序选项组

* 衰减：根据底层多边形的曲面面积来缩放选定的导向。这一工具比较实用，例如将毛发应用到动物模型上时，毛发较短的区域多边形通常也较小。

* 选定弹出：沿曲面的法线方向弹出选定的毛发。

* 弹出大小为零：与【选定弹出】类似，但只能对长度为 0 的毛发进行编辑。

* 重梳：使用引导线对毛发进行梳理。

* 重置剩余：在曲面上重新分布毛发的数量，以得到较为均匀的结果。

* 切换碰撞：如果激活该按钮，设计发型时将考虑毛发的碰撞。

* **切换 Hair** 🔳：切换头发在视图中的显示方式，但是不会影响头发导向的显示。
* **锁定** 🔳：将选定的顶点相对于最近曲面的方向和距离锁定。锁定的顶点可以选择但不能移动。
* **解除锁定** 🔳：解除对所有导向头发的锁定。
* **撤销** 🔳：撤销最近的操作。

（5）【毛发组】选项组

* **拆分选定毛发组** 🔳：将选定的导向拆分为一个组。
* **合并选定毛发组** 🔳：重新合并选定的导向。

4.【常规参数】卷展栏

展开【常规参数】卷展栏，如图 9-11 所示。

重要参数说明

* **毛发数量**：设置生成的毛发总数，图 9-12 所示的是【毛发数量】为 1 000 和
9 000 时的效果对比。

* **毛发段**：设置每根毛发的段数。段数越多，毛发越自然，但是生成的网格对象就
越大（对于非常直的直发，可将【毛发段】设置为 1），图 9-13 所示为【毛发段】为 5 和
60 时的效果对比。

* **毛发过程数**：设置毛发的透明度，取值范围为 1~20，图 9-14 所示为【毛发过程数】为 1 和 4 时的
效果对比。

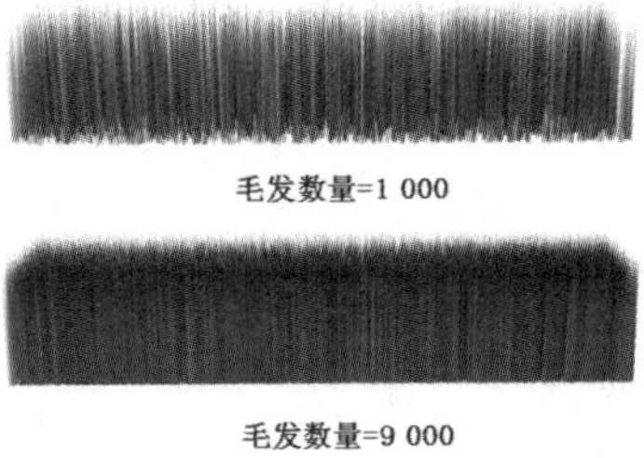

图9-11

毛发数量=1 000

毛发数量=9 000

图9-12

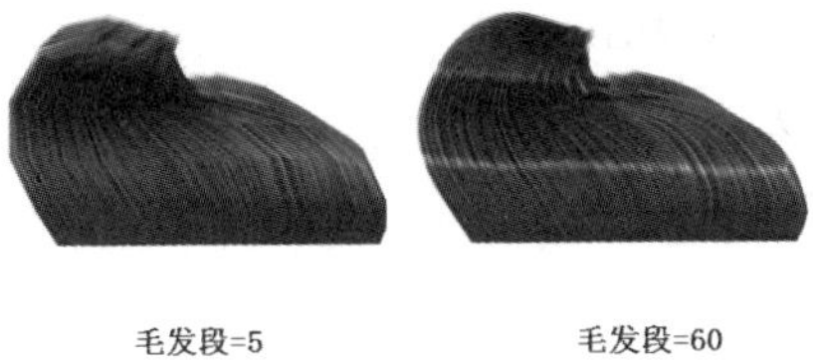

毛发段=5　　毛发段=60

图9-13

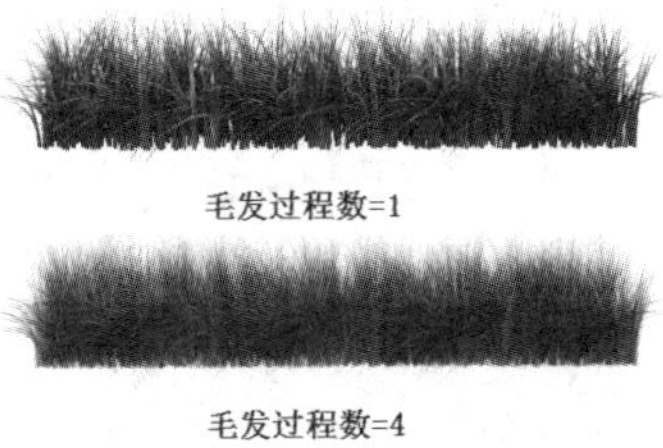

毛发过程数=1

毛发过程数=4

图9-14

* **密度**：设置毛发的整体密度。
* **比例**：设置毛发的整体缩放比例。
* **剪切长度**：设置将整体的毛发长度进行缩放的比例。
* **随机比例**：设置在渲染毛发时的随机比例。
* **根厚度**：设置发根的厚度。
* **梢厚度**：设置发梢的厚度。
* **置换**：设置毛发从根到生长对象曲面的置换量。
* **插值**：开启该选项后，毛发生长将插入导向毛发之间。

5.【材质参数】卷展栏

展开【材质参数】卷展栏，如图 9-15 所示。

重要参数说明

* **阻挡环境光**：在照明模型时，控制环境光或漫反射对模型影响的偏差，图 9-16 和
图 9-17 所示的分别是【阻挡环境光】为 0 和 100 时的毛发效果。

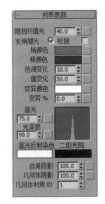

图9-15

    ✱　**发梢褪光**：开启该选项后，毛发将朝向梢部产生从淡出到透明的效果。该选项只适用于 mental ray 渲染器。

    ✱　**松鼠**：开启该选项后，毛发根部颜色与毛发梢部颜色之间的渐变更加锐化，并且更多的毛发梢部颜色可见。

    ✱　**梢 / 根颜色**：设置距离生长对象曲面最远或最近的毛发梢部 / 根部的颜色，图 9-18 所示的是【梢颜色】为红色、【根颜色】为蓝色时的毛发效果。

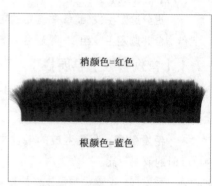

图9-16　　　　　　　　　　　　图9-17　　　　　　　　　　　　图9-18

    ✱　**色调 / 值变化**：设置毛发颜色或亮度的变化量，图 9-19 所示的是不同【色调变化】和【值变化】的毛发效果。

    ✱　**变异颜色**：设置变异毛发的颜色。

    ✱　**变异 %**：设置接受【变异颜色】的毛发的百分比，图 9-20 所示的是【变异 %】为 30 和 0 时的效果对比。

    ✱　**高光**：设置在毛发上高亮显示的亮度。

    ✱　**光泽度**：设置在毛发上高亮显示的相对大小。

    ✱　**高光反射染色**：设置反射高光的颜色。

    ✱　**自身阴影**：设置毛发自身阴影的大小，图 9-21 所示的是【自身阴影】为 0、50 和 100 时的效果对比。

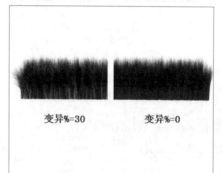
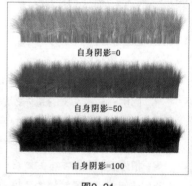

图9-19　　　　　　　　　　　　图9-20　　　　　　　　　　　　图9-21

    ✱　**几何体阴影**：设置头发从场景中的几何体接收到的阴影的量。

    ✱　**几何体材质 ID**：在渲染几何体时设置头发的材质 ID。

6.【mr参数】卷展栏

展开【mr 参数】卷展栏，如图 9-22 所示。

图9-22

重要参数说明

    ✱　**应用 mr 明暗器**：开启该选项后，可以应用 mental ray 的明暗器来生成毛发。

    ✱　**无**　　无　　：单击该按钮可以在弹出的【材质 / 贴图浏览器】对话框中指定明暗器。

7.【海市蜃楼参数】卷展栏

展开【海市蜃楼参数】卷展栏，如图 9-23 所示。

图9-23

重要参数说明

* **百分比**：设置要应用【强度】和【Mess 强度】值的毛发百分比，范围为 0 ~ 100。
* **强度**：指定海市蜃楼毛发伸出的长度，范围为 0~1。
* **Mess 强度**：设置将卷毛应用于海市蜃楼毛发，范围为 0~1。

8.【成束参数】卷展栏

展开【成束参数】卷展栏，如图 9-24 所示。

图9-24

重要参数说明

* **束**：用于设置相对于总体毛发数量生成毛发束的数量。
* **强度**：该参数值越大，毛发束中各个梢彼此之间的吸引越强，范围为 0~1。
* **不整洁**：该参数值越大，毛发束整体形状越凌乱。
* **旋转**：该参数用于控制扭曲每个毛发束的强度，范围为 0~1。
* **旋转偏移**：该参数值用于控制根部偏移毛发束的梢，范围为 0~1。
* **颜色**：如果该参数的值不为 0，则可以改变毛发束的颜色，范围为 0~1。
* **随机**：用于控制所有成束参数随机变化的强度，范围为 0~1。
* **平坦度**：用于控制在垂直于梳理方向的方向上挤压每个毛发束。

9.【卷发参数】卷展栏

展开【卷发参数】卷展栏，如图 9-25 所示。

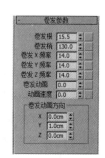

图9-25

重要参数说明

* **卷发根**：设置毛发在其根部的置换量。
* **卷发梢**：设置毛发在其梢部的置换量。
* **卷发 X/Y/Z 频率**：控制在 3 个轴中的卷发频率。
* **卷发动画**：设置波浪运动的幅度。
* **动画速度**：设置动画噪波场通过空间时的速度。
* **卷发动画方向**：设置卷发动画的方向向量。

10.【纽结参数】卷展栏

展开【纽结参数】卷展栏，如图 9-26 所示。

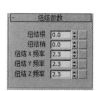

图9-26

重要参数说明

* **纽结根 / 梢**：设置毛发在其根部 / 梢部的扭结置换量。
* **纽结 X/Y/Z 频率**：设置在 3 个轴中的扭结频率。

11.【多股参数】卷展栏

展开【多股参数】卷展栏，如图 9-27 所示。

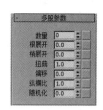

图9-27

重要参数说明

* **数量**：用于设置每个聚集块的毛发数量。
* **根展开**：用于设置为根部聚集块中的每根毛发提供的随机补偿量。

* **梢展开**：用于设置为梢部聚集块中的每根毛发提供的随机补偿量。
* **随机**：用于设置随机处理聚集块中的每根毛发的长度。
* **扭曲**：用于使用每束的中心作为轴扭曲束。
* **偏移**：用于使束偏移其中心。离尖端越近，偏移越大。
* **纵横比**：控制在垂直于梳理方向的方向上挤压每个束。
* **随机化**：随机处理聚集块中的每根毛发的长度。

12.【动力学】卷展栏

展开【动力学】卷展栏，如图 9-28 所示。

重要参数说明

* **模式**：选择毛发用于生成动力学效果的方法，有【无】【现场】和【预计算】3 个选项可供选择。

　　起始：设置在计算模拟时要考虑的第 1 帧。

　　结束：设置在计算模拟时要考虑的最后 1 帧。

　　运行 运行 ：单击该按钮可以进入模拟状态，并在【起始】和【结束】指定的帧范围内生成起始文件。

* **动力学参数**：该选项组用于设置动力学的重力、衰减等属性。

　　重力：设置在全局空间中垂直移动毛发的力。

　　刚度：设置动力学效果的强弱。

　　根控制：在动力学演算时，该参数只影响毛发的根部。

　　衰减：设置动态毛发承载前进到下一帧的速度。

* **碰撞**：选择毛发在动态模拟期间碰撞的对象和计算碰撞的方式，共有【无】【球体】和【多边形】3 种方式可供选择。

　　使用生长对象：开启该选项后，毛发和生长对象将发生碰撞。

　　添加 添加 / **更换** 更换 / **删除** 删除 ：在列表中添加 / 更换 / 删除对象。

13.【显示】卷展栏

展开【显示】卷展栏，如图 9-29 所示。

重要参数说明

* **显示导向**：开启该选项后，毛发在视图中会使用颜色样本中的颜色来显示导向。

　　导向颜色：设置导向所采用的颜色。

* **显示毛发**：开启该选项后，生长毛发的物体在视图中会显示出毛发。

　　覆盖：关闭该选项后，3ds Max 会使用与渲染颜色相近的颜色来显示毛发。

　　百分比：设置在视图中显示的全部毛发的百分比。

　　最大头发数：设置在视图中显示的最大毛发数量。

　　作为几何体：开启该选项后，毛发在视图中将显示为要渲染的实际几何体，而不是默认的线条。

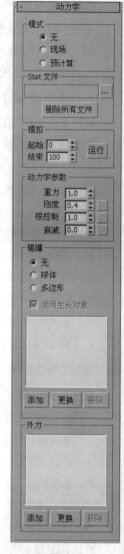

图9-28

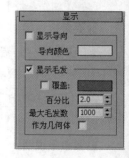

图9-29

14.【随机化参数】卷展栏

展开【随机化参数】卷展栏，如图 9-30 所示。

重要参数说明

图9-30

＊ 种子：设置随机毛发效果的种子值。数值越大，随机毛发出现的频率越高。

随堂练习 制作画笔

 扫码观看视频

- 场景位置　场景文件 >CH09> 随堂练习：制作画笔 .max
- 实例位置　实例文件 >CH09> 随堂练习：制作画笔 .max
- 视频名称　随堂练习：制作画笔 .mp4
- 技术掌握　Hair 和 Fur（WSM）

01 打开"场景文件>CH09>随堂练习：制作画笔.max"文件，如图9-31所示。

02 选择图9-32所示的模型，然后为其加载一个【Hair和Fur（WSM）】【毛发和毛皮（WSM）】修改器，效果如图9-33所示。

图9-31

图9-32

图9-33

03 选择【Hair和Fur(WSM)】【毛发和
毛皮(WSM)】修改器的【多边形】次物体
层级，然后选择图9-34所示的多边形，接
着返回到顶层级，效果如图9-35所示。

Tips

　　选择好多边形后，毛发就只在这
个多边形上生长出来。

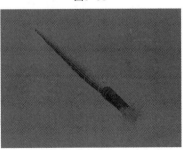

图9-34

图9-35

04 展开【常规参数】卷展栏，然后设置【毛发数量】为1 500、【毛发过程数】为2、【随机比例】为0、【根厚度】为12、【梢厚度】为10，具体参数设置如图9-36所示。

05 展开【卷发参数】卷展栏，然后设置【卷发根】和【卷发梢】为0，如图9-37所示。

06 展开【多股参数】卷展栏，然后设置【数量】为0、【根展开】和【梢展开】为0.2，具体参数设置如图9-38所示，毛发效果如图9-39所示。

07 将油画笔放到一个实际场景中进行渲染，最终效果如图9-40所示。

图9-36

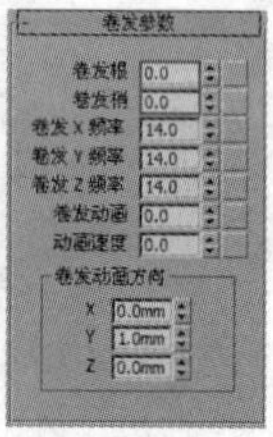

图9-37

图9-38

图9-39

图9-40

↘ 9.1.2 VRay毛皮

VRay 毛皮是 VRay 渲染器自带的一种毛发制作工具，经常用来制作地毯、草地和毛制品等，如图 9-41 和图 9-42 所示。

图9-41

图9-42

加载 VRay 渲染器后，随意创建一个物体，然后设置几何体类型为 VRay，接着单击【VRay 毛皮】按钮 [VR-毛皮]，就可以为选中的对象创建 VRay 毛皮，如图 9-43 所示。

VRay 毛皮的参数只有 3 个卷展栏，分别是【参数】、【贴图】和【视口显示】，如图 9-44 所示。

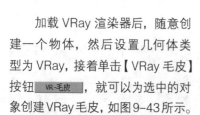
图9-43

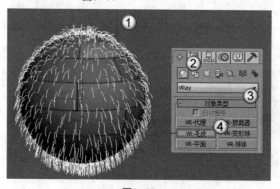
图9-44

1.【参数】卷展栏

展开【参数】卷展栏，如图 9-45 所示。

重要参数说明

（1）【源对象】选项组

* **源对象**：指定需要添加毛发的物体。

* **长度**：设置毛发的长度。

* **厚度**：设置毛发的厚度。

* **重力**：控制毛发在 z 轴方向被下拉的力度，也就是通常所说的重量。
* **弯曲**：设置毛发的弯曲程度。
* **锥度**：用来控制毛发锥化的程度。

（2）【几何体细节】选项组

* **边数**：目前该参数还不可用，在以后的版本中将开发多边形的毛发。
* **结数**：用来控制毛发弯曲时的光滑程度。值越大，表示段数越多，弯曲的毛发越光滑。
* **平面法线**：该选项用来控制毛发的呈现方式。当勾选该选项时，毛发将以平面方式呈现；当关闭该选项时，毛发将以圆柱体方式呈现。

（3）【变化】选项组

* **方向参量**：控制毛发在方向上的随机变化。值越大，表示变化越强烈；0 表示不变化。
* **长度参量**：控制毛发长度的随机变化。1 表示变化最强烈，0 表示不变化。
* **厚度参量**：控制毛发粗细的随机变化。1 表示变化最强烈，0 表示不变化。
* **重力参量**：控制毛发受重力影响的随机变化。1 表示变化最强烈，0 表示不变化。

（4）【分布】选项组

* **每个面**：用来控制每个面产生的毛发数量，因为物体的每个面不都是均匀的，所以渲染出来的毛发也不均匀。

图9-45

* **每区域**：用来控制每单位面积中的毛发数量，这种方式下渲染出来的毛发比较均匀。
* **参考帧**：指定源物体获取到计算面大小的帧，获取的数据将贯穿整个动画过程。

（5）【放置】选项组

* **整个对象**：启用该选项后，全部的面都将产生毛发。
* **选定的面**：启用该选项后，只有被选择的面才能产生毛发。
* **材质 ID**：启用该选项后，只有指定了材质 ID 的面才能产生毛发。

（6）【贴图】选项组

* **生成世界坐标**：所有的 UVW 贴图坐标都是从基础物体中获取的，但该选项的 W 坐标可以修改毛发的偏移量。
* **通道**：指定在 W 坐标上将被修改的通道。

2.【贴图】卷展栏

展开【贴图】卷展栏，如图 9-46 所示。

重要参数说明

* **基本贴图通道**：选择贴图的通道。
* **弯曲方向贴图（RGB）**：用彩色贴图来控制毛发的弯曲方向。
* **初始方向贴图（RGB）**：用彩色贴图来控制毛发根部的生长方向。
* **长度贴图（单色）**：用灰度贴图来控制毛发的长度。
* **厚度贴图（单色）**：用灰度贴图来控制毛发的粗细。
* **重力贴图（单色）**：用灰度贴图来控制毛发受重力的影响。
* **弯曲贴图（单色）**：用灰度贴图来控制毛发的弯曲程度。
* **密度贴图（单色）**：用灰度贴图来控制毛发的生长密度。

图9-46

3.【视口显示】卷展栏

展开【视口显示】卷展栏，如图9-47所示。

重要参数说明

* **视口预览**：当勾选该选项时，可以在视图中预览毛发的生长情况。

* **最大毛发**：数值越大，就可以
越清楚地观察毛发的生长情况。

* **图标文本**：勾选该选项后，可
以在视图中显示 VRay 毛皮的图标和文
字，如图9-48所示。

图9-47　　　　　　　　　　　　　　　　　图9-48

* **自动更新**：勾选该选项后，当改变毛发参数时，3ds Max 会在视图中自动更新毛发的显示情况。

* **手动更新** ：单击该按钮可以手动更新毛发在视图中的显示情况。

随堂练习　制作毛巾　　　　　　　　　　　　　　　　扫码观看视频

- 场景位置　场景文件 >CH09> 随堂练习：制作毛巾 .max
- 实例位置　实例文件 >CH09> 随堂练习：制作毛巾 .max
- 视频名称　随堂练习：制作毛巾 .mp4
- 技术掌握　VRay 毛皮

01 打开 "场景文件>CH09>随堂练习：
制作毛巾.max" 文件，如图9-49所示。

02 选择一块毛巾，然后设置几何体
类型为VRay，接着单击【VR毛皮】按钮
VR毛皮 ，此时毛巾上会长出毛发，如
图9-50所示。

图9-49　　　　　　　　　　　　图9-50

03 展开【参数】卷展栏，然后在【源对象】选项组下设置【长度】为3mm、【厚度】为1mm、【重力】为0.382mm、【弯曲】为3.408，接着在【变化】选项组下设置【方向参量】为2，具体参数设置如图9-51所示，毛发效果如图9-52所示。

04 采用相同的方法为其他毛巾创建出毛发，完成后的效果如图9-53所示。

05 按F9键渲染当前场景，最终效果如图9-54所示。

图9-51

Tips

为了便于观察，此处将毛发效果做得比较夸张，读者在练习时可以进行适当调整。

图9-52

图9-53

图9-54

随堂练习　制作地毯

扫码观看视频

- 场景位置　场景文件 >CH09> 随堂练习：制作地毯 .max
- 实例位置　实例文件 >CH09> 随堂练习：制作地毯 .max
- 视频名称　随堂练习：制作地毯 .mp4
- 技术掌握　VRay 毛皮

01 打开 "场景文件>CH09>随堂练习：制作地毯.max" 文件，如图9-55所示。

02 选择场景中的地毯模型，然后设置几何体类型为VRay，接着单击【VR毛皮】按钮 VR毛皮，此时平面上会生长出毛发，如图9-56所示。

图9-55

图9-56

03 选择VRay毛皮，展开【参数】卷展栏，然后在【源对象】选项组下设置【长度】为30mm、【厚度】为0.5mm、【重力】为1.5mm、【弯曲】为1，接着在【变化】选项组下设置【方向参量】为3.5、【长度参量】为0.1、【重力参量】为0.1，具体参数设置如图9-57所示，毛发效果如图9-58所示。

04 按F9键渲染当前场景，最终效果如图9-59所示。

图9-57

图9-58

图9-59

技术链接24：使用【VRay置换模式】制作毛发

除了【VRay毛皮】和【Hair和Fur（WSM）】【毛发和毛皮（WSM）】修改器可以用于制作毛发，我们还可以使用【VRay置换模式】来制作毛发。下面以制作草地为例进行介绍，如图9-60所示。

这种制作毛发的方法特别简单，只需要为模型加载一个【VRay置换模式】修改器，然后加载一张毛发（草地）贴图即可，如图9-61所示。

图9-60

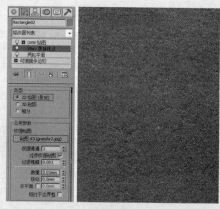

图9-61

用户只需要注意设置【数量】参数即可，该值越大，毛发（草地）效果越强。另外，用于置换的贴图一定要具有高分辨率，避免出现模糊的效果。如有疑问，读者可以观看视频学习，在视频中，作者详细介绍了操作步骤和计算原理。

9.2   Cloth（布料）

Cloth（布料）修改器专门用于为角色和动物创建逼真的织物和衣服，属于一种高级修改器，图9-62和

图 9-63 所示的是用该修改器制作的一些优秀布料作品。在以前的版本中，可以使用 Reactor 中的【布料】集合来模拟布料效果，但是功能不是特别强大。

　　Cloth（布料）修改器可以应用于布料模拟组成部分的所有对象。该修改器用于定义布料对象和冲突对象、指定属性和执行模拟。Cloth（布料）修改器可以直接在【修改器列表】中进行加载，如图 9-64 所示。

图9-62

图9-63

图9-64

↘ 9.2.1 Cloth（布料）修改器的默认参数

　　Cloth（布料）修改器的默认参数分布在 3 个卷展栏中，分别是【对象】、【选定对象】和【模拟参数】，如图 9-65 所示。

1.【对象】卷展栏

　　【对象】卷展栏是 Cloth（布料）修改器的核心部分，包含了模拟布料和调整布料属性的大部分控件，如图 9-66 所示。

重要参数说明

＊　对象属性 ：用于打开【对象属性】对话框。

图9-65

图9-66

图9-67

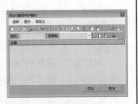

图9-68

🔗 技术链接25：详解【对象属性】对话框

　　使用【对象属性】对话框可以定义要包含在模拟中的对象，确定这些对象是布料还是冲突对象，以及与其关联的参数，如图 9-67 所示。

　　（1）模拟对象选项组

　　添加对象 添加对象... ：单击该按钮可以打开【添加对象到布料模拟】对话框，如图 9-68 所示。从该对话框中可以选择要添加到布料模拟的场景对象，添加对象之后，该对象的名称会出现在下面的列表中。

　　移除 移除 ：移除选定的模拟对象。

　　（2）选择对象的角色选项组

　　不活动：使对象在模拟中处于不活动状态。

　　布料：让选择对象充当布料对象。

　　冲突对象：让选择对象充当冲突对象。注意，【冲突对象】选项位于对话框的下方。

技术链接25：详解【对象属性】对话框

使用面板属性：启用该选项后，可以让布料对象使用在面板子对象层级指定的布料属性。

属性1/ 属性2：这两个单选选项用来为布料对象指定两组不同的布料属性。

（3）布料属性选项组

预设：该复选项组用于保存当前布料属性或是加载外部的布料属性文件。

U/V 弯曲：用于设置弯曲的阻力。数值越高，织物能弯曲的程度就越小。

U/V 弯曲曲线：设置织物折叠时的弯曲阻力。

U/V 拉伸：设置拉伸的阻力。

U/V 压缩：设置压缩的阻力。

剪切力：设置剪切的阻力。值越高，布料就越硬。

密度：设置每单位面积的布料重量（以 gm/cm^2 表示）。值越高，布料就越重。

阻尼：值越大，织物反应就越迟钝。采用较低的值，织物的弹性将更高。

可塑性：设置布料保持其当前变形（即弯曲角度）的倾向。

厚度：定义织物的虚拟厚度，便于检测布料对布料的冲突。

排斥：用于设置排斥其他布料对象的力值。

空气阻力：设置布料受到的空气阻力。

动摩擦力：设置布料和实体对象之间的动摩擦力。

静摩擦力：设置布料和实体对象之间的静摩擦力。

自摩擦力：设置布料自身之间的摩擦力。

接合力：该选项目前还不能使用。

U/V 比例：控制布料沿 U、V 方向延展或收缩的比例。

深度：设置布料对象的冲突深度。

补偿：设置在布料对象和冲突对象之间保持的距离。

粘着：设置布料对象粘附到冲突对象的范围。

层：指示可能会相互接触的布片的正确顺序，范围为 –100~100。

基于 :X：该文本字段用于显示初始布料属性值所基于的预设值的名称。

继承速度：启用该选项后，布料会继承网格在模拟开始时的速度。

使用边弹簧：用于计算拉伸的备用方法。启用该选项后，拉伸力将以沿三角形边的弹簧为基础。

各向异性（解除锁定 U、V）：启用该选项后，可以为【弯曲】、【b 曲线】和【拉伸】参数设置不同的 U 值和 V 值。

使用布料深度 / 偏移：启用该选项后，将使用在【布料属性】选项组中设置的深度和补偿值。

使用碰撞对象摩擦：启用该选项后，可以使用碰撞对象的摩擦力来确定摩擦力。

保持形状：根据【弯曲 %】和【拉伸 %】的设置来保留网格的形状。

压力（在封闭的布料体积内部）：由于布料在封闭体积内的行为就像在其中填充了气体一样，因此它具有【压力】和【阻尼】等属性。

（4）冲突属性选项组

深度：设置冲突对象的冲突深度。

补偿：设置在布料对象和冲突对象之间保持的距离。

动摩擦力：设置布料和该特殊实体对象之间的动摩擦力。

静摩擦力：设置布料和实体对象之间的静摩擦力。

启用冲突：启用或关闭对象的冲突，同时仍然允许对其进行模拟。

切割布料：启用该选项后，如果冲突对象在模拟过程中与布料相交，那么冲突对象可以切割布料。

* **布料力** 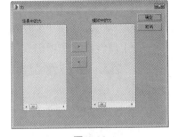 :单击该按钮可以打开【力】对话框，如图 9-69
所示。在该对话框中可以添加类似风之类的力（即场景中的空间扭曲）。

* **模拟局部** 模拟局部 ：不创建动画，直接开始模拟进程。

* **模拟局部（阻尼）** 模拟局部(阻尼) ：与【模拟局部】相同，但是要为布
料添加大量的阻尼。

* **模拟** 模拟 ：在激活的时间段上创建模拟。与【模拟局部】不同，
这种模拟会在每帧处以模拟缓存的形式创建模拟数据。

图9-69

* **进程：** 开启该选项后，将在模拟期间打开一个显示布料模拟进程的对话框。

* **模拟帧：** 显示当前模拟的帧数。

* **消除模拟** 消除模拟 ：删除当前的模拟。

* **截断模拟** 截断模拟 ：删除模拟在当前帧之后创建的动画。

* **设置初始状态** 设置初始状态 ：将所选布料对象高速缓存的第 1 帧更新到当前位置。

* **重设状态** 重设状态 ：将所选布料对象的状态重设为应用 Cloth（布料）修改器时的状态。

* **删除对象高速缓存** 删除对象高速缓存 ：删除所选的非布料对象的高速缓存。

* **抓取状态** 抓取状态 ：从修改器堆栈顶部获取当前状态并更新当前帧的缓存。

* **抓取目标状态** 抓取目标状态 ：用于指定保持形状的目标形状。

* **重置目标状态** 重置目标状态 ：将默认弯曲角度重设为堆栈中的布料下面的网格。

* **使用目标状态：** 启用该选项后，将保留由抓取目标状态存储的网格形状。

* **创建关键点** 创建关键点 ：为所选布料对象创建关键点。

* **添加对象** 添加对象 ：用于直接向模拟添加对象，而无须打开【对象属性】对话框。

* **显示当前状态：** 显示布料在上一模拟时间步阶结束时的状态。

* **显示目标状态：** 显示布料的当前目标状态。

* **显示启用的实体碰撞：** 启用该选项后，将高亮显示所有启用实体收集的顶点组。

* **显示启用的自身碰撞：** 启用该选项后，将高亮显示所有启用自收集的顶点组。

2.【选定对象】卷展栏

【选定的对象】卷展栏用于控制模拟缓存、使用纹理贴图或插补来控制并模拟布料的属性，
如图 9-70 所示。

重要参数说明

（1）缓存选项组

* **文本框** ：用于显示缓存文件的当前路径和文件名。

* **强制 UNC 路径：** 如果文本字段路径是指向映射的驱动器，则将该路径转换为 UNC 格式。

* **覆盖现有：** 启用该选项后，布料可以覆盖现有的缓存文件。

* **设置** 设置... ：用于指定所选对象缓存文件的路径和文件名。

* **加载** 加载 ：将指定的文件加载到所选对象的缓存中。

* **导入** 导入... ：打开【导入缓存】对话框，以加载一个缓存文件，而不是指定的文件。

* **加载所有** 加载所有 ：加载模拟中每个布料对象的指定缓存文件。

图9-70

* **保存** 保存 ：使用指定的文件名和路径保存当前缓存。

* **导出** 导出... ：打开【导出缓存】对话框，以将缓存保存到一个文件，而不是指定的文件。

 ＊ **附加缓存**：如果要以 PointCache2 格式创建第 2 个缓存，则应该启用该选项，然后单击后面的【设置】按钮 设置... 以指定路径和文件名。

（2）属性指定选项组

 ＊ **插入**：在【对象属性】对话框中的两个不同设置（由右上角的【属性 1】和【属性 2】单选选项确定）之间插入。

 ＊ **纹理贴图**：设置纹理贴图，以对布料对象应用【属性 1】和【属性 2】设置。

 ＊ **贴图通道**：用于指定纹理贴图所要使用的贴图通道，或选择要用于取而代之的顶点颜色。

（3）弯曲贴图选项组

 ＊ **弯曲贴图**：控制是否开启【弯曲贴图】选项。

 ＊ **顶点颜色**：使用顶点颜色通道来进行调整。

 ＊ **贴图通道**：使用贴图通道，而不是顶点颜色来进行调整。

 ＊ **纹理贴图**：使用纹理贴图来进行调整。

3.【模拟参数】卷展栏

【模拟参数】卷展栏用于指定重力、起始帧和缝合弹簧选项等常规模拟属性，如图 9-71 所示。

重要参数说明

图9-71

 ＊ **厘米 / 单位**：确定每 3ds Max 单位表示多少厘米。

 ＊ **地球** 地球 ：单击该按钮可以设置地球的重力值。

 ＊ **重力** 重力 ：启用该按钮后，【重力】值将影响到模拟中的布料对象。

 ＊ **步阶**：设置模拟器可以采用的最大时间步阶大小。

 ＊ **子例**：设置 3ds Max 对固体对象位置每帧的采样次数。

 ＊ **起始帧**：设置模拟开始处的帧。

 ＊ **结束帧**：开启该选项后，可以确定模拟终止处的帧。

 ＊ **自相冲突**：开启该选项后，可以检测布料对布料之间的冲突。

 ＊ **检查相交**：该选项是一个过时功能，无论勾选与否都无效。

 ＊ **实体冲突**：开启该选项后，模拟器将考虑布料对实体对象的冲突。

 ＊ **使用缝合弹簧**：开启该选项后，可以使用随 Garment Maker 创建的缝合弹簧将织物接合在一起。

 ＊ **显示缝合弹簧**：用于切换缝合弹簧在视口中的可见性。

 ＊ **随渲染模拟**：开启该选项后，将在渲染时触发模拟。

 ＊ **高级收缩**：开启该选项后，布料将对同一冲突对象两个部分之间收缩的布料进行测试。

 ＊ **张力**：利用顶点颜色显现织物中的压缩 / 张力。

 ＊ **焊接**：控制在完成撕裂布料之前如何在设置的撕裂上平滑布料。

↘ 9.2.2 Cloth（布料）修改器的子对象参数

图9-72

Cloth（布料）修改器有 4 个次物体层级，如图 9-72 所示，每个层级都有不同的工具和参数，下面分别进行讲解。

1.【组】层级

【组】层级主要用于选择成组顶点，并将其约束到曲面、冲突对象或其他布料对象，其参数面板如图 9-73 所示。

重要参数说明

* **设定组** 设定组：利用选中顶点来创建组。

* **删除组** 删除组：删除选定的组。

* **解除** 解除：解除指定给组的约束，让其恢复到未指定状态。

* **初始化** 初始化：将顶点连接到另一对象的约束，并包含有关组顶点的位置相对于其他对象的信息。

* **更改组** 更改组：用于修改组中选定的顶点。

* **重命名** 重命名：用于重命名组。

* **节点** 节点：将组约束到场景中的对象或节点的变换。

* **曲面** 曲面：将所选定的组附加到场景中的冲突对象的曲面上。

* **布料** 布料：将布料顶点的选定组附加到另一个布料对象。

* **保留** 保留：选定的组类型在修改器堆栈中的 Cloth（布料）修改器下保留运动。

* **绘制** 绘制：选定的组类型将顶点锁定就位或向选定组添加阻尼力。

* **模拟节点** 模拟节点：除了该节点必须是布料模拟的组成部分之外，该选项和节点选项的功用相同。

* **组** 组：将一个组附加到另一个组。

* **无冲突** 无冲突：忽略在当前选择的组和另一组之间的冲突。

* **力场** 力场：用于将组链接到空间扭曲，并让空间扭曲影响顶点。

* **粘滞曲面** 粘滞曲面：只有在组与某个曲面冲突之后，才会将其粘贴到该曲面上。

* **粘滞布料** 粘带布料：只有在组与某个布料冲突之后，才会将其粘贴到该布料上。

* **焊接** 焊接：单击该按钮可以使现有组转入【焊接】约束。

* **制造撕裂** 制造撕裂：单击该按钮可以使所选顶点转入带【焊接】约束的撕裂。

* **清除撕裂** 清除撕裂：单击该按钮可以从 Cloth（布料）修改器移除所有撕裂。

2.【面板】层级

在【面板】层级下，可以随时选择一个布料，并更改其属性，其参数面板如图 9-74 所示。

3.【接缝】层级

在【接缝】层级下可以定义接合口属性，其参数面板如图 9-75 所示。

图9-73　　　　图9-74

重要参数说明

* **启用**：控制是否开启接合口。

* **折缝角度**：在接合口上创建折缝。角度值将确定介于两个面板之间的折缝角度。

* **折缝强度**：增减接合口的强度。该值将影响接合口相对于布料对象其余部分的抗弯强度。

* **缝合刚度**：在模拟时接缝面板拉合在一起的力的大小。

* **可撕裂的**：勾选该选项后，可以将所选接合口设置为可撕裂状态。

* **撕裂阈值**：该参数后的数值用于控制是否产生撕裂效果，间距大于该数值的将产生撕裂效果。

图9-75

启用全部 **启用全部**：将所选布料上的所有接合口设置为激活。

禁用全部 **禁用全部**：将所选布料上的所有接合口设置为关闭。

4.【面】层级

在【面】层级下，可以对布料对象进行交互拖放，就像这些对象在本地模拟一样，其参数面板如图9-76所示。

图9-76

重要参数说明

* **模拟局部** **模拟局部**：对布料进行局部模拟。为了和布料能够实时交互反馈，必须启用该按钮。

* **动态拖动！** **动态拖动！**：激活该按钮后，可以在进行本地模拟时拖动选定的面。

* **动态旋转！** **动态旋转！**：激活该按钮后，可以在进行本地模拟时旋转选定的面。

* **随鼠标下移模拟**：只在鼠标左键单击时运行本地模拟。

* **忽略背面**：启用该选项后，可以只选择面对的那些面。

随堂练习 制作悬挂毛巾 📷 扫码观看视频

- 场景位置　场景文件 >CH09> 随堂练习：制作悬挂毛巾 .max
- 实例位置　实例文件 >CH09> 随堂练习：制作悬挂毛巾 .max
- 视频名称　随堂练习：制作悬挂毛巾 .mp4
- 技术掌握　Cloth 修改器

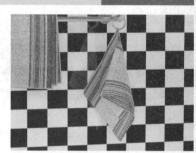

01 打开 "场景文件>CH09>随堂练习：制作悬挂毛巾.max" 文件，如图9-77所示。

02 选择图9-78所示的平面，为其加载一个Cloth（布料）修改器，然后在【对象】卷展栏下单击【对象属性】按钮 **对象属性**，接着在弹出的【对象属性】对话框中选择模拟对象Plane001，最后勾选【布料】选项，如图9-79所示。

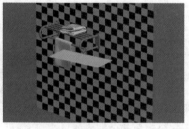
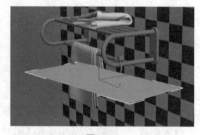

图9-77　　　　　　　　　图9-78　　　　　　　　　图9-79

03 进入Cloth（布料）修改器的【组】层级，然后选择图9-80所示的顶点，接着在【组】卷展栏下单击【设定组】按钮 **设定组**，最后在弹出的【设定组】对话框中单击【确定】按钮 **确定**，如图9-81所示。

04 在【组】卷展栏下单击【绘制】按钮 **绘制**，然后返回顶层级结束编辑，接着在【对象】卷展栏下单击【模拟】按钮 **模拟**，此时会弹出生成动画的进程对话框，如图9-82所示。

图9-80

图9-81

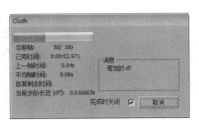
图9-82

05 拖曳时间线滑块观察动画，效果如图9-83所示。

图9-83

06 选择动画效果最明显的一些帧，然后单独渲染出这些单帧动画，最终效果如图9-84所示。

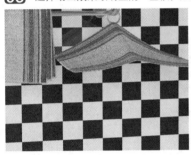

图9-84

随堂练习 制作床单

- 场景位置　场景文件 >CH09> 随堂练习：制作床单 .max
- 实例位置　实例文件 >CH09> 随堂练习：制作床单 .max
- 视频名称　随堂练习：制作床单 .mp4
- 技术掌握　Cloth 修改器

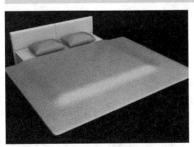

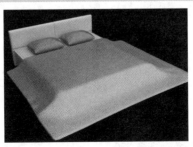

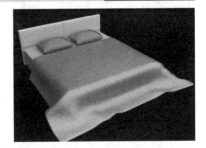

01 打开 "场景文件>CH09>随堂练习：制作床单.max" 文件，如图9-85所示。

02 选择顶部的平面，为其加载一个Cloth（布料）修改器，然后在【对象】卷展栏下单击【对象属性】按钮 对象属性 ，接着在弹出的【对象属性】对话框中选择模拟对象Plane007，最后勾选【布料】选项，如图9-86所示。

03 单击【添加对象】按钮 添加对象... ，然后在弹出的【添加对象到布料模拟】对话框中选择ChamferBox001（床垫）、Plane006（地板）、Box02和Box24（这两个长方体是床侧板），如图9-87所示。

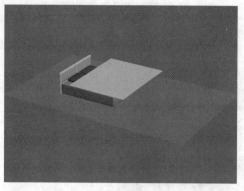

图9-85

图9-86

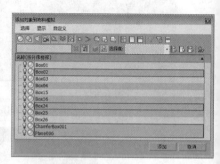

图9-87

04 选择ChamferBox001、Plane006、Box02和Box24，然后勾选【冲突对象】选项，如图9-88所示。

05 在【对象】卷展栏下单击【模拟】按钮 模拟 自动生成动画，如图9-89所示，模拟完成后的效果如图9-90所示。

06 为床盖模型加载一个【壳】修改器，然后在【参数】卷展栏下设置【内部量】为10mm、【外部量】为1mm，具体参数设置及模型效果如图9-91所示。

图9-88

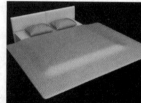

图9-89

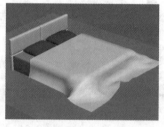

图9-90

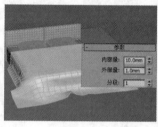

图9-91

07 继续为床盖模型加载一个【网格平滑】修改器（采用默认设置），效果如图9-92所示。

08 选择动画效果最明显的一些帧，然后单独渲染出这些单帧动画，最终效果如图9-93所示。

图9-92

图9-93

Tips

　　本章的内容涉及动画章节的少量内容，读者不用去在意，从第11章开始会介绍动画的知识。另外，相对于 Cloth 修改器，在后面我们会学习如何使用动力学制作布料，这种制作布料的方法更容易掌握、更好操作和控制。

9.3 思考与练习

思考一：本章介绍了3种制作毛发的方法，请读者根据书中的方法分别使用它们制作地毯、草地和毛巾。

思考二：本章介绍了Cloth(布料)修改器的使用方法，请思考布料的制作是否与几何的分段数有关，并进行测试。

CHAPTER

10

渲染技术

* 了解渲染的常识
* 掌握VRay渲染器的参数
* 掌握最终渲染和测试渲染的参数设置
* 掌握不同空间的表现方法
* 掌握产品渲染的方法
* 掌握光子渲染的方法

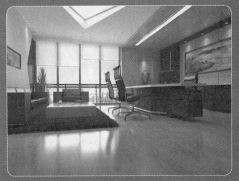

10.1 渲染技术

使用 3ds Max 创作作品时，一般都遵循建模→灯光→材质→渲染这个最基本的流程，渲染是最后一道工序（后期处理除外）。渲染的英文为 Render，翻译为着色，也就是对场景进行着色的过程，它是通过复杂的运算，将虚拟的三维场景投射到二维平面上，这个过程需要对渲染器进行复杂的设置。图 10-1~ 图 10-3 所示为优秀的渲染作品。

图10-1

图10-2

图10-3

↘ 10.1.1 渲染器的类型

渲染的引擎有很多种，比如 VRay、Renderman、mental ray、Brazi、FinalRender、Maxwell 和 Lightscape 渲染器等。3ds Max 2014 默认的渲染器有【NVDIA iray】、【NVDIA mental ray】、【Quicksilver 硬件渲染器】、【VUE 文件渲染器】和【默认扫描线渲染器】，在加载好 VRay 之后也可以使用 VRay 来渲染场景，如图 10-4 所示。

图10-4

↘ 10.1.2 渲染工具

在【主工具栏】右侧提供了多个渲染工具，如图 10-5 所示。

图10-5

重要工具说明

* **渲染设置**：单击该按钮可以打开【渲染设置】对话框，基本上所有的渲染参数都在该对话框中完成。

* **渲染帧窗口**：单击该按钮可以打开【渲染帧窗口】对话框，在该对话框中可以完成选择渲染区域、切换通道和储存渲染图像等任务。

⊂ 技术链接26：详解【渲染帧窗口】对话框

单击【渲染帧窗口】按钮，3ds Max 会弹出【渲染帧窗口】对话框，如图 10-6 所示。下面详细介绍一下该对话框的用法。读者可以将前几章的场景渲染出来，然后根据下面的详细解释来进行学习。

要渲染的区域：该下拉列表中提供了要渲染的区域选项，包括【视图】、【选定】、【区域】、【裁剪】和【放大】。

编辑区域：可以调整控制手柄来重新调整渲染图像的大小。

自动选定对象区域：激活该按钮后，系统会将【区域】、【裁剪】、【放大】自动设置为当前选择。

视口：显示当前渲染的哪个视图。若渲染的是透视图，那么这里就显示透视图。

图10-6

技术链接26：详解【渲染帧窗口】对话框

锁定到视口 ▣：激活该按钮后，系统就只渲染视图列表中的视图。

渲染预设：可以从下拉列表中选择与预设渲染相关的选项。

渲染设置 ▣：单击该按钮可以打开【渲染设置】对话框。

环境和效果对话框（曝光控制）▣：单击该按钮可以打开【环境和效果】对话框，在该对话框中可以调整曝光控制的类型。

产品级 / 迭代：【产品级】是使用【渲染帧窗口】对话框、【渲染设置】对话框等所有当前设置进行渲染；【迭代】是忽略网络渲染、多帧渲染、文件输出、导出至 MI 文件以及电子邮件通知，同时使用扫描线渲染器进行渲染。

渲染 渲染 ：单击该按钮可以使用当前设置来渲染场景。

保存图像 ▣：单击该按钮可以打开【保存图像】对话框，在该对话框中可以保存多种格式的渲染图像。

复制图像 ▣：单击该按钮可以将渲染图像复制到剪贴板上。

克隆渲染帧窗口 ▣：单击该按钮可以克隆一个【渲染帧窗口】对话框。

打印图像 ▣：将渲染图像发送到 Windows 定义的打印机中。

清除 ✕：清除【渲染帧窗口】对话框中的渲染图像。

启用红色 / 绿色 / 蓝色通道 ●●●：显示渲染图像的红 / 绿 / 蓝通道。

显示 Alpha 通道 ▣：显示图像的 Aplha 通道。

单色 ▣：单击该按钮可以将渲染图像以 8 位灰度的模式显示出来。

切换 UI 叠加：激活该按钮后，如果【区域】、【裁剪】或【放大】区域中有一个选项处于活动状态，则会显示相应区域的帧。

切换 UI ▣：激活该按钮后，【渲染帧窗口】对话框中的所有工具与选项均可使用；关闭该按钮后，不会显示对话框顶部的渲染控件以及对话框下部单独面板上的 mental ray 控件。

* **渲染产品** ▣：单击该按钮可以使用当前的产品级渲染设置来渲染场景。
* **渲染迭代** ▣：单击该按钮可以在迭代模式下渲染场景。
* **ActiveShade（动态着色）** ▣：单击该按钮可以在浮动的窗口中执行【动态着色】渲染。

10.2 默认扫描线渲染器

　　【默认扫描线渲染器】是一种多功能渲染器，可以将场景渲染为从上到下生成的一系列扫描线，如图 10-7 所示。【默认扫描线渲染器】的渲染速度特别快，但是渲染功能不强。

　　按 F10 键打开【渲染设置】对话框，3ds Max 默认的渲染器就是【默认扫描线渲染器】，如图 10-8 所示。

图10-7

图10-8

> **Tips**
>
> 　　【默认扫描线渲染器】的参数共有【公用】、【渲染器】、【Render Elements】（渲染元素）、【光线跟踪器】和【高级照明】5 个选项卡。在一般情况下，都不会用到该渲染器，因为其渲染质量不高，并且渲染参数也特别复杂，所以这里不讲解其参数。

10.3　VRay

VRay 渲染技术是 VRay 最为重要的一个部分，它最大的特点是较好地平衡了渲染品质与计算速度。VRay 提供了多种 GI（全局照明）方式，这样在选择渲染方案时就比较灵活：既可以选择快速高效的渲染方案，也可以选择高品质的渲染方案。按 F10 键就可以打开【渲染设置】对话框，加载了 VRay 的【渲染设置】对话框如图 10-9 所示。

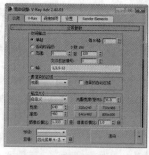

图10-9

↘ 10.3.1　VRay

切换到【VRay】选项卡，如图 10-10 所示。

1.【全局开关】卷展栏

【全局开关】展卷栏下的参数主要用来对场景中的灯光、材质、置换等进行全局设置，比如是否使用默认灯光、是否开启阴影、是否开启模糊等，如图 10-11 所示。

图10-10

重要参数说明

＊ **覆盖材质**：是否给场景赋予一个全局材质。当在后面的通道中设置了一个材质后，那么场景中所有的物体都将使用该材质进行渲染，这在测试阳光效果及检查模型完整度时非常有用。

＊ **光泽效果**：是否开启反射或折射模糊效果。当关闭该选项时，场景中带模糊的材质将不会渲染出反射或折射模糊效果。

＊ **二次光线偏移**：这个选项主要用来控制有重面的物体在渲染时不会产生黑斑。如果场景中有重面，在默认值 0 的情况下将会产生黑斑，一般通过设置一个比较小的值来纠正渲染错误，比如 0.001。但是如果这个值设置得比较大，比如 10，那么场景中的间接照明将变得不正常。如在图 10-12 中，地板上放了一个长方体，它的位置刚好和地板重合，当【二次光线偏移】数值为 0 的时候渲染结果不正确，出现黑块；当【二次光线偏移】数值为 0.001 的时候，渲染结果正常，没有黑斑，如图 10-13 所示。

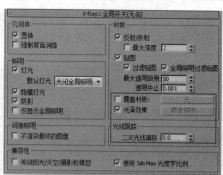

图10-11

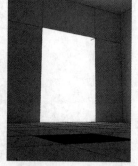

图10-12

图10-13

2.【图像采样器（反锯齿）】卷展栏

反（抗）锯齿在渲染设置中是一个必须调整的参数，其数值的大小决定了图像的渲染精度和渲染时间，但反锯齿与全局照明精度的高低没有关系，只作用于场景物体的图像和物体的边缘精度，其参数设置面板如图 10-14 所示。

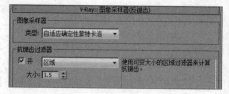

图10-14

重要参数说明

* 类型：用来设置【图像采样器】的类型，包括【固定】、【自适应 DMC】和【自适应细分】3 种类型。

固定：对每个像素使用一个固定的细分值。该采样方式适合拥有大量的模糊效果（如运动模糊、景深模糊、反射模糊、折射模糊等）或者具有高细节纹理贴图的场景。在这种情况下，使用【固定】方式能够兼顾渲染品质和渲染时间。

自适应确定性蒙特卡洛：这是最常用的一种采样器，在下面的内容中将会单独介绍，其采样方式可以根据每个像素以及与它相邻像素的明暗差异来使不同像素使用不同的样本数量。在角落部分使用较高的样本数量，在平坦部分使用较低的样本数量。该采样方式适合拥有少量的模糊效果或者具有高细节的纹理贴图以及具有大量几何体面的场景。

自适应细分：这个采样器具有负值采样的高级抗锯齿功能，适用于在没有或者有少量的模糊效果的场景中。在这种情况下，它的渲染速度最快，但是在具有大量细节和模糊效果的场景中，它的渲染速度会非常慢，渲染品质也不高，这是因为它需要去优化模糊和大量的细节，这样就需要对模糊和大量细节进行预计算，从而把渲染速度降低。同时该采样方式是 3 种采样类型中最占内存资源的一种，而【固定】采样器占的内存资源最少。

* 开：当勾选【开】选项后，可以从后面的下拉列表中选择一个抗锯齿过滤器来对场景进行抗锯齿处理；如果不勾选【开】选项，那么渲染时将使用纹理抗锯齿过滤器。抗锯齿过滤器的类型有 16 种，如图 10-15 所示，常用的有以下 4 种。

区域：用区域大小来计算抗锯齿。

Mitchell-Netravali：一种常用的过滤器，能产生微量模糊的图像效果，这是一种很常用的过滤器。

图10-15

Catmull-Rom：一种具有边缘增强的过滤器，可以产生比较清晰的图像效果。

VRaySincFilter：是 VRay 新版本中的抗锯齿过滤器，可以很好地平衡渲染速度和质量。

* 大小：设置过滤器的大小。

3.【自适应DMC图像采样器】卷展栏

【自适应 DMC 图像采样器】是一种高级抗锯齿采样器。展开【图像采样器（反锯齿）】卷展栏，然后在【图像采样器】选项组下设置【类型】为【自适应确定性蒙特卡洛】，此时系统会增加一个【自适应 DMC图像采样器】卷展栏，如图 10-16 所示。

重要参数说明

图10-16

* 最小细分：定义每个像素使用样本的最小数量。

* 最大细分：控制全局允许的最大细分数，最大样本数。

* 颜色阈值：色彩的最小判断值，当色彩的判断达到这个值以后，就停止对色彩的判断。具体一点就是分辨哪些是平坦区域，哪些是角落区域。这里的色彩应该理解为色彩的灰度。

* 显示采样：勾选该选项后，可以看到【自适应 DMC】的样本分布情况。

* 使用确定性蒙特卡洛采样器阈值：如果勾选了该选项，【颜色阈值】选项将不起作用，取而代之的是采用 DMC（自适应确定性蒙特卡洛）图像采样器中的阈值。

4.【颜色贴图】卷展栏

【颜色贴图】卷展栏下的参数主要用来控制整个场景的颜色和曝光方式，如图 10-17 所示。

图10-17

重要参数说明

* **类型**：提供不同的曝光模式，包括【线性倍增】、【指数】、【HSV 指数】、【强度指数】、【伽玛校正】、【强度伽玛】和【莱因哈德】7 种模式，常用的有以下 3 种。

　　线性倍增：这种模式将基于最终色彩亮度来进行线性的倍增，可能会导致靠近光源的点过分明亮，如图 10-18 所示。【线性倍增】模式包括 3 个局部参数，【暗色倍增】是对暗部的亮度进行控制，加大该值可以提高暗部的亮度；【亮度倍增】是对亮部的亮度进行控制，加大该值可以提高亮部的亮度；【伽玛值】主要用来控制图像的伽玛值。

　　指数：这种曝光是采用指数模式，它可以降低靠近光源处表面的曝光效果，同时场景颜色的饱和度会降低，如图 10-19 所示。【指数】模式的局部参数与【线性倍增】一样。

　　莱因哈德：这种曝光方式可以把【线性倍增】和【指数】曝光混合起来。它包括一个【加深值】局部参数，主要用来控制【线性倍增】和【指数】曝光的混合值，0 表示【线性倍增】不参与混合，如图 10-20 所示；1 表示【指数】不参加混合，如图 10-21 所示；0.5 表示【线性倍增】和【指数】曝光效果各占一半，如图 10-22 所示。

图10-18　　　　　　　　　　　　图10-19

图10-20　　　　　　　　图10-21　　　　　　　　图10-22

* **子像素映射**：在实际渲染时，物体的高光区与非高光区的界限处会有明显的黑边，而开启【子像素映射】选项后就可以缓解这种现象。

* **钳制输出**：当勾选该选项后，在渲染图中有些无法表现出来的色彩会通过限制来自动纠正。但是当使用 HDRI（高动态范围贴图）时，如果限制了色彩的输出会出现一些问题。

* **影响背景**：控制是否让曝光模式影响背景。当关闭该选项时，背景不受曝光模式的影响。

↘ 10.3.2　间接照明

　　切换到【间接照明】选项卡，如图 10-23 所示。下面重点讲解【间接照明（GI）】、【发光图】和【灯光缓存】卷展栏下的参数。

图10-23

Tips

在默认情况下是没有【灯光缓存】卷展栏的，要调出这个卷展栏，需要先在【间接照明（GI）】卷展栏下将【二次反弹】的【全局照明引擎】设置为【灯光缓存】，如图 10-24 所示。

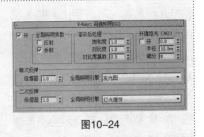

图10-24

1.【间接照明（GI）】卷展栏

开启间接照明后，光线会在物体与物体间互相反弹，因此光线计算会更加准确，图像也更加真实，其参数设置面板如图 10-25 所示。

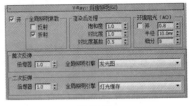

图10-25

重要参数说明

＊ 首次反弹：用于设置光线的首次反弹。

倍增器：控制【首次反弹】的光的倍增值。值越高，【首次反弹】的光的能量越强，渲染场景越亮，默认情况下为 1。

全局照明引擎：设置【首次反弹】的 GI 引擎，包括【发光图】、【光子图】、【BF 算法】和【灯光缓存】4 种，通常设置为【发光图】。

＊ 二次反弹：用于设置光线的二次反弹。

倍增器：控制【二次反弹】的光的倍增值。值越高，【二次反弹】的光的能量越强，渲染场景越亮，最大值为 1，默认情况下也为 1。

全局照明引擎：设置【二次反弹】的 GI 引擎，包括【无】（表示不使用引擎）、【光子图】、【BF 算法】和【灯光缓存】4 种，通常设置为【灯光缓存】。

2.【发光图】卷展栏

【发光图】中的【发光】描述了三维空间中的任意一点以及全部可能照射到这点的光线，它是一种常用的全局光引擎，只存在于【首次反弹】引擎中，其参数设置面板如图 10-26 所示。

图10-26

重要参数说明

＊ 当前预置：设置发光图的预设类型，共有以下 8 种。

自定义：选择该模式时，可以手动调节参数。

非常低：一种非常低的精度模式，主要用于测试阶段。

低：一种比较低的精度模式，不适合用于保存光子贴图。

中：一种中级品质的预设模式。

中—动画：用于渲染动画效果，可以解决动画闪烁的问题。

高：一种高精度模式，一般用在光子贴图中。

高—动画：比中等品质效果更好的一种动画渲染预设模式。

非常高：预设模式中精度最高的一种，可以用来渲染高品质的效果图。

* **半球细分**：因为 VRay 采用的是几何光学，所以它可以模拟光线的条数。这个参数就是用来模拟光线的数量，值越高，表现的光线越多，那么样本精度也就越高，渲染的品质也越好，同时渲染时间也会增加，图 10-27 和图 10-28 所示为【半球细分】为 10 和 100 时的效果对比。

图10-27

图10-28

Tips

> 由于印刷油墨问题，可能效果不是特别清楚。图 10-27 所示的对象平面出现了黑斑，表面也比较粗糙；图 10-28 所示的对象平面相对来说就要细腻、平滑不少。

* **插值采样**：这个参数是对样本进行模糊处理，较大的值可以得到比较模糊的效果，较小的值可以得到比较锐利的效果，图 10-29 和图 10-30 所示为【插值采样】为 2 和 20 时的效果对比。

图10-29

图10-30

* **开**：是否开启【细节增强】功能。
* **比例**：细分半径的单位依据，有【屏幕】和【世界】两个单位选项。【屏幕】是指用渲染图的最后尺寸来作为单位，【世界】是用 3ds Max 系统中的单位来定义的。
* **半径**：表示细节部分有多大区域使用【细节增强】功能。【半径】值越大，使用【细节增强】功能的区域也就越大，同时渲染时间也越慢。
* **细分倍增**：控制细节部分的细分，但是这个值和【发光图】里的【半球细分】有关系，0.3 代表细分是【半球细分】的 30%；1 代表和【半球细分】的值一样。值越低，细节部分就会产生杂点，渲染速度比较快；值越高，细节部分就可以避免产生杂点，同时渲染速度会变慢。

3.【灯光缓存】卷展栏

【灯光缓存】与【发光图】比较相似，都是将最后的光发散到摄影机后得到最终图像，只是【灯光缓存】与【发光图】的光线路径是相反的，【发光图】的光线追踪方向是从光源发射到场景的模型中，最后再反弹到摄影机，而【灯光缓存】是从摄影机开始追踪光线到光源，摄影机追踪光线的数量就是【灯光缓存】的最后精度。由于【灯光缓存】是从摄影机方向开始追踪光线的，所以最后的渲染时间与渲染图像的像素没有关系，只与其中的参数有关，一般适用于【二次反弹】，其参数设置面板如图 10-31 所示。

图10-31

重要参数说明

* **细分**：用来决定【灯光缓存】的样本数量。值越高，样本总量越多，渲染效果越好，渲染时间越慢。
* **采样大小**：用来控制【灯光缓存】的样本大小，比较小的样本可以得到更多的细节，但是同时需要更多的样本。

　　* **进程数**：该参数由 CPU 的个数来确定，如果是单 CPU 单核单线程，那么就可以设定为 1；如果是双线程，就可以设定为 2。注意，这个值设定得太大会让渲染的图像有点模糊。

　　* **存储直接光**：勾选该选项后，【灯光缓存】将保存直接光照信息。当场景中有很多灯光时，使用这个选项会提高渲染速度。因为它已经把直接光照信息保存到【灯光缓存】里，在渲染出图时，不需要对直接光照再进行采样计算。

　　* **显示计算相位**：勾选该选项后，可以显示【灯光缓存】的计算过程，方便观察。

　　* **预滤器**：勾选该选项后，可以对【灯光缓存】样本进行提前过滤，它主要是查找样本边界，然后对其进行模糊处理。后面的值越高，对样本进行模糊处理的程度越深。

↘ 10.3.3　设置

　　切换到【设置】选项卡，其中包含 3 个卷展栏，分别是【DMC 采样器】、【默认置换】和【系统】，如图 10-32 所示。

图10-32

1.【DMC采样器】卷展栏

　　【DMC 采样器】卷展栏下的参数可以用来控制整体的渲染质量和速度，其参数设置面板如图 10-33 所示。

图10-33

重要参数说明

　　* **适应数量**：主要用来控制适应的百分比。

　　* **噪波阈值**：控制渲染中所有产生噪点的极限值，包括灯光细分、抗锯齿等。数值越小，渲染品质越高，渲染速度就越慢。

　　* **最小采样值**：设置样本及样本插补中使用的最少样本数量。数值越小，渲染品质越低，速度就越快。

　　* **全局细分倍增器**：VRay 渲染器有很多【细分】选项，该选项是用来控制所有细分的百分比的。

2.【系统】卷展栏

　　【系统】卷展栏下的参数不仅对渲染速度有影响，而且还会影响渲染的显示和提示功能，其参数设置面板如图 10-34 所示。

重要参数说明

　　* **最大树形深度**：控制根节点的最大分支数量。较高的值会加快渲染速度，同时会占用较多的内存。

　　* **最小叶片尺寸**：控制叶节点的最小尺寸，当达到叶节点尺寸后，系统停止计算场景。0 表示考虑计算所有的叶节点，这个参数对速度的影响不大。

图10-34

　　* **面 / 级别系数**：控制一个节点中的最大三角面数量，当未超过临近点时计算速度较快；当超过临近点时，渲染速度会减慢。所以，这个值要根据不同的场景来设定，进而提高渲染速度。

　　* **动态内存限制**：控制动态内存的总量。注意，这里的动态内存被分配给每个线程，如果是双线程，那么每个线程各占一半的动态内存。如果这个值较小，那么系统经常在内存中加载并释放一些信息，这样就减慢了渲染速度。用户应该根据自己的内存情况来确定该值。

随堂练习 渲染最终效果

 扫码观看视频

- 场景位置　场景文件>CH10>随堂练习: 渲染最终效果.max
- 实例位置　实例文件>CH10>随堂练习: 渲染最终效果.max
- 视频名称　渲染最终效果.mp4
- 技术掌握　渲染参数、间接照明、图像采样器

01 打开素材文件中的"场景文件>CH10>随堂练习: 渲染最终效果.max"文件，如图10-35所示，这是一个已经完成的场景，所以按F9键渲染摄影机视图，如图10-36所示，这就是未设置渲染参数时的渲染效果，可明显地看出场景有很多噪点，且光照无反弹效果。

图10-35

图10-36

02 按F10键打开【渲染设置】对话框，在【公用】选项卡下设置【输出大小】为800×600，如图10-37所示。

03 打开【图像采样器（反锯齿）】卷展栏，设置【图像采样器】的【类型】为【自适应确定性蒙特卡洛】，设置【抗锯齿过滤器】的类型为【Mitchell-Netravali】，如图10-38所示。

04 打开【颜色贴图】卷展栏，设置其【类型】为【线性倍增】，勾选【子像素映射】选项，具体参数设置如图10-39所示。

图10-37

图10-38

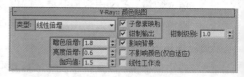
图10-39

05 切换到【间接照明】选项卡，打开【间接照明（GI）】卷展栏，打开全局照明，设置【首次反弹】的【全局照明引擎】为【发光图】，【二次照明】的【全局照明引擎】为【灯光缓存】，如图10-40所示。

06 打开【发光图】卷展栏，设置【当前预置】为【中】，设置【半球细分】为50、【插值采样】为20，如图10-41所示。

07 打开【灯光缓存】卷展栏，设置【细分】为1000，勾选【显示计算相位】选项，设置【预滤器】为20，如图10-42所示。

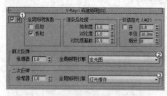
图10-40

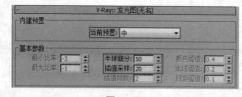
图10-41

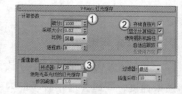
图10-42

Tips

关于【进程数】的设置，请根据计算机的CPU配置进行设置，CPU为多少线程就设置为多少。例如，CPU为8线程的处理器，这里就设置为8。

08 切换到【设置】选项卡，设置【适应数量】为0.76、【噪波阈值】为0.008、【最小采样值】为20，如图10-43所示。

09 按F9键渲染摄影机视图，如图10-44所示，此时的渲染效果就正常了。

图10-43

图10-44

技术链接27：设置测试渲染参数

　　测试贯穿于整个效果图制作流程，无论是检查模型、灯光测试和材质测试等，都需要通过渲染来测试。在设置测试参数的时候，通常以效率为主，即在能接受最低质量的情况下，尽可能地提升渲染速度，参考参数如图10-45和图10-46所示。

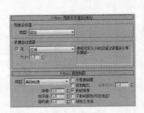

图10-45　　　　　　　　　　图10-46

技术链接28：设置最终渲染参数

　　相比于【测试渲染】的使用频率，正常情况下，每个室内效果图表现，仅有一次【最终渲染】。【最终渲染】的宗旨是在满足时间允许的情况下，尽可能地追求图像的质量和效果。参考参数如图10-47~图10-52所示。

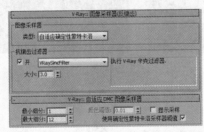

图10-47　　　　　　　　　　图10-48　　　　　　　　　　图10-49

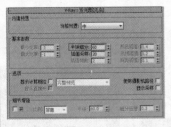

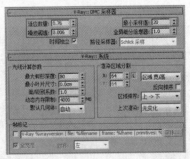

图10-50　　　　　　　　　　图10-51　　　　　　　　　　图10-52

　　【测试渲染】与【最终渲染】在参数上的设置都差不多，区别仅在于数值的大小。对于VRay渲染，影响质量的是【图像采样器（反锯齿）】和【间接照明】选项卡下的参数。

　　对于【间接照明】的GI搭配，上述参考中给出的是【发光图】+【灯光缓存】，这是目前商业效果图中比较常用的一套GI组合，这套组合在质量和速度方面都能满足效率的需求；另外，如果想追求更好的质量，可以考虑【BF算法】+【BF算法】，这是渲染质量最好的一种组合方式，当然，这种组合方式舍弃了渲染速度。

10.4　空间表现——中式客厅

 扫码观看视频

- 场景位置　场景文件 >CH10> 空间表现——中式客厅 .max
- 实例位置　实例文件 >CH10> 空间表现——中式客厅 .max
- 视频名称　空间表现——中式客厅 .mp4
- 技术掌握　灯光、材质、渲染

　　中式风格是室内装修比较常见的一种装修风格，主要通过家具和装修材料来表现中式风。中式风格的色调偏红，颜色偏深，家具形状非常方正，选材通常是实木，格局同样也比较方正。总之，中式风格整体看起来比较庄肃，颇有古典的韵味。

　　打开素材文件中的“场景文件 >CH10> 空间表现——中式客厅 .max”文件，如图 10-53 所示。此时场景中已经设置好了摄影机。

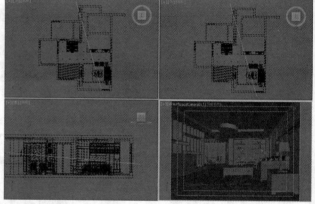

图10-53

↘ 10.4.1　制作材质

　　下面将介绍场景中重要材质的制作方法，材质分布如图 10-54 所示。

图10-54

01　制作天花板材质。新建一个 VRayMtl 材质球，设置【漫反射】颜色为白色（红 :253，绿 :253，蓝 :253），如图 10-55 所示，材质球效果如图 10-56 所示。

图10-55

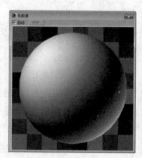

图10-56

02 制作墙纸材质。新建一个 VRayMtl 材质球，在【漫反射】贴图通道中加载一张墙纸贴图，如图 10-57 所示，材质球效果如图 10-58 所示。

03 制作茶几木纹材质。新建一个 VRayMtl 材质球，具体参数设置如图 10-59 所示，材质球效果如图 10-60 所示。

设置步骤

① 在【漫反射】贴图通道中加载一张木纹贴图。

② 在【反射】贴图通道中加载一张【衰减】程序贴图，设置【衰减类型】为 Fresnel，设置【高光光泽度】为 0.67、【反射光泽度】为 0.75、【细分】为 20。

图10-57　　　　　　图10-58　　　　　　图10-59　　　　　　图10-60

04 制作地板材质。新建一个 VRayMtl 材质球，具体参数设置如图 10-61 所示，材质球效果如图 10-62 所示。

设置步骤

① 在【漫反射】贴图通道中加载一张地板贴图。

② 设置【反射】颜色为（红 :27，绿 :27，蓝 :27），设置【高光光泽度】为 0.65。

05 制作沙发材质。新建一个 VRayMtl 材质球，打开【贴图】卷展栏，在【漫反射】和【凹凸】贴图通道中分别加载一张相同的布料材质，如图 10-63 所示，材质球效果如图 10-64 所示。

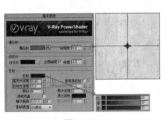  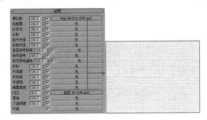 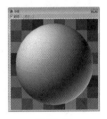

图10-61　　　　　　图10-62　　　　　　图10-63　　　　　　图10-64

06 制作地台材质。新建一个 VRayMtl 材质球，具体参数设置如图 10-65 所示，材质球效果如图 10-66 所示。

设置步骤

① 在【漫反射】贴图通道中加载一张大理石贴图。

② 设置【反射】颜色（红 :32，绿 :32，蓝 :32），设置【高光光泽度】为 0.65、【反射光泽度】为 0.92。

07 制作灯罩材质。新建一个 VRayMtl 材质球，设置【漫反射】颜色（红 :255，绿 :253，蓝 :248），设置【折射】颜色（红 :50，绿 :50，蓝 :50），如图 10-67 所示，材质球效果如图 10-68 所示。

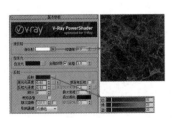 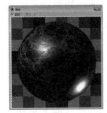  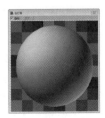

图10-65　　　　　　图10-66　　　　　　图10-67　　　　　　图10-68

08 制作天花灯带材质。新建一个【VRay 灯光】材质球，在【颜色】贴图通道中加载一张灯罩花纹贴图，如图 10-69 所示，材质球效果如图 10-70 所示。

图10-69   图10-70

Tips

由于篇幅问题，本章只介绍了场景中的重要材质，对于其他材质的制作在制作原理上都类似，读者可以通过实例文件来查询其他材质的参数。另外，在制作有贴图的材质时，千万不要忘记设置【UVW 贴图】修改器。

↘ 10.4.2 设置测试参数

下面要对场景进行布光，在布光之前，应设置合理的渲染参数，方便测试灯光效果。

01 按 F10 键打开【渲染设置】对话框，设置【渲染输出】为 400×300，如图 10-71 所示。

02 切换到 VRay 选项卡，打开【图像采样器（反锯齿）】卷展栏，设置【类型】为【固定】，选择【抗锯齿过滤器】的类型为【区域】，如图 10-72 所示。

03 切换到【间接照明】选项卡，打开【间接照明（GI）】选项卡，设置【二次反弹】为【灯光缓存】，如图 10-73 所示。

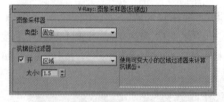

图10-71   图10-72   图10-73

04 打开【发光图】卷展栏，设置【当前预设】为【非常低】，设置【半球细分】和【插值采样】均为 20，如图 10-74 所示。

05 打开【灯光缓存】卷展栏，设置【细分】为 300，勾选【显示计算相位】选项，如图 10-75 所示。

图10-74   图10-75

Tips

测试参数都是大同小异的，主要目的就是为了提高渲染速度。

↘ 10.4.3 布置灯光

中式场景的灯光布置比较简单，光线强度也比较柔和，下面将具体介绍设置方法。

01 使用【VRay 灯光】在顶视图中创建一盏【穹顶】光，用于模拟自然光照效果，灯光位置如图 10-76 所示，具体参数设置如图 10-77 所示。

设置步骤

① 设置【类型】为【穹顶】，设置【倍增器】为 15。

② 设置【颜色】为天蓝色（红：144，绿：188，蓝：288），勾选【不可见】选项。

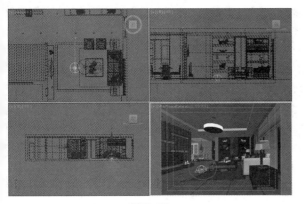

图10-76   图10-77

Tips

之所以用【穹顶】光来模拟环境光，是因为【穹顶】光能平稳地照射整个场景，对于表现中式风格的柔和灯光，正好合适。

02 按 F9 键渲染摄影机视图，效果如图 10-78 所示，此时环境光照亮了整个场景，接下来只需要创建室内灯光丰富场景即可。

Tips

因为吊灯内和天花灯都是由【VRay 灯光】材质制作的灯带，所以会产生光照。

图10-78

03 使用【目标灯光】在场景中创建 9 盏灯，将它们移动到筒灯处，位置如图 10-79 所示，具体参数设置如图 10-80 所示。

设置步骤

① 设置【阴影】类型为【VRay 阴影】，设置【灯光分布（类型）】为【光度学 Web】，在【分布（光度学 Web）】中加载一个【中间亮 .ies】灯光文件。

② 设置【过滤颜色】（红 :255，绿 :205，蓝 :141），设置【强度】为 9000。

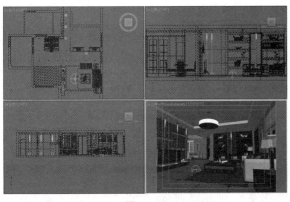

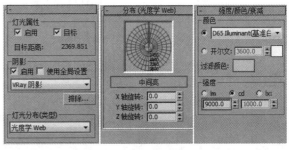

图10-79   图10-80

04 按 F9 键渲染摄影机视图，效果如图 10-81 所示，效果图包含了筒灯照射效果。

05 使用【VRay灯光】在两盏台灯中分别创建一盏【球体】灯，位置如图 10-82 所示，具体参数设置如图 10-83 所示。

设置步骤

① 设置【类型】为【球体】，设置【倍增器】为 60。

② 设置【颜色】（红 :255，绿 :194，蓝 :97），设置【半径】为 30，勾选【不可见】选项，取消勾选【影响反射】选项。

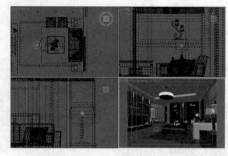

图10-81 　　　　　　　　　图10-82 　　　　　　　　　图10-83

06　按 F9 键渲染摄影机视图，效果如图 10-84 所示，此时台灯也产生了照明效果。

07　按 8 键打开【环境与效果】对话框，为场景设置环境。设置【颜色】为天空蓝色（红：96，绿：165，蓝：229），如图 10-85 所示，按 F9 键渲染摄影机视图，效果如图 10-86 所示，此时窗外是天空蓝色，表示环境设置成功。

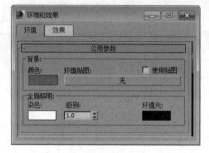

图10-84 　　　　　　　　　图10-85 　　　　　　　　　图10-86

Tips

沙发处有曝光过度的情况，可以在渲染参数中进行控制。

↘ 10.4.4 渲染效果

在前面的操作中，灯光、材质和环境都设置完成了，接下来将设置最终渲染参数。

01　按 F10 键打开【渲染设置】对话框，设置【输出大小】为 1600×1200，如图 10-87 所示。

02　切换到【VRay】卷展栏，打开【图像采样器（反锯齿）】卷展栏，设置【类型】为【自适应确定性蒙特卡洛】，选择【抗锯齿过滤器】为【Mitchell-Netravali】，如图 10-88 所示。

03　打开【颜色贴图】卷展栏，设置【暗色倍增】为 1.5、【亮度倍增】为 0.65，提高场景中暗区域的亮度，降低亮区域的亮度，勾选【子像素贴图】和【钳制输出】选项，如图 10-89 所示。

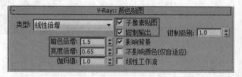

图10-87 　　　　　　　　　图10-88 　　　　　　　　　图10-89

04　切换到【间接照明】选项卡，打开【发光图】卷展栏，设置【当前预设】为【高】，设置【半球细分】为 60、【插值采样】为 30，如图 10-90 所示。

05　打开【灯光缓存】卷展栏，设置【细分】为 1200，如图 10-91 所示。

06　切换到【设置】选项卡，设置【适应数量】为 0.72、【噪波阈值】为 0.005、【最小采样】为 20，如图 10-92 所示。

图10-90

07 按 F9 键渲染摄影机视图，经过长时间的渲染，中式风格的客厅效果如图 10-93 所示。

图10-91

图10-92

图10-93

10.5 空间表现——欧式卧室

扫码观看视频

- 场景位置　场景文件 >CH10> 空间表现——欧式卧室 .max
- 实例位置　实例文件 >CH10> 空间表现——欧式卧室 .max
- 视频名称　空间表现——欧式卧室 .mp4
- 技术掌握　灯光、材质、渲染

欧式风格表现的是一种奢华、高贵的空间氛围，所以在设计欧式风格时，画面通常以白色、金黄色为主调，通过暖色调的灯光来凸显出奢华的氛围。另外，欧式风格的家具材料通常是金属、印花布料、烤漆等。

打开素材文件中的"场景文件 >CH10> 空间表现——欧式卧室 .max"文件，如图 10-94 所示。

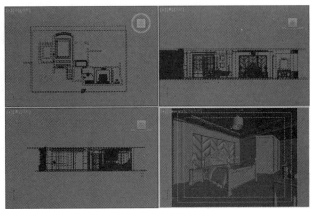

图10-94

↘ 10.5.1 制作材质

下面介绍场景中主要材质的制作方法，主要材质分布如图 10-95 所示。

01 制作白漆材质。新建一个 VRayMtl 材质球，具体参数设置如图 10-96 所示，材质球效果如图 10-97 所示。

图10-95

设置步骤

① 设置【漫反射】颜色（红:230，绿:230，蓝:230）。

② 设置【反射】颜色（红:120，绿:120，蓝:120），设置【高光光泽度】为 0.75、【反射光泽度】为 0.8、【细分】为 12，勾选【菲涅尔选项】。

③ 打开【贴图】卷展栏，在【凹凸】贴图中加载一张【噪波】贴图，设置【大小】为 1，设置【凹凸】强度为 10。

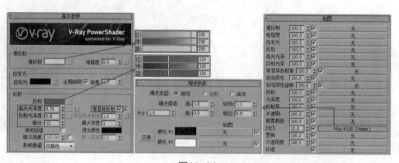 

图10-96　　　　　　　　　　　　　　图10-97

02 制作皮材质。新建一个 VRayMtl 材质球，具体参数设置如图 10-98 所示，材质球效果如图 10-99 所示。

设置步骤

① 设置【漫反射】颜色（红：194，绿：154，蓝：102）。

② 设置【反射】颜色（红：45，绿：45，蓝：45），设置【高光光泽度】为 0.59、【反射光泽度】为 0.63、【细分】为 30。

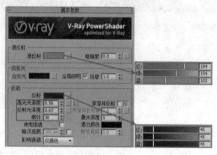 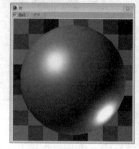

图10-98　　　　　　　　　　　　　　图10-99

03 制作床单材质。新建一个 VRayMtl 材质球，具体参数设置如图 10-100 所示，材质球效果如图 10-101 所示。

设置步骤

① 在【漫反射】贴图通道中加载一张花布贴图。

② 设置【反射】颜色（红：15，绿：15，蓝：15），设置【高光光泽度】为 0.67、【反射光泽度】为 0.89。

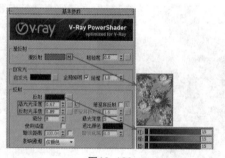 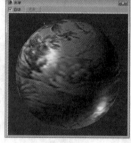

图10-100　　　　　　　　　　　　　图10-101

04 制作地板材质。新建一个 VRayMtl 材质球，具体参数设置如图 10-102 所示，材质球效果如图 10-103 所示。

设置步骤

① 在【漫反射】贴图通道中加载一张木纹贴图。

② 在【反射】贴图通道中加载一张衰减程序贴图，设置【侧】通道的颜色（红：223，绿：241，蓝：254），设置【衰减类型】为 Fresnel，设置【高光光泽度】为 0.67、【反射光泽度】为 0.85、【细分】为 20。

③ 打开【贴图】卷展栏，将【漫反射】通道中的贴图拖曳复制到【凹凸】贴图中，设置【凹凸】强度为 10。

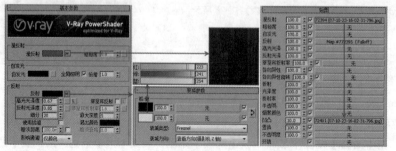 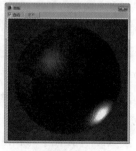

图10-102　　　　　　　　　　　　　图10-103

05 制作瓷砖材质。新建一个 VRayMtl 材质球，具体参数设置如图 10-104 所示，材质球效果如图 10-105 所示。

设置步骤

① 在【漫反射】贴图通道中加载一张瓷砖贴图。

② 在【漫反射】贴图通道中加载一张【衰减】贴图，设置【侧】通道的颜色（红：232，绿：244，蓝：254），设置【衰减类型】为 Frenesl，设置【高光光泽度】为 0.67、【反射光泽度】为 0.88、【细分】为 20。

③ 打开【贴图】卷展栏，将【漫反射】通道中的贴图拖曳复制到【凹凸】贴图中，设置【凹凸】强度为 5。

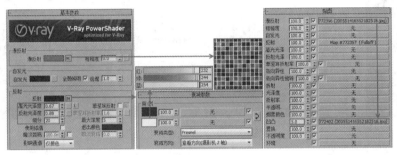 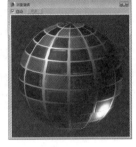

图10-104   图10-105

关于其他材质的制作方法，在前面的案例和第 5 章、第 6 章中可以查询，也可以打开实例文件查询。

↘ 10.5.2 设置测试参数

测试参数请参考上一个空间表现中的测试参数，在此不做过多介绍。

↘ 10.5.3 布置灯光

欧式场景中的灯光比较丰富，而且强度也较大，下面具体介绍设置方法。

01 在吊灯中的 4 个灯柱上创建 4 盏【VRay 灯光】的球体灯，灯光位置如图 10-106 所示，具体参数设置如图 10-107 所示。

设置步骤

① 设置【类型】为【球体】，设置【倍增器】为 100。

② 设置灯光【颜色】为黄色（红：244，绿：205，蓝：143），设置【半径】为 10mm，勾选【不可见】选项。

02 按 F9 键渲染摄影机视图，效果如图 10-108 所示，此时吊灯有照明效果。

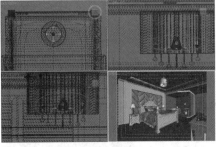  

图10-106   图10-107   图10-108

03 创建床头筒灯。使用【目标灯光】在床上方的吊顶处创建 3 盏灯光，位置如图 10-109 所示，具体参数设置如图 10-110 所示。

设置步骤

① 设置【阴影】类型为【VRay 阴影】，设置【灯光分布（类型）】为【光度学 Web】，在【分布（光度学 Web）】中加载一个【19.ies】灯光文件。

② 设置【过滤颜色】(红 :250，绿 :212，蓝 :153)，设置【强度】为 14 000。

04 按 F9 键渲染摄影机视图，效果如图 10-111 所示，此时床头被照亮。

图10-109

图10-110

图10-111

05 创建浴室筒灯。使用【目标灯光】在浴室的筒灯处创建 3 盏灯光，位置如图 10-112 所示，具体参数设置如图 10-113 所示。

设置步骤

① 设置【阴影】类型为【VRay 阴影】，设置【灯光分布（类型）】为【光度学 Web】，在【分布（光度学 Web）】中加载一个【0.ies】灯光文件。

② 设置【过滤颜色】(红 :247，绿 :251，蓝 :255)，设置【强度】为 6 000。

06 按 F9 键渲染摄影机视图，效果如图 10-114 所示，此时浴室被照亮。

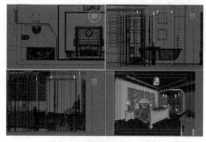

图10-112

图10-113

图10-114

07 制作过道筒灯。使用【目标灯光】在过道的筒灯处创建 3 盏灯光，位置如图 10-115 所示，具体参数设置如图 10-116 所示。

设置步骤

① 设置【阴影】类型为【VRay 阴影】，设置【灯光分布（类型）】为【光度学 Web】，在【分布（光度学 Web）】中加载一个【0.ies】灯光文件。

② 设置【过滤颜色】(红 :250，绿 :212，蓝 :153)，设置【强度】为 6 000。

08 按 F9 键渲染摄影机视图，效果如图 10-117 所示，此时过道被照亮。

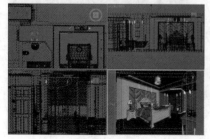

图10-115

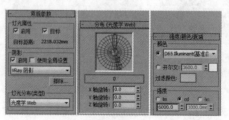

图10-116

图10-117

09 创建吊顶灯带。使用【VRay 灯光】在吊顶中创建 4 盏【平面】光，光照方向为倾斜向上，灯光位置如图 10-118 所示，具体参数设置如图 10-119 所示。

设置步骤

① 设置【类型】为【平面】，设置【倍增器】为 5。

② 设置【颜色】为黄色（红 : 250，绿 : 213，蓝 : 148），设置【1/2 长】为 22mm、【1/2 宽】为 1 300mm，勾选【不可见】选项。

10 按 F9 键渲染摄影机视图，效果如图 10-120 所示，吊顶处被照亮。

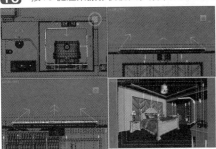

| 图10-118 | 图10-119 | 图10-120 |

11 制作床头灯带。使用【VRay 灯光】在吊顶中创建 4 盏【平面】光，光照方向为倾斜向上，灯光位置如图 10-121 所示，具体参数设置如图 10-122 所示。

设置步骤

① 设置【类型】为【平面】，设置【倍增器】为 2。

② 设置【颜色】为黄色（红 : 250，绿 : 213，蓝 : 148），设置【1/2 长】为 35mm、【1/2 宽】为 1 230mm，勾选【不可见】选项。

12 按 F9 键渲染摄影机视图，效果如图 10-123 所示，此时床头灯带有照明效果。至此，室内灯光就创建完毕，但整体场景偏暗，且室外（窗户外）一片漆黑。

| 图10-121 | 图10-122 | 图10-123 |

13 按 8 键打开【环境与效果】卷展栏，在【环境贴图】通道中加载一张【VRay 天空】贴图，如图 10-124 所示，按 M 键打开【材质编辑器】对话框，将【环境贴图】中的【VRay 天空】拖曳到一个空白材质球上，选择【实例】，如图 10-125 所示。设置【太阳强度倍增】为 0.3、【太阳过滤颜色】为白色，如图 10-126 所示。

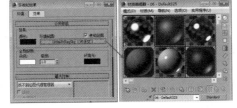

图10-124

图10-125

图10-126

14 按 F9 键渲染摄影机视图，如图 10-127 所示，此时场景变亮，至此灯光的布置就完成了。

图10-127

10.5.4 渲染效果

下面设置最终渲染参数。

01 按 F10 键打开【渲染设置】对话框，设置【输出大小】为 1500×1125，如图 10-128 所示。

02 切换到【VRay】卷展栏，打开【图像采样器（反锯齿）】卷展栏，设置【类型】为【自适应确定性蒙特卡洛】，选择【抗锯齿过滤器】为【Mitchell-Netravali】，如图 10-129 所示。

03 打开【颜色贴图】卷展栏，勾选【子像素贴图】和【钳制输出】选项，如图 10-130 所示。

图10-128 图10-129 图10-130

Tips

从测试效果可以看出，并没有出现曝光过度和不足的地方，所以不用去调节【暗色倍增】和【亮度倍增】。

04 切换到【间接照明】选项卡，打开【发光图】卷展栏，设置【当前预置】为【中】，设置【半球细分】为 50、【插值采样】为 30，如图 10-131 所示。

05 打开【灯光缓存】卷展栏，设置【细分】为 1200，如图 10-132 所示。

06 切换到【DMC 采样器】卷展栏，设置【适应数量】为 0.72、【噪波阈值】为 0.005、【最小采样值】为 20，如图 10-133 所示。

图10-131 图10-132 图10-133

07 按 F9 键渲染摄影机视图，经过长时间的渲染，欧式风格的卧室效果如图 10-134 所示。

Tips

与上一个案例相比，其实最终渲染参数的设置都是大同小异的。

图10-134

10.6 空间表现——工装办公室

- 场景位置　场景文件 >CH10> 空间表现——工装办公室 .max
- 实例位置　实例文件 >CH10> 空间表现——工装办公室 .max
- 视频名称　空间表现——工装办公室 .mp4
- 技术掌握　灯光、材质、渲染

　　工装空间的类型有很多，不同空间的材质和布光也有所差异。比如办公空间和 KTV 空间的色彩感觉、灯光气氛就明显不同，这就需要读者平时多观察各类空间的特性，在生活中去积累经验。对于办公、会议、购物等空间，通常要求干净、明亮、稳重的感觉；而对于 KTV、会所、酒店大堂等空间，则要求时尚、奢华的感觉。本例是一个办公室，设计风格极为简洁，大量木材质的运用使空间显得朴素严谨，所以在表现上采用了柔和日光效果，使画面显得干净、肃静。

↘ 10.6.1 制作材质

　　为了便于讲解，这里给最终效果图上的材质编号，根据图上的标识号来对材质进行设定，如图 10-135 所示。

图10-135

01 制作地板材质。新建一个 VRayMtl 材质球，其参数设置如图 10-136 所示，材质球效果如图 10-137 所示。

设置步骤

① 在【漫反射】的贴图通道中加载一张地板的木纹贴图。

② 在【反射】贴图通道中加载一张【衰减】程序贴图，然后设置【衰减类型】为 Fresnel。

③ 设置【高光光泽度】为 0.85、【反射光泽度】为 0.9。

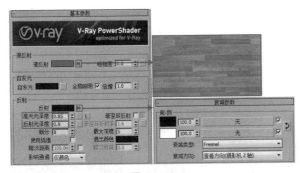

图10-136

图10-137

02 制作大理石材质。新建一个 VRayMtl 材质球，其参数设置如图 10-138 所示，材质球效果如图 10-139 所示。

设置步骤

① 在【漫反射】贴图通道中添加一张大理石贴图。

② 在【反射】贴图通道中加载一张【衰减】程序贴图，设置【衰减类型】为 Fresnel，接着设置【高光光泽度】为 0.85、【反射光泽度】为 0.9。

图10-138　　　　　　　　　　　　　　图10-139

03 制作木纹材质。在【材质编辑器】中新建一个 VRayMtl 材质球，其参数设置如图 10-140 所示，材质球效果如图 10-141 所示。

设置步骤

① 在【漫反射】的贴图通道中加载一张木纹贴图。

② 在【反射】贴图通道中加载一张【衰减】程序贴图，然后设置【侧】通道的颜色（红：50，绿：50，蓝：50），再设置【衰减类型】为 Fresnel。

③ 设置【高光光泽度】为 0.8、【反射光泽度】为 0.95，再设置【细分】为 12。

图10-140　　　　　　　　　　　　　　图10-141

04 制作皮材质。新建一个 VRayMtl 材质球，然后展开【基本参数】卷展栏，其参数设置如图 10-142 所示，材质球效果如图 10-143 所示。

设置步骤

① 设置【漫反射】的颜色（红：8，绿：6，蓝：5）。

② 设置【反射】的颜色（红：35，绿：35，蓝：35），然后设置【高光光泽度】为 0.6、【反射光泽度】为 0.7，设置【细分】为 15。

③ 打开【贴图】卷展栏，然后在【凹凸】的贴图通道中加载一张模拟皮材质凹凸的位图，最后设置【凹凸】的强度为 15。

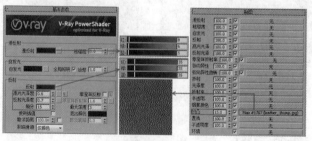 

图10-142　　　　　　　　　　　　　　图10-143

05 制作不锈钢材质。在【材质编辑器】中新建一个 VRayMtl 材质球,其参数设置如图 10-144 所示,材质球效果如图 10-145 所示。

设置步骤

① 设置【漫反射】颜色为(红:0,绿:0,蓝:0)。

② 设置【反射】颜色为(红:190,绿:190,蓝:190),然后设置【高光光泽度】为 0.87、【反射光泽度】为 0.9、【细分】为 15。

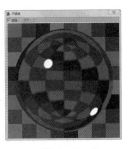

图10-144   图10-145

06 制作塑料材质。在【材质编辑器】中新建一个 VRayMtl 材质球,然后展开【基本参数】卷展栏,其参数设置如图 10-146 所示,材质球效果如图 10-147 所示。

设置步骤

① 在【漫反射】贴图通道中加载一张模拟塑料的位图。

② 设置【反射】颜色(红:8,绿:8,蓝:8),然后设置【高光光泽度】为 0.8、【反射光泽的】为 0.85,最后设置【最大深度】为 3。

③ 打开【贴图】卷展栏,然后将【漫反射】贴图通道中的贴图拖曳复制到【凹凸】贴图中,再设置【凹凸】的强度为 8 。

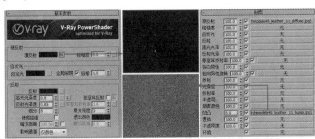

图10-146   图10-147

↘ 10.6.2 布置灯光

本场景的空间面积不大,设计比较精致,为了营造一种清爽、高贵的气氛,这里采用纯自然光来进行照明,展现出一种柔和的日光效果。

01 创建室外光。使用【VRay 灯光】在窗户处创建一盏【平面】灯光,用来作为本场景的天光照明,位置如图 10-148 和图 10-149 所示。

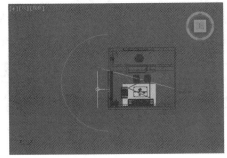
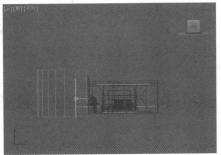

图10-148   图10-149

02 选中创建的灯光，然后设置【倍增器】为 12，接着设置颜色（红：135，绿：191，蓝：255），再调整【大小】为合适尺寸，最后勾选【不可见】选项并同时取消勾选【忽略灯光法线】选项，如图 10-150 所示。

03 按 F9 键对场景进行一次测试渲染，测试结果如图 10-151 所示。

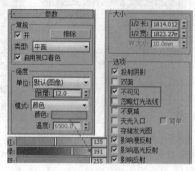

图10-150   图10-151

04 模拟室内灯。在场景中创建一盏【目标灯光】，然后以【实例】的方式复制 6 盏，再将其分别平移到每个灯筒处，灯光在场景中的位置如图 10-152 和图 10-153 所示。

05 选择其中一盏【球体】灯光并对其进行设置，其参数设置如图 10-154 所示。

设置步骤

① 启用【阴影】选项，然后设置阴影类型为【VRay 阴影】，再设置【灯光分布（类型）】为【光度学 Web】。

② 在【分布（光度学 Web）】卷展栏中加载一个【鱼尾巴 .ies】灯筒文件。

③ 在【强度 / 颜色 / 衰减】卷展栏中设置【强度】为 2 000。

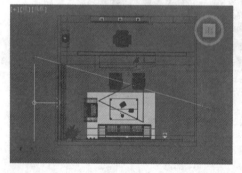
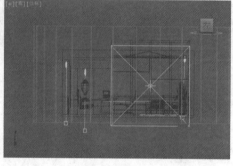

图10-152   图10-153   图10-154

06 按 F9 键对场景进行测试渲染，渲染结果如图 10-155 所示，场景中的筒灯使灯效有了一定的层次感。

07 创建室内补光。在场景中天花板的灯处创建一盏 VRay 的【平面】灯，灯光在场景中的位置如图 10-156 和图 10-157 所示。

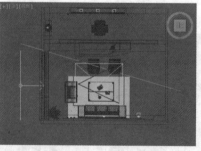
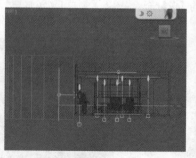

图10-155   图10-156   图10-157

08 选中上一步创建的灯光，设置【倍增】为 5，设置灯光的【颜色】（红：175，绿：213，蓝：255），然后在场景中根据天花灯模型的大小调整灯光的大小，最后勾选【不可见】选项并取消勾选【忽略灯光法线】选项，如图 10-158 所示。

09 在场景中的灯带处创建一盏 VRay 的【平面】灯，灯光在场景中的位置如图 10-159 和图 10-160 所示。

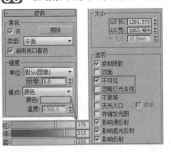

图10-158

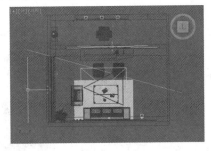

图10-159

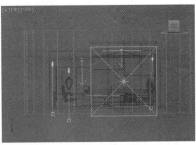

图10-160

10 选中上一步创建的灯光，然后设置【倍增】为 13，设置【颜色】(红:255，绿:201，蓝:125)，再调整灯光的大小，最后勾选【不可见】选项并取消勾选【忽略灯光法线】选项，如图 10-161 所示。

11 设置完所有室内灯光后，按 F9 键对场景进行测试渲染，效果如图 10-162 所示。

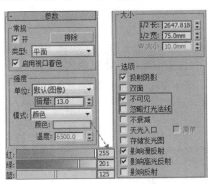

图10-161

图10-162

12 模拟太阳光。在场景中创建一盏【目标平行光】，将其放到合适的位置模拟本场景的阳光，具体位置如图 10-163 和图 10-164 所示。

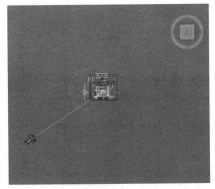

图10-163

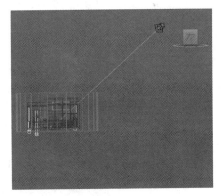

图10-164

13 选择上一步创建的灯光，其参数设置如图 10-165 所示。

设置步骤

① 展开【常规参数】卷展栏，然后启用【阴影】选项，再设置阴影类型为【VRay 阴影】。

② 展开【强度/颜色/衰减】卷展栏，然后设置【倍增】为 1.5，再设置【颜色】(红:255，绿:234，蓝:205)。

③ 展开【平行光参数】卷展栏，然后设置【聚光区/光束】为 7 000mm、【衰减区/区域】为 8 000mm，再选择【矩形】选项，最后设置【纵横比】为 1.0。

④ 展开【VRay 阴影参数】卷展栏，勾选【区域阴影】选项，并设置类型为【长方体】，再设置【U 大小】为 1 000mm、【V 大小】为 500mm、【W 大小】为 500mm。

14 按 F9 键对场景进行测试渲染，渲染结果如图 10-166 所示，此时的效果相对于前面变化并不大，我们可以通过后期处理来完成色调的优化。

📑**Tips**

这里同样可以使用【VRay 太阳】来模拟太阳光。

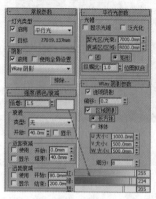

图10-165

图10-166

↘ 10.6.3 渲染效果

灯光布置完成后，接下来就是设置合理的渲染参数，以渲染出真实、细腻的效果图。

01 按 F10 键打开【渲染设置】对话框，然后在【公用】选项卡中设置【输出大小】的【宽度】为 1000、【高度】为 625，如图 10-167 所示。

02 切换到【V-Ray】选项卡，然后打开【全局开关】卷展栏，接着设置【默认灯光】为关，再勾选【光泽效果】选项，最后设置【二次光线偏移】为 0.001，如图 10-168 所示。

03 打开【图像采样器（反锯齿）】卷展栏，然后设置【图像采样器】的【类型】为【自适应确定性蒙特卡洛】，接着打开【抗锯齿过滤器】开关，再设置采样器类型为【Mitchell-Netravali】，如图 10-169 所示。

图10-167

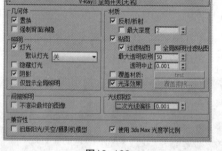

图10-168

图10-169

04 打开【自适应 DMC 图像采样器】卷展栏，设置【最小细分】为 1、【最大细分】为 4，如图 10-170 所示。

05 切换到【间接照明】选项卡，然后在【间接照明（GI）】卷展栏中设置【首次反弹】的【全局照明引擎】为【发光图】，再设置【二次反弹】的【全局照明引擎】为【灯光缓存】，如图 10-171 所示。

06 打开【发光图】卷展栏，然后设置【当前预置】为【中】，再设置【半球细分】为 50，最后勾选【显示计算相位】选项，如图 10-172 所示。

图10-170

图10-171

图10-172

07 打开【灯光缓存】卷展栏，然后设置【细分】为 1200，接着设置【预滤器】数值为 100，再勾选【存储直接光】和【显示计算相位】选项，如图 10-173 所示。

08 切换至【设置】选项卡，然后在【DMC 采样器】卷展栏中设置【适应数量】为 0.8、【最小采样值】为 16、【噪波阈值】为 0.005，如图 10-174 所示。

09 其他参数保持默认设置即可，然后开始渲染出图，最后得到的成图效果如图 10-175 所示。

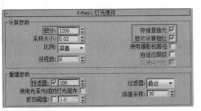

图10-173

图10-174

图10-175

技术链接29：产品渲染

产品渲染，其原理就是单体模型渲染，难点在于如何在没有完整背景的情况下，渲染出对象表面的反射和折射效果。本书介绍的不是影棚式渲染（读者可以通过互联网获取相关方法），而是一种更加简单和快捷的方法。下面以图 10-176 所示的 iPhone 6 为例进行讲解。

（1）使用 VR平面 在视图中为模型创建一个底面背景，如图 10-177 所示。

（2）为 VR平面 指定一个白色的材质，如图 10-178 所示。注意，读者可以根据自己的需求设置该参数。

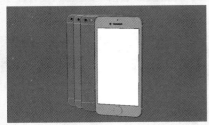

图10-176

图10-177

图10-178

（3）按 8 键打开【环境和效果】对话框，在【环境贴图】中加载一个 VRayHDRI 贴图，并将其拖曳到一个空白材质球上，以备后面使用。注意，这里是以【复制】的形式，如图 10-179 所示。

（4）在【环境贴图】中加载一个【衰减】贴图，然后将其以【实例】的形式拖曳到一个空白材质球上，用于制作环境光。在【材质编辑器】中设置【衰减类型】为 Fresnel，然后反转两个通道的颜色，如图 10-180 所示。

（5）下面设置渲染参数。这些参数读者可以参考前面的最终参数进行设置。在这里我们要设置【环境】中的参数，如图 10-181 所示。

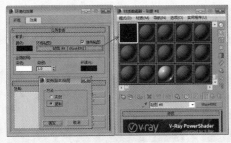

图10-179

图10-180

图10-181

技术链接29：产品渲染

（6）如果此时渲染，我们可以渲染出白底的效果，但是，会有一个非常致命的问题，那就是手机机身没有任何反射效果，看起来非常不真实。此时，我们前面准备好的 VRayHDRI 贴图就有用武之地了。选择【材质编辑器】中的 VRayHDRI，然后为其加载一个 HDRI 贴图（格式为 .hdr，本书在资源文件中提供了 4 种简单的产品渲染贴图，读者也可以去互联网获取），然后设置类型为【球体】，如图 10-182 所示。

（7）选择有反射的材质球，然后打开它们的【贴图】卷展栏，将【材质示例窗】中的 VRayHDRI 拖曳到【环境】通道中，如图 10-183 所示。

至此，就可以看到很逼真的反射效果了。当然这种方法有一定的局限性，那就是摄影机的视角不能仰视，在视频中会详细介绍。

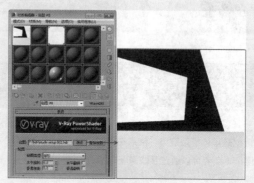

图10-182

图10-183

技术链接30：光子图渲染

读者从本章的实例中应该体会到了等待渲染出图的完整过程，从某种意义上来讲，要想得到更好的作品，就需要设置更细的渲染参数，用更多的渲染时间来换取。但是我们可以用一种方法来兼顾渲染的质量与时间，这就是实际工作中常用的【光子图】。请注意，用光子图渲染成品图的方法，仅限于最终出图这一环节，也就是说如果改变了场景的灯光、材质和渲染参数，这个方法就不一定适用了。

在用光子图渲染成品图之前，先要清楚 VRay 的渲染方式，图 10-184（a）所示为直接渲染 1 200 像素 ×900 像素大小的成品图的过程示意图。简单来说，VRay 渲染可以分为两步：第 1 步是渲染光子图，第 2 步是渲染成品图。这个过程是直接渲染，并没有利用光子图在时间方面的优势，也就是说渲染的光子图尺寸是 1 200 像素 ×900 像素，渲染所耗费的时间是 54 分 46 秒 800 毫秒，接近 1 个小时。

（a）渲染光子图

（b）渲染成品图

（c）得到成品图渲染耗时 54 分 46 秒 800 毫秒

图10-184

技术链接30：光子图渲染

对于光子图而言，从理论上来讲，渲染 10 倍于光子图大小的成品图，效果是不会发生变化的，但是在实际工作中，我们一般选择 4 倍级量。也就是说，我们渲染图 10-184（a）中的成品图时，可以先渲染一个 300 像素 ×225 像素大小的光子图。在渲染光子图之前，必须先设置好最终渲染的参数，例如 GI、颜色贴图、图像采样器等，因为在渲染好光子图以后，这些参数是无法更改的，我们要做的只是将光子图渲染出来，并进行保存，然后再调用的一个过程。下面开始演示这一操作过程。

（1）设置光子图的渲染比例。因为最大限度为 4 倍，所以光子图的渲染尺寸设置为 300 像素 ×225 像素，如图 10-185 所示。

（2）因为只是渲染光子图，不用渲染最终图像，所以可以在【全局开关】卷展栏下打开【不渲染最终图像】选项，如图 10-186 所示。

（3）请注意，从这一步开始，是最关键的步骤。在【发光图】卷展栏下设置发光图的保存路径，同时勾选【自动保存】选项，在渲染完毕之后自动保存发光图光子，如图 10-187 所示。

图10-185

图10-186

图10-187

（4）展开【灯光缓存】卷展栏，用同样的方法将发光图光子也保存在项目文件夹中，如图 10-188 所示。

（5）按 F9 键渲染摄影机视图，渲染完成后 VRay 会自动将光子图保存到前面指定的文件夹中，如图 10-189 所示。因为光子图的渲染比例太小，显示不出渲染时间，但是可以从【VRay 消息】窗口中查看到渲染时间，渲染光子图共耗时 144.7 秒，即 2 分 24 秒 700 毫秒。

图10-188

图10-189

（6）请注意，从这一步开始是用光子图渲染成品图。先将渲染尺寸恢复到要渲染的尺寸 1 200 像素 ×900 像素，如图 10-190 所示。

（7）因为是渲染最终图像，所以要关闭【不渲染最终的图像】选项，如图 10-191 所示。

（8）调用渲染的发光图。在【发光图】卷展栏下设置【模式】为【从文件】，然后选择前面保存好的发光图文件（后缀名为 vrmap），如图 10-192 所示。

图10-190

图10-191

图10-192

技术链接30：光子图渲染

（9）用相同的方法调用渲染的灯光缓存（后缀名为 vrlmap）文件，如图 10-193 所示。

（10）按 F9 键渲染最终效果，经过 45 分 6 秒 200 毫秒的渲染过程，得到了最终的成品图，如图 10-194 所示。

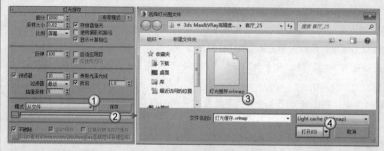

图10-193

图10-194

现在我们来计算一下用光子图渲染成品图所耗费的时间。渲染光子图用了 2 分 24 秒 700 毫秒，渲染成品图用了 45 分 6 秒 200 毫秒，所以实际耗时 47 分 30 秒 900 毫秒，比直接渲染快了约 7 分钟，速度上提高了 15% 左右。读者不要小看这 7 分钟，这只是一个小场景的测试。在实际工作中的大型商业项目，渲染时间通常超过 10 个小时，甚至数天，而且商业项目的灯光更多，更细腻，光子图的渲染更慢，这种情况下使用光子图渲染成品图的优势就体现出来了。

10.7 思考与练习

思考一： 请认真学习本书中的 3 个空间表现的方法，并用本章资源文件附赠的场景进行练习。

思考二： 请掌握光子渲染和产品渲染，并使用本书资源文件中的文件进行练习。

* 了解动画的常识
* 掌握自动关键帧的使用方法
* 掌握关键帧动画的制作方法

* 掌握曲线编辑器的原理
* 掌握路径约束动画的制作方法
* 掌握变形动画的制作方法

11.1 动画常识

动画是一门综合艺术，是工业社会人类寻求精神解脱的产物，它是集合了绘画、数字媒体、摄影、音乐、文学等众多艺术门类于一身的艺术表现形式。将多张连续的单帧画面连在一起就形成了动画，如图 11-1 所示。

3ds Max 作为优秀的三维软件之一，为用户提供了一套非常强大的动画系统，包括基本动画系统和骨骼动画系统。无论采用哪种方法制作动画，都需要动画师对角色或物体的运动有着细致的观察和深刻的体会，抓住了运动的"灵魂"才能制作出生动逼真的动画作品，图 11-2~ 图 11-4 所示为一些优秀的动画作品。

图 11-1

图 11-3

图 11-2

图 11-4

11.2 关键帧动画

本节主要介绍制作动画的一些基本工具，例如关键帧设置工具、播放控制器和【时间配置】对话框。掌握好这些基本工具的用法，可以制作一些简单动画。

↘ 11.2.1 关键帧设置

视频演示：123 关键帧设置 .mp4

3ds Max 界面的右下角是一些设置动画关键帧的相关工具，如图 11-5 所示。

图 11-5

重要参数说明

* **设置关键点** ⚬: 如果对当前的效果比较满意，可以单击该按钮（快捷键为 K 键）设置关键点。

＊ **自动关键点** 自动关键点 : 单击该按钮或按 N 键可以自动记录关键帧。在该状态下，物体的模型、材质、灯光和渲染都将被记录为不同属性的动画。启用【自动关键点】功能后，时间尺会变成红色，拖曳时间线滑块可以控制动画的播放范围和关键帧等，如图 11-6 所示。

图 11-6

＊ **设置关键点** 设置关键点 : 在【设置关键点】动画模式中，可以使用【设置关键点】工具 设置关键点 和【关键点过滤器】的组合为选定对象的各个轨迹创建关键点。与【自动关键点】模式不同，利用【设置关键点】模式可以控制设置关键点的对象以及时间。它可以设置角色的姿势（或变换任何对象），如果满意的话，可以使用该姿势创建关键点。如果移动到另一个时间点而没有设置关键点，那么该姿势将被放弃。

＊ **新建关键点的默认入 / 出切线** : 为新的动画关键点提供快速设置默认切线类型的方法，这些新的关键点是用【设置关键点】模式或【自动关键点】模式创建的。

＊ **选定对象** 选定对象 : 使用【设置关键点】动画模式时，在这里可以快速访问命名选择集和轨迹集。

＊ **关键点过滤器** 关键点过滤器... : 单击该按钮可以打开【设置关键点过滤器】对话框，在该对话框中可以选择要设置关键点的轨迹，如图 11-7 所示。

图 11-7

↘ 11.2.2 播放控制器

视频演示：124 解析播放控制器 .mp4

在关键帧设置工具的旁边是一些控制动画播放的相关工具，如图 11-8 所示。

图 11-8

重要参数说明

＊ **转至开头** : 如果当前时间线滑块没有处于第 0 帧位置，那么单击该按钮可以跳转到第 0 帧。

＊ **上一帧** : 将当前时间线滑块向前移动一帧。

＊ **播放动画** / **播放选定对象** : 单击【播放动画】按钮 可以播放整个场景中的所有动画；单击【播放选定对象】按钮 可以播放选定对象的动画，而未选定的对象将静止不动。

＊ **下一帧** : 将当前时间线滑块向后移动一帧。

＊ **转至结尾** : 如果当前时间线滑块没有处于结束帧位置，那么单击该按钮可以跳转到最后一帧。

＊ **关键点模式切换** : 单击该按钮可以切换到关键点设置模式。

＊ **时间跳转输入框** : 在这里可以输入数字来跳转时间线滑块，例如输入 60，按 Enter 键就可以将时间线滑块跳转到第 60 帧。

＊ **时间配置** : 单击该按钮可以打开【时间配置】对话框。该对话框中的参数将在下面的内容中进行讲解。

↘ 11.2.3　时间配置

使用【时间配置】对话框可以设置动画时间的长短及时间显示格式等。单击【时间配置】按钮，打开【时间配置】对话框，如图 11-9 所示。

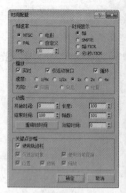

图 11-9

重要参数说明

（1）帧速率选项组

* **帧速率**：共有 NTSC（30 帧 / 秒）、PAL（25 帧 / 秒）、电影（24 帧 / 秒）和自定义 4 种方式可供选择，但一般情况都采用 PAL（25 帧 / 秒）方式。

* **FPS（每秒帧数）**：采用每秒帧数来设置动画的帧速率。视频使用 30 FPS 的帧速率、电影使用 24 FPS 的帧速率，而 Web 和媒体动画则使用更低的帧速率。

（2）时间显示选项组

* **帧 /SMPTE/ 帧 :TICK/ 分 : 秒 :TICK**：指定在时间线滑块及整个 3ds Max 中显示时间的方法。

（3）播放选项组

* **实时**：使视图中播放的动画与当前【帧速率】的设置保持一致。

* **仅活动视口**：使播放操作只在活动视口中进行。

* **循环**：控制动画只播放一次或者循环播放。

* **速度**：选择动画的播放速度。

* **方向**：选择动画的播放方向。

（4）动画选项组

* **开始时间 / 结束时间**：设置在时间线滑块中显示的活动时间段。

* **长度**：设置显示活动时间段的帧数。

* **帧数**：设置要渲染的帧数。

* **重缩放时间** 重缩放时间 ：拉伸或收缩活动时间段内的动画，以匹配指定的新时间段。

* **当前时间**：指定时间线滑块中的当前帧。

（5）关键点步幅选项组

* **使用轨迹栏**：启用该选项后，可以使关键点模式遵循轨迹栏中的所有关键点。

* **仅选定对象**：在使用【关键点步幅】模式时，该选项仅考虑选定对象的变换。

* **使用当前变换**：禁用【位置】【旋转】【缩放】选项时，选择该选项可以在关键点模式中使用当前变换。

🔗 技术链接31：如何设置关键帧动画

设置关键点的常用方法主要有以下两种。

第 1 种：自动设置关键点。当开启【自动关键点】功能后，就可以通过定位当前帧的位置来记录动画。例如在图 11-10 中有一个球体和一个长方体，并且当前时间线滑块处于第 0 帧位置，下面为球体制作一个位移动画。将时间线滑块拖曳到第 11 帧位置，然后移动球体的位置，这时系统会在第 0 帧和第 11 帧自动记录动画信息，如图 11-11 所示。单击【播放动画】按钮或拖曳时间线滑块 ▶ 就可以观察到球体的位移动画。

第 2 种：手动设置关键点（同样以图 11-10 中的球体和长方体为例来讲解如何设置球体的位移动画）。单击【设置关键点】按钮 设置关键点 ，开启【设置关键点】功能，然后单击【设置关键点】按钮 ⊶ 或按 K 键在第 0 帧设置一个关键点，如图 11-12 所示。

技术链接31：如何设置关键帧动画

接着将时间线滑块拖曳到第 11 帧，再移动球体的位置，最后按 K 键在第 11 帧设置一个关键点，如图 11-13 所示。
单击【播放动画】按钮▶或拖曳时间线滑块同样可以观察到球体产生了位移动画。

   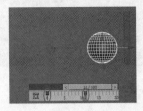

图 11-10   图 11-11   图 11-12   图 11-13

随堂练习   制作风车动画

扫码观看视频

- 场景位置   场景文件 >CH11> 随堂练习：制作风车动画 .max
- 实例位置   实例文件 >CH11> 随堂练习：制作风车动画 .max
- 视频名称   制作风车动画 .mp4
- 技术掌握   自动关键帧、时间尺

01 打开"场景文件 >CH11> 随堂练习：制作风车动画 .max"文件，如图 11-14 所示。

02 选选择一个风叶模型，然后单击 自动关键点 按钮，将时间线滑块拖曳到第 100 帧，接着使用【选择并旋转】工具⟳沿 z 轴将风叶旋转 -2 000°，如图 11-15 所示。

 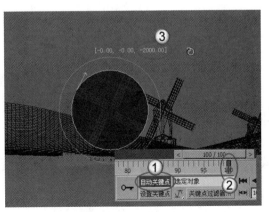

图 11-14   图 11-15

03 采用相同的方法将另外 3 个风叶也设置一个旋转动画，然后单击【播放动画】按钮▶，效果如图 11-16 所示。

图 11-16

04 选择动画效果最明显的一些帧，然后按 F9 键渲染出这些单帧动画，最终效果如图 11-17 所示。

图 11-17

11.3 曲线编辑器

【曲线编辑器】是制作动画时经常用到的一个编辑器。使用【曲线编辑器】可以快速地调节曲线来控制物体的运动状态。单击【主工具栏】中的【曲线编辑器（打开）】按钮，打开【轨迹视图—曲线编辑器】对话框，如图 11-18 所示。

为物体设置动画属性后，在【轨迹视图—曲线编辑器】对话框中就会有与之相对应的曲线，如图 11-19 所示。

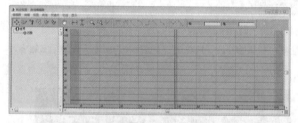

图 11-18

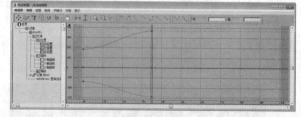

图 11-19

技术链接32：理解曲线与运动的关系

在【轨迹视图—曲线编辑器】对话框中，x 轴默认使用红色曲线来表示、y 轴默认使用绿色曲线来表示、z 轴默认使用紫色曲线来表示。这 3 条曲线与坐标轴的 3 条轴线的颜色相同，图 11-20 所示的 x 轴曲线是上升的曲线，且曲线斜率的绝对值先增大后减小，这代表物体在 x 轴正方向上发生了移动，且速度是先增大，然后减小。

图 11-21 中的 y 轴曲线表示物体在 y 轴的负方向上正处于先加速后减速的运动状态。

图 11-22 中的 z 轴曲线为水平直线，表示物体在 z 轴方向未发生位置移动。

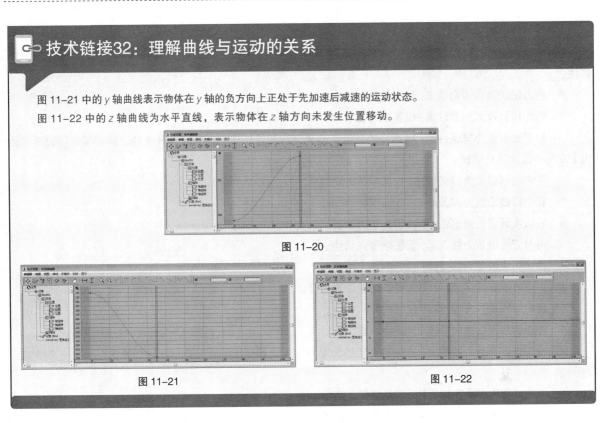

图 11-20

图 11-21　　　　　　　　　　　　图 11-22

↘ 11.3.1　关键点控制：轨迹视图工具栏

Key Controls:Track View（关键点控制：轨迹视图）工具栏中的工具主要用来调整曲线的基本形状，同时也可以插入关键点，如图 11-23 所示。

图 11-23

重要参数说明

* **移动关键点 / / ：** 在函数曲线图上任意、水平或垂直移动关键点。

* **绘制曲线 ：** 使用该工具可以绘制新曲线，当然也可以直接在函数曲线图上绘制草图来修改已有曲线。

* **添加关键点 ：** 在现有曲线上创建关键点。

* **区域关键点工具 ：** 使用该工具可以在矩形区域中移动和缩放关键点。

* **重定时工具 ：** 使用该工具可以通过在一个或多个帧范围内的任意数量的轨迹更改动画速率来扭曲时间。

* **对全部对象重定时工具 ：** 该工具是重定时工具的全局版本。它允许用户通过在一个或多个帧范围内更改场景中的所有现有动画的速率来扭曲整个动画场景的时间。

↘ 11.3.2　关键点切线：轨迹视图工具栏

Key Tangents:Track View（关键点切线：轨迹视图）工具栏中的工具可以为关键点指定切线（切线控制着关键点附近的运动的平滑度和速度），如图 11-24 所示。

图 11-24

重要参数说明

* **将切线设置为自动**▨：按关键点附近的功能曲线的形状进行计算，将选择的关键点设置为自动切线。

* **将内切线设置为自动**▨：仅影响传入切线。

* **将外切线设置为自动**▨：仅影响传出切线。

* **将切线设置为样条线**▨：将选择的关键点设置为样条线切线。样条线具有关键点控制柄，可以在【曲线】视图中拖动进行编辑。

* **将内切线设置为样条线**▨：仅影响传入切线。

* **将外切线设置为样条线**▨：仅影响传出切线。

* **将切线设置为快速**▨：将关键点切线设置为快。

* **将内切线设置为快速**▨：仅影响传入切线。

* **将外切线设置为快速**▨：仅影响传出切线。

* **将切线设置为慢速**▨：将关键点切线设置为慢。

* **将内切线设置为慢速**▨：仅影响传入切线。

* **将外切线设置为慢速**▨：仅影响传出切线。

* **将切线设置为阶梯式**▨：将关键点切线设置为步长，并使用阶跃来冻结从一个关键点到另一个关键点的移动。

* **将内切线设置为阶梯式**▨：仅影响传入切线。

* **将外切线设置为阶梯式**▨：仅影响传出切线。

* **将切线设置为线性**▨：将关键点切线设置为线性。

* **将内切线设置为线性**▨：仅影响传入切线。

* **将外切线设置为线性**▨：仅影响传出切线。

* **将切线设置为平滑**▨：将关键点切线设置为平滑。

* **将内切线设置为平滑**▨：仅影响传入切线。

* **将外切线设置为平滑**▨：仅影响传出切线。

↘ 11.3.3 切线动作：轨迹视图工具栏

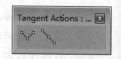

Tangent Actions: Track View（切线动作：轨迹视图）工具栏中的工具可以用于统一和断开动画关键点切线，如图 11-25 所示。

图 11-25

重要参数说明

* **断开切线**▨：允许将两条切线（控制柄）连接到一个关键点，使其能够独立移动，以便不同的运动能够进出关键点。

* **统一切线**▨：如果切线是统一的，按任意方向移动控制柄，可以让控制柄之间保持最小角度。

↘ 11.3.4 关键点输入：轨迹视图工具栏

在 Key Entry:Track View（关键点输入：轨迹视图）工具栏中可以用键盘编辑单个关键点的数值，如图 11-26 所示。

图 11-26

重要参数说明

﹡ 帧 ▨▨▨▨▨：显示选定关键点的帧编号（在时间中的位置）。可以输入新的帧数或输入一个表达式，以将关键点移至其他帧。

﹡ 值 ▨▨▨▨▨：显示选定关键点的值（在空间中的位置）。可以输入新的数值或表达式来更改关键点的值。

⬇ 11.3.5 导航：轨迹视图工具栏

Navigation:Track View（导航：轨迹视图）工具栏中的工具主要用于导航关键点或曲线的控件，如图 11-27 所示。

图 11-27

重要参数说明

﹡ 平移▨：使用该工具可以平移轨迹视图。

﹡ 框显水平范围▨：单击该按钮可以在水平方向上最大化显示轨迹视图。

﹡ 框显水平范围关键点▨：单击该按钮可以在水平方向上最大化显示选定的关键点。

﹡ 框显值范围▨：单击该按钮可以最大化显示关键点的值。

﹡ 框显值范围的范围▨：单击该按钮可以最大化显示关键点的值范围。

﹡ 缩放▨：使用该工具可以在水平和垂直方向上缩放时间视图。

﹡ 缩放时间▨：使用该工具可以在水平方向上缩放轨迹视图。

﹡ 缩放值▨：使用该工具可以在垂直方向上缩放值视图。

﹡ 缩放区域▨：使用该工具可以框选出一个矩形缩放区域，松开鼠标左键后这个区域将充满窗口。

﹡ 隔离曲线▨：隔离当前选择的动画曲线，使其单一显示。

11.4 路径约束动画

在【动画 > 约束】菜单下包含 7 个约束命令，分别是【附着约束】、【曲面约束】、【路径约束】、【位置约束】、【链接约束】、【注视约束】和【方向约束】，如图 11-28 所示。

使用【路径约束】（这是约束里面最重要的一种）可以对一个对象沿着样条线或在多个样条线间的平均距离间的移动进行限制，其参数设置面板如图 11-29 所示。

路径参数卷展栏参数说明

﹡ 添加路径 ▨▨▨▨▨：添加一个新的样条线路径使之对约束对象产生影响。

图 11-28

图 11-29

* **删除路径** （注：此处为按钮图）**删除路径**：从目标列表中移除一个路径。
* **目标 / 权重**：该列表用于显示样条线路径及其权重值。
* **权重**：为每个目标指定并设置动画。
* **% 沿路径**：设置对象沿路径的位置百分比。

Tips

【% 沿路径】的值基于样条线路径的 U 值。一个 NURBS 曲线可能没有均匀的空间 U 值，因此如果【% 沿路径】的值为 50 可能不会直观地转换为 NURBS 曲线长度的 50%。

* **跟随**：在对象跟随轮廓运动的同时将对象指定给轨迹。
* **倾斜**：当对象通过样条线的曲线时允许对象倾斜（滚动）。
* **倾斜量**：调整这个量使倾斜从一边或另一边开始。
* **平滑度**：当对象在经过路径中的转弯时，控制翻转角度改变的快慢程度。
* **允许翻转**：启用该选项后，可以避免在对象沿着垂直方向的路径行进时有翻转的情况。
* **恒定速度**：启用该选项后，可以沿着路径提供一个恒定的速度。
* **循环**：在一般情况下，当约束对象到达路径末端时，它不会越过末端点。而【循环】选项可以改变这一行为，当约束对象到达路径末端时会循环回起始点。
* **相对**：启用该选项后，可以保持约束对象的原始位置。
* **轴**：定义对象的轴与路径轨迹对齐。

随堂练习 制作汽车位移动画　　扫码观看视频

* 场景位置　场景文件 >CH11> 制作汽车位移动画 .max
* 实例位置　实例文件 >CH11> 制作汽车位移动画 .max
* 视频名称　制作汽车位移动画 .mp4
* 技术掌握　路径约束、虚拟对象

01 打开"场景文件 >CH11> 制作汽车位移动画 .max"文件，然后选择汽车的一个轮子，按 N 键激活自动关键帧，然后将时间线滑块拖曳到第 5 帧，接着将选中的车轮旋转 −360°，如图 11−30 所示。

02 下面要做的是让车轮自旋动画无限制地运动下去。打开【轨迹视图—曲线编辑器】对话框，在该对话框中执行【编辑 > 控制器 > 超出范围类型】命令，如图 11−31 所示，打开【参数曲线超出范围类型】对话框，激活【循环】的两个按钮（和），如图 11−32 所示。

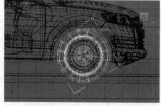  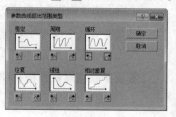

图 11−30　　　　　　　　　　图 11−31　　　　　　　　　　图 11−32

03 按 N 键退出自动关键帧模式，然后拖曳时间线滑块，可以看到车轮一直处于自旋状态。如果没有问题，采用相同的方法处理好其他的车轮，处理完成后，将整个汽车对象打组，如图 11-33 所示。

04 使用【线】工具 ▭线▭ 绘制出汽车的运动路径，如图 11-34 所示。

图 11-33

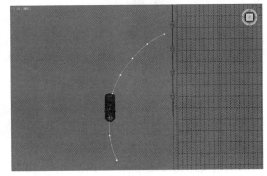

图 11-34

05 使用【虚拟对象】工具 ▭虚拟对象▭ 在场景中创建一个虚拟体，如图 11-35 所示。

06 使用【路径约束】将虚拟体约束到样条线路径上，并设置相关参数，如图 11-36 所示。

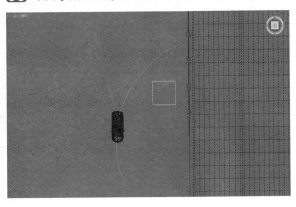

图 11-35

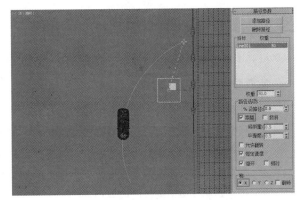

图 11-36

07 拖曳时间线滑块，可以发现车轮在自旋，同时虚拟体在路径上发生位移。如果没有问题，使用【选择并链接】工具 ▨ 将汽车绑定到虚拟体上，如图 11-37 所示。

08 将汽车移动到虚拟体的位置，然后调整好汽车的运动方向，如图 11-38 所示，接着拖曳时间线滑块，可以发现汽车在行驶时车轮也会自动旋转。

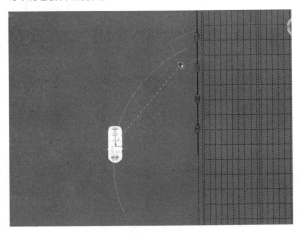

图 11-37

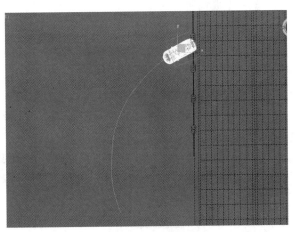

图 11-38

09 为汽车增加一个运动模糊，选择效果明显的帧进行渲染，效果如图 11−39 所示。

图 11−39

11.5　变形动画

图 11−40

【变形器】修改器可以用来改变网格、面片和 NURBS 模型的形状，同时还支持材质变形，一般用于制作 3D 角色的口型动画和与其同步的面部表情动画。【变形器】修改器的参数设置面板包含 5 个卷展栏，如图 11−40 所示。

↘ 11.5.1　通道颜色图例卷展栏

展开【通道颜色图例】卷展栏，如图 11−41 所示。

图 11−41

重要参数说明

* **灰色**▨：表示通道为空且尚未编辑。
* **橙色**▨：表示通道已在某些方面更改，但不包含变形数据。
* **绿色**▨：表示通道处于活动状态。通道包含变形数据，且目标对象仍然存在于场景中。
* **蓝色**▨：表示通道包含变形数据，但尚未从场景中删除目标。
* **深灰色**▨：表示通道已被禁用。

↘ 11.5.2　全局参数卷展栏

展开【全局参数】卷展栏，如图 11−42 所示。

重要参数说明

（1）【全局设置】选项组

* **使用限制**：为所有通道使用最小和最大限制。
* **最小值**：设置最小限制。
* **最大值**：设置最大限制。

使用顶点选择 ▨：启用该按钮后，可以限制选定顶点的变形。

（2）【通道激活】选项组

* **全部设置** ▨：单击该按钮可以激活所有通道。
* **不设置** ▨：单击该按钮可以取消激活所有通道。

（3）【变形材质】选项组

* **指定新材质** ▨：单击该按钮可以将【变形器】材质指定给基础对象。

图 11−42

↘ 11.5.3 通道列表卷展栏

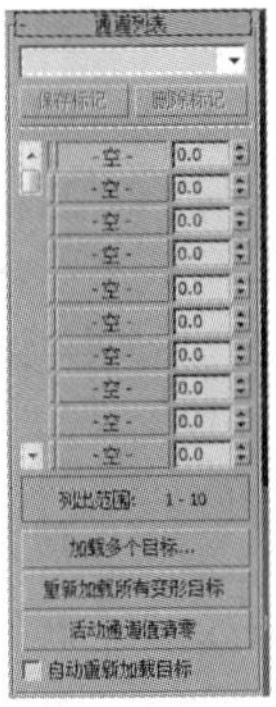

展开【通道列表】卷展栏，如图 11-43 所示。

重要参数说明

* 标记下拉列表▮▮▮▮▮▮▮▮▮▮▮▮▮▮：在该列表中可以选择以前保存的标记。

* 保存标记 保存标记 ：在【标记下拉列表】中输入标记名称后，单击该按钮可以保存标记。

* 删除标记 删除标记 ：从下拉列表中选择要删除的标记名，然后单击该按钮可以将其删除。

* 通道列表：【变形器】修改器最多可以提供 100 个变形通道，每个通道具有一个百分比值。为通道指定变形目标后，该目标的名称将显示在通道列表中。

图 11-43

* 列出范围：显示通道列表中的可见通道范围。

* 加载多个目标 加载多个目标... ：单击该按钮可以打开【加载多个目标】对话框，如图 11-44 所示。在该对话框中可以选择对象，并将多个变形目标加载到空通道中。

图 11-44

* 重新加载所有变形目标 重新加载所有变形目标 ：单击该按钮可以重新加载所有变形目标。

* 活动通道值清零 活动通道值清零 ：如果已启用【自动关键点】功能，那么单击该按钮可以为所有活动变形通道创建值为 0 的关键点。

* 自动重新加载目标：启用该选项后，可以允许【变形器】修改器自动更新动画目标。

↘ 11.5.4 通道参数卷展栏

展开【通道参数】卷展栏，如图 11-45 所示。

重要参数说明

* 通道编号 1 ：单击通道图标会弹出一个菜单。使用该菜单中的命令可以分组和组织通道，还可以查找通道。

* 通道名 -空- ：显示当前目标的名称。

* 通道处于活动状态：切换通道的启用和禁用状态。

* 从场景中拾取对象 从场景中拾取对象 ：使用该按钮在视图中单击一个对象，可以将变形目标指定给当前通道。

* 捕获当前状态 捕获当前状态 ：单击该按钮可以创建使用当前通道值的目标。

图 11-45

* 删除▮▮▮▮▮：删除当前通道的目标。

* 提取 提取 ：选择蓝色通道并单击该按钮，可以使用变形数据创建对象。

* 使用限制：如果在【全局参数】卷展栏下关闭了【使用限制】选项，那么启用该选项可以在当前通道上使用限制。

* 最小值：设置最低限制。

* 最大值：设置最高限制。
* 使用顶点选择 ：仅变形当前通道上的选定顶点。
* 目标列表：列出与当前通道关联的所有中间变形目标。
* 上移↑：在列表中向上移动选定的中间变形目标。
* 下移↓：在列表中向下移动选定的中间变形目标。
* 目标 %：指定选定中间变形目标在整个变形解决方案中所占的百分比。
* 张力：指定中间变形目标之间的顶点变换的整体线性。
* 删除目标 ⬚删除目标：从目标列表中删除选定的中间变形目标。
* 没有要重新加载的目标 没有要重新加载的目标：将数据从当前目标重新加载到通道中。

↘ 11.5.5 高级参数卷展栏

展开【高级参数】卷展栏，如图 11-46 所示。

重要参数说明

* 微调器增量：指定微调器增量的大小。5 为大增量，0.1 为小增量，默认值为 1。
* 精简通道列表 精简通道列表：通过填充指定通道之间的所有空通道来精简通道列表。
* 近似内存使用情况：显示当前的近似内存的使用情况。

图 11-46

随堂练习 制作植物生长动画 📷 扫码观看视频

* 场景位置　无
* 实例位置　实例文件 >CH11> 制作植物生长动画 .max
* 视频名称　制作植物生长动画 .mp4
* 技术掌握　路径变形（WSM）修改器

01 使用【圆柱体】工具 圆柱体 在场景中创建一个圆柱体，然后在【参数】卷展栏下设置【半径】为 12mm、【高度】为 180mm，如图 11-47 所示。

02 将圆柱体转换为可编辑多边形，然后在【顶点】级别下将其调整成图 11-48 所示的形状。

图 11-47

图 11-48

03 使用【线】工具 线 在前视
图中绘制出图 11-49 所示的样条线,然
后选择底部的顶点,接着单击鼠标右键,
最后在弹出的菜单中选择【设为首顶点】
命令,如图 11-50 所示。

图 11-49

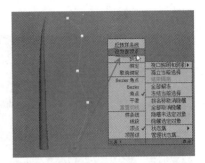

图 11-50

04 为树枝模型加载一个【路径变形
(WSM)】修改器,然后在【参数】卷展栏
下单击【拾取路径】按钮 拾取路径 ,
接着在视图中拾取样条线,如图 11-51
所示,效果如图 11-52 所示。

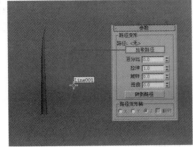

图 11-51

图 11-52

05 在【参数】卷展栏下单击【转到路径】按钮 转到路径 ,效果如图 11-53 所示。

06 单击【自动关键点】按钮 自动关键点 ,然后在第 0 帧设置【拉伸】为 0,如图 11-54 所示,接着在第 100 帧设置【拉伸】为 1.1,
如图 11-55 所示。

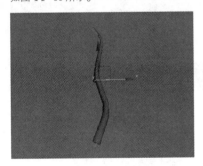

图 11-53

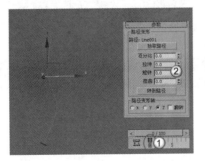

图 11-54

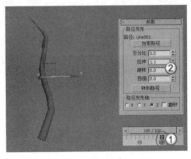

图 11-55

07 单击【播放动画】按钮 ▶ 播放动画,效果如图 11-56 所示。

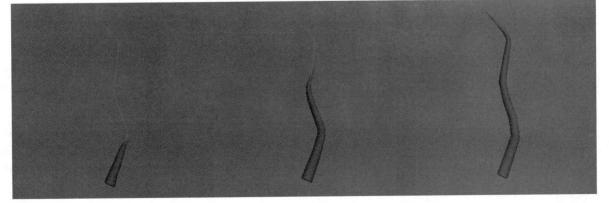

图 11-56

08 采用相同的方法制作出其他植物的生长动画，完成后的效果如图 11-57 所示。

图 11-57

09 选择动画效果最明显的一些帧，然后按 F9 键渲染出这些单帧动画，最终效果如图 11-58 所示。

图 11-58

11.6 思考与练习

思考一：关键帧动画是最基础的动画，但是其工具却是动画技术中最常用的工具，请读者多加练习，设计不同对象的关键帧动画。

思考二：路径约束动画是比较常见的一种动画，请读者根据书中的介绍，制作摄影机的路径漫游动画。

12

粒子特效技术

* 了解粒子的作用
* 掌握粒子流源的使用方法
* 掌握雨、雪效果的制作方法
* 掌握空间扭曲的使用方法
* 掌握绑定到空间扭曲的方法

12.1 粒子系统

3ds Max 2014 的粒子系统是一种很强大的动画制作工具，可以通过设置粒子系统来控制密集对象群的运动效果。粒子系统通常用于制作云、雨、风、火、烟雾、暴风雪以及爆炸等动画效果，如图 12-1 所示。

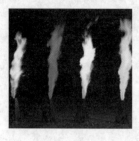

图 12-1

粒子系统作为单一的实体来管理特定的成组对象，通过将所有粒子对象组合成单一的可控系统，可以很容易地使用一个参数来修改所有对象，而且系统拥有良好的可控性和随机性。在创建粒子时会占用很大的内存资源，而且渲染速度相当慢。

3ds Max 2014 包含 7 种粒子，分别是【粒子流源】【喷射】【雪】【超级喷射】【暴风雪】【粒子阵列】和【粒子云】，如图 12-2 所示。这 7 种粒子在顶视图中的显示效果如图 12-3 所示。

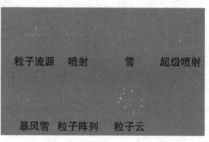

图 12-2   图 12-3

↘ 12.1.1 粒子流源

【粒子流源】是每个流的视口图标，同时也可以作为默认的发射器。【粒子流源】作为最常用的粒子发射器，可以模拟多种粒子效果，在默认情况下，它显示为带有中心徽标的矩形，如图 12-4 所示。进入【修改】面板，可以观察到【粒子流源】的参数包括【设置】【发射】【选择】【系统管理】和【脚本】5 个卷展栏，如图 12-5 所示。

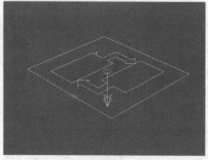

图 12-4   图 12-5

1.设置卷展栏

展开【设置】卷展栏，如图 12-6 所示。

重要参数说明

* 启用粒子发射：控制是否开启粒子系统。

* 粒子视图 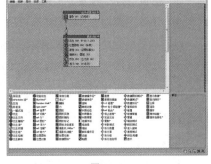：单击该按钮可以打开【粒子视图】

对话框，如图 12-7 所示。

图 12-6

图 12-7

2.发射卷展栏

展开【发射】卷展栏，如图 12-8 所示。

重要参数说明

* 徽标大小：主要用来设置粒子流中心徽标的尺寸，其大小对粒子的发射没有任何

影响。

* 图标类型：主要用来设置图标在视图中的显示方式，有【长方形】、【长方体】、【圆

形】和【球体】4 种方式，默认为【长方形】。

图 12-8

* 长度：当【图标类型】设置为【长方形】或【长方体】时，显示的是【长度】参数；当【图标类型】

设置为【圆形】或【球体】时，显示的是【直径】参数。

* 宽度：用来设置【长方形】和【长方体】徽标的宽度。

* 高度：用来设置【长方体】徽标的高度。

* 显示：主要用来控制是否显示标志或徽标。

* 视口 %：主要用来设置视图中显示的粒子数量，该参数的值不会影响最终渲染的粒子数量，其取值范

围为 0~10 000。

* 渲染 %：主要用来设置最终渲染的粒子的数量百分比，该参数的大小会直接影响到最终渲染的粒子数

量，其取值范围为 0~10 000。

3.选择卷展栏

展开【选择】卷展栏，如图 12-9 所示。

重要参数说明

* 粒子▦：激活该按钮后，可以选择粒子。

* 事件▤：激活该按钮后，可以按事件来选择粒子。

* ID：使用该选项可以设置要选择的粒子的 ID 号。注意，每次只能设置一个数字。

图 12-9

> ⚑ **Tips**
>
> 每个粒子都有唯一的 ID 号，从第 1 个粒子使用 1 开始，递增计数。使用这些控件可按粒子 ID 号选择和取消选择粒子，但
> 只能在【粒子】级别使用。

* 添加 添加：设置完要选择的粒子的 ID 号后，单击该按钮可以将其添加到选择中。

* 移除 移除：设置完要取消选择的粒子的 ID 号后，单击该按钮可以将其从选择中移除。

* 清除选定内容：启用该选项后，单击【添加】按钮选择粒子会取消选择所有其他粒子。

* 从事件级别获取 从事件级别获取：单击该按钮可以将【事件】级别选择转换为【粒子】级别。

* 按事件选择：该列表显示粒子流中的所有事件，并高亮显示选定事件。

4.系统管理卷展栏

展开【系统管理】卷展栏，如图 12-10 所示。

重要参数说明

* 上限：用来限制粒子的最大数量，默认值为 100 000，其取值范围为 0~10 000 000。 　　图 12-10

* 视口：设置视图中的动画回放的综合步幅。

* 渲染：用来设置渲染时的综合步幅。

5.脚本卷展栏

展开【脚本】卷展栏，如图 12-11 所示。该卷展栏可以将脚本应用于每个积分步长以及查看的每帧最后一个积分步长处的粒子系统。

重要参数说明

* **每步更新**：【每步更新】脚本在每个积分步长的末尾，计算完粒子系统中的所有动作和所有粒子后，最终会在各自的事件中进行计算。　　图 12-11

　　启用脚本：启用该选项后，可以按积分步长执行内存中的脚本。

　　编辑 编辑：单击该按钮可以打开具有当前脚本的文本编辑器对话框，如图 12-12 所示。

　　使用脚本文件：启用该选项后，可以通过单击下面的【无】按钮 无 来加载脚本文件。

　　无 无：单击该按钮可以打开【打开】对话框，在该对话框中可以指定要从磁盘加载的脚本文件。

* **最后一步更新**：当完成所查看（或渲染）的每帧的最后一个积分步长后，系统会执行【最后一步更新】脚本。

　　启用脚本：启用该选项后，可以在最后的积分步长后执行内存中的脚本。

　　编辑 编辑：单击该按钮可以打开具有当前脚本的文本编辑器对话框。　　图 12-12

　　使用脚本文件：启用该选项后，可以通过单击下面的【无】按钮 无 来加载脚本文件。

　　无 无：单击该按钮可以打开【打开】对话框，在该对话框中可以指定要从磁盘加载的脚本文件。

随堂练习 制作影视包装文字动画 　　扫码观看视频

* 场景位置　场景文件 >CH12> 制作影视包装文字动画 .max
* 实例位置　实例文件 >CH12> 制作影视包装文字动画 .max
* 视频名称　制作影视包装文字动画 .mp4
* 技术掌握　粒子流源

01 打开"场景文件 >CH12> 制作影视包装文字动画"文件，如图 12-13 所示。

02 在【创建】面板中单击【几何体】按钮◯，设置几何体类型为【粒子系统】，然后单击【粒子流源】按钮 粒子流源 ，接着在前视图中拖曳指针创建一个粒子流源，如图 12-14 所示。

03 进入【修改】面板，然后在【设置】卷展栏下单击【粒子视图】按钮 粒子视图 ，打开【粒子视图】对话框，接着单击【出生 001】操作符，最后在【出生 001】卷展栏下设置【发射停止】为 50、【数量】为 500，如图 12-15 所示。

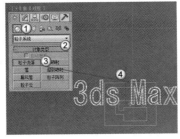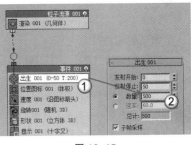

图 12-13　　　　　　　　　　图 12-14　　　　　　　　　　图 12-15

04 单击【速度 001】操作符，然后在【速度 001】卷展栏下设置【速度】为 7620mm，如图 12-16 所示。

05 单击【形状 001】操作符，然后在【形状 001】卷展栏下设置【大小】为 254mm，如图 12-17 所示。

06 单击【显示 001】操作符，然后在【显示 001】卷展栏下设置【类型】为【几何体】，接着设置显示颜色为黄色（红 :255，绿 :182，蓝 :26），如图 12-18 所示。

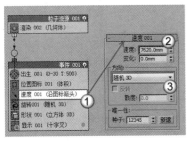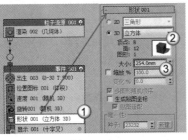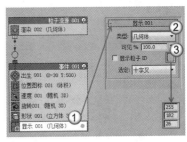

图 12-16　　　　　　　　　　图 12-17　　　　　　　　　　图 12-18

07 在下面的操作符列表中选择【位置对象】操作符，然后使用鼠标左键将其拖曳到【显示 001】操作符的下面，如图 12-19 所示。

08 单击【位置对象 001】操作符，然后在【位置对象 001】卷展栏下单击【添加】按钮 添加 ，接着在视图中拾取文字模型，最后设置【位置】为【曲面】，如图 12-20 所示。

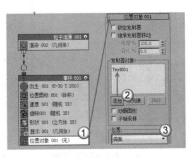

图 12-19　　　　　　　　　　图 12-20

09 选择动画效果最明显的一些帧，然后单独渲染出这些单帧动画，最终效果如图 12-21 所示。

图 12-21

技术链接33：事件/操作符的操作方法

下面讲解一下在【粒子视图】对话框中对事件／操作符的基本操作方法。

1. 新建操作符

如果要新建一个事件，可以在粒子视图中单击鼠标右键，然后在弹出的菜单中选择【新建】菜单下的事件命令，如图 12-22 所示。

2. 附加／插入操作符

如果要附加操作符（附加操作符就是在原有操作符中再添加一个操作符），可以在面板上或操作符上单击鼠标右键，然后在弹出的菜单中选择【附加】下的子命令，如图 12-23 所示。另外，也可以直接在下面的操作符列表中选择操作符，然后使用鼠标左键将其拖曳到要添加的位置即可，如图 12-24 所示。

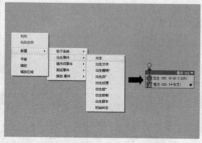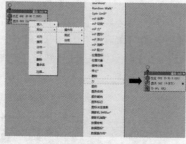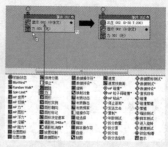

图 12-22　　　　　　　　　　图 12-23　　　　　　　　　　图 12-24

插入操作符分为以下两种情况。

第 1 种：替换操作符。在选择了操作符的情况下单击鼠标右键，在弹出的菜单中选择【插入】菜单下的子命令，会用当前操作符替换掉选择的操作符，如图 12-25 所示。另外，也可以直接在下面的操作符列表中选择操作符，然后使用鼠标左键将其拖曳到要被替换的操作符上，如图 12-26 所示。

第 2 种：添加操作符。在没有选择任何操作符的情况下单击鼠标右键，在弹出的菜单中选择【插入】菜单下的子命令，会将操作符添加到事件面板中，如图 12-27 所示。

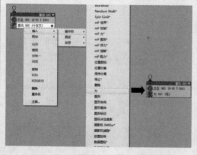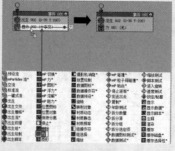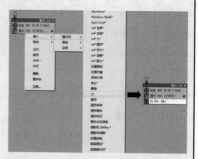

图 12-25　　　　　　　　　　图 12-26　　　　　　　　　　图 12-27

技术链接33：事件/操作符的操作方法

3. 调整操作符的顺序

如果要调整操作符的顺序，可以使用鼠标左键将操作符拖曳到要放置的位置，如图 12-28 所示。注意，如果将操作符拖曳到其他操作符上，将替换掉其他操作符，如图 12-29 所示。

图 12-28

图 12-29

4. 删除事件 / 操作符

如果要删除事件，可以在事件面板上单击鼠标右键，然后在弹出的菜单中选择【删除】命令，如图 12-30 所示；如果要删除操作符，可以在操作符上单击鼠标右键，然后在弹出的菜单中选择【删除】命令，如图 12-31 所示。

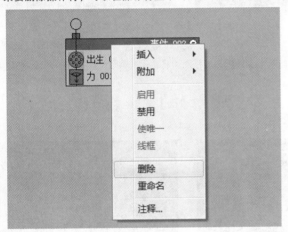

图 12-30

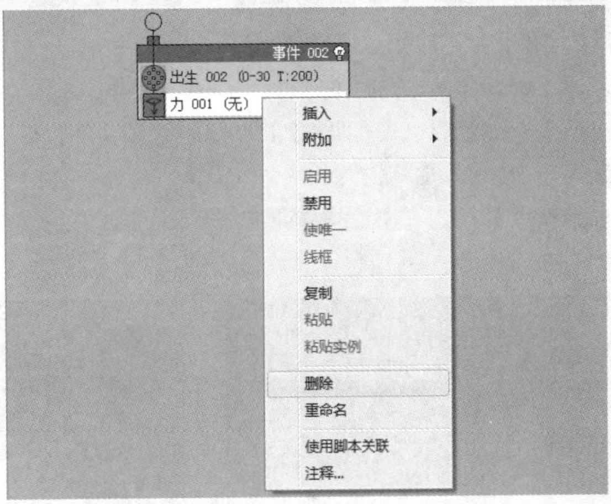

图 12-31

5. 链接 / 打断操作符与事件

如果要将操作符链接到事件上，可以使用鼠标左键将事件旁边的图标拖曳到事件面板上的图标上，如图 12-32 所示；如果要打断链接，可以在链接线上单击鼠标右键，然后在弹出的菜单中选择【删除线框】命令，如图 12-33 所示。

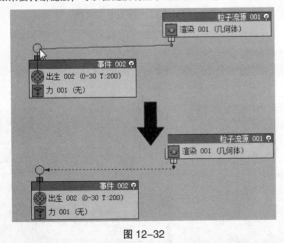

图 12-32

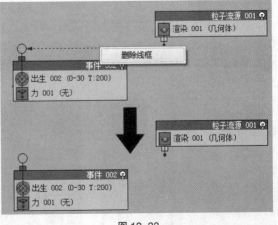

图 12-33

随堂练习 制作烟花动画

扫码观看视频

- 场景位置　无
- 实例位置　实例文件 >CH12> 制作烟花动画 .max
- 视频名称　制作烟花动画 .mp4
- 技术掌握　粒子流源、扭曲空间

01 使用【粒子流源】工具 粒子流源 在透视图中创建一个粒子流源，然后在【发射】卷展栏下设置【徽标大小】为 160mm、【长度】为 240mm、【宽度】为 245mm，如图 12-34 所示。

02 按 A 键激活【角度捕捉切换】工具 ，然后使用【选择并旋转】工具 在前视图中将粒子流源顺时针旋转 180°，使发射器的发射方向朝向上，如图 12-35 所示。

03 使用【球体】工具 球体 在一个粒子流源的上方创建一个球体，然后在【参数】卷展栏下设置【半径】为 4mm，如图 12-36 所示。

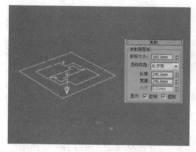  

图 12-34　　　　　　　　　　　　图 12-35　　　　　　　　　　　　图 12-36

04 选择粒子流源，然后在【设置】卷展栏下单击【粒子视图】按钮 粒子视图 ，打开【粒子视图】对话框，接着单击【出生 001】操作符，最后在【出生 001】卷展栏下设置【发射停止】为 0、【数量】为 20 000，如图 12-37 所示。

05 单击【形状 001】操作符，然后在【形状 001】卷展栏下设置 3D 类型为【80 面球体】，接着设置【大小】为 1.5mm，如图 12-38 所示。

06 单击【显示 001】操作符，然后在【显示 001】卷展栏下设置【类型】为【点】，接着设置显示颜色（红 :51，绿 :147，蓝 :255），如图 12-39 所示。

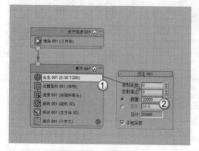 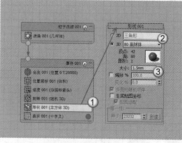 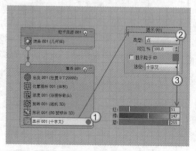

图 12-37　　　　　　　　　　　　图 12-38　　　　　　　　　　　　图 12-39

07 使用鼠标左键将操作符列表中的【位置对象】操作符拖曳到【显示 001】操作符的下方，然后单击【位置对象 001】操作符，接着在【位置对象 001】卷展栏下单击【添加】按钮，最后在视图中拾取球体，将其添加到【发射器对象】列表中，如图 12-40 所示。

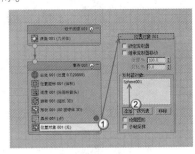

图 12-40

Tips

此时拖曳时间线滑块，可以观察到粒子并没有像烟花一样产生爆炸效果，如图 12-41 所示。因此下面还需要对粒子进行碰撞设置。

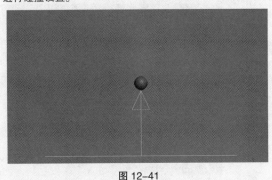

图 12-41

08 使用【平面】工具 平面 在顶视图中创建一个大小与粒子流源大小几乎相同的平面，然后将其拖曳到粒子流源的上方，如图 12-42 所示。

09 在【创建】面板中单击【空间扭曲】按钮，并设置空间扭曲的类型为【导向器】，然后使用【导向板】工具 导向板 在顶视图中创建一个导向板（位置与大小与平面相同），如图 12-43 所示。

10 在【主工具栏】中单击【绑定到空间扭曲】按钮，然后用该工具将导向板拖曳到平面上，如图 12-44 所示。

图 12-42

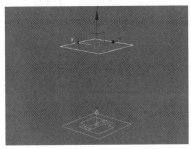

图 12-43

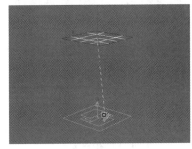

图 12-44

Tips

这里创建导向板的目的主要是为了让粒子在上升的过程中与其发生碰撞，从而让粒子产生爆炸效果。

技术链接34：绑定到空间扭曲

使用【绑定到空间扭曲】工具可以将导向器绑定到对象上。先选择需要导向器，然后在【主工具栏】中单击【绑定到空间扭曲】按钮，接着将其拖曳到要绑定的对象上即可，如图 12-45 所示。

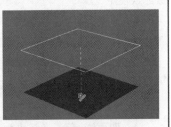

图 12-45

11 打开【粒子视图】对话框，然后在操作符列表中将【碰撞】操作符拖曳到【位置对象 001】操作符的下方，单击【碰撞 001】操作符，接着在【碰撞 001】卷展栏下单击【添加】按钮 添加 ，并在视图中拾取导向板，最后设置【速度】为【随机】，如图 12-46 所示。

12 拖曳时间线滑块，可以发现此时的粒子已经发生了爆炸效果，如图 12-47 所示。

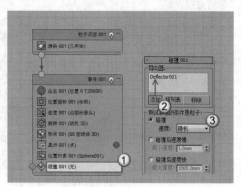

图 12-46　　　　　　　　　　　　　　图 12-47

13 采用相同的方法再制作一个粒子流源，然后选择动画效果最明显的一些帧，接着单独渲染出这些单帧动画，最终效果如图 12-48 所示。

图 12-48

↘ 12.1.2　喷射

【喷射】粒子常用来模拟雨和喷泉等效果，其参数设置面板如图 12-49 所示。

重要参数说明

（1）【粒子】

* 视口计数：在指定的帧处，设置视图中显示的最大粒子数量。

* 渲染计数：在渲染某一帧时设置可以显示的最大粒子数量（与【计时】选项组下的参数配合使用）。

* 水滴大小：设置水滴粒子的大小。

* 速度：设置每个粒子离开发射器时的初始速度。

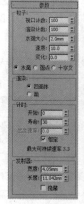

图 12-49

* 变化：设置粒子的初始速度和方向。数值越大，喷射越强，范围越广。

* 水滴 / 圆点 / 十字叉：设置粒子在视图中的显示方式。

（2）【渲染】

* 四面体：将粒子渲染为四面体。

* 面：将粒子渲染为正方形面。

（3）【计时】

* 开始：设置第 1 个出现的粒子的帧编号。

* 寿命：设置每个粒子的寿命。

* 出生速率：设置每一帧产生的新粒子数。

* 恒定：启用该选项后，【出生速率】选项将不可用，此时的【出生速率】等于最大可持续速率。

（4）【发射器】

* 宽度 / 长度：设置发射器的长度和宽度。

* 隐藏：启用该选项后，发射器将不会显示在视图中（发射器不会被渲染出来）。

随堂练习 制作下雨动画

扫码观看视频

* 场景位置　无
* 实例位置　实例文件 >CH12> 制作下雨动画 .max
* 视频名称　制作下雨动画 .mp4
* 技术掌握　喷射

01 使用【喷射】工具 喷射 在顶视图中创建一个喷射粒子，然后在【参数】卷展栏下设置【视口计数】为 1 000、【渲染计数】为 1 000、【水滴大小】为 8mm、【速度】为 8、【变化】为 0.56，接着设置【开始】为 -50、【寿命】为 60，具体参数设置如图 12-50 所示，粒子效果如图 12-51 所示。

02 按大键盘上的 8 键打开【环境和效果】对话框，然后在【环境贴图】通道中加载学习资源中的"实例文件 >CH11> 制作下雨动画 > 背景 .jpg"文件，如图 12-52 所示。

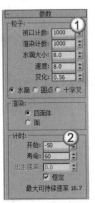

图 12-50

图 12-51

图 12-52

03 选择动画效果最明显的一些帧，然后单独渲染出这些单帧动画，最终效果如图 12-53 所示。

图 12-53

↘ 12.1.3 雪

【雪】粒子主要用来模拟飘落的雪花或洒落的纸屑等动画效果，其参数设置面板如图 12-54 所示。

重要参数说明

* **雪花大小**：设置粒子的大小。

* **翻滚**：设置雪花粒子的随机旋转量。

* **翻滚速率**：设置雪花的旋转速度。

* **雪花 / 圆点 / 十字叉**：设置粒子在视图中的显示方式。

* **六角形**：将粒子渲染为六角形。

* **三角形**：将粒子渲染为三角形。

* **面**：将粒子渲染为正方形面。

图 12-54

☰Tips

【雪】粒子的其他参数与【喷射】粒子完全相同，读者可参考【喷射】粒子的相关参数。

随堂练习 制作下雪动画

 扫码观看视频

* 场景位置　无
* 实例位置　实例文件 >CH12> 制作下雪动画 .max
* 视频名称　制作下雪动画 .mp4
* 技术掌握　掌握雪的操作方法和参数

01 使用【雪】工具 雪 在顶视图中创建一个雪粒子，然后在【参数】卷展栏下设置【视口计数】为 1 000、【渲染计数】为 1 000、【雪花大小】为 8mm、【速度】为 8、【变化】为 8、【翻滚】为 0.32，接着设置【开始】为 –30、【寿命】为 30，具体参数设置如图 12-55 所示，粒子效果如图 12-56 所示。

02 按大键盘上的 8 键打开【环境和效果】对话框，然后在【环境贴图】通道中加载学习资源中的"实例文件 >CH11> 制作下雪动画 > 背景 .jpg" 文件，如图 12-57 所示。

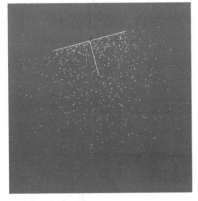

图 12-55　　　　　　图 12-56　　　　　　　　　　　图 12-57

03 选择动画效果最明显的一些帧，然后单独渲染出这些单帧动画，最终效果如图 12-58 所示。

图 12-58

↘ 12.1.4　超级喷射

　　【超级喷射】粒子可以用来制作暴雨和喷泉等效果，若将其绑定到【路径跟随】空间扭曲上，还可以生成瀑布效果，其参数设置面板如图 12-59 所示。

↘ 12.1.5　暴风雪

　　【暴风雪】粒子是【雪】粒子的升级版，可以用来制作暴风雪等动画效果，其参数设置面板如图 12-60 所示。

Tips

　　【暴风雪】粒子的参数非常复杂，但在实际工作中并不常用，因此这里不再介绍。同样，下面的【粒子阵列】粒子与【粒子云】粒子也不常用。

图 12-59　　　　　图 12-60

↘ 12.1.6 粒子阵列

【粒子阵列】粒子可以用来创建复制对象的爆炸效果，其参数设置面板如图 12-61 所示。

↘ 12.1.7 粒子云

【粒子云】粒子可以用来创建类似体积雾效果的粒子群。使用【粒子云】能够将粒子限定在一个长方体、球体、圆柱体之内，或限定在场景中拾取的对象的外形范围之内（二维对象不能使用【粒子云】），其参数设置面板如图 12-62 所示。

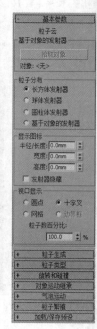

图 12-61　　　　　图 12-62

12.2　空间扭曲

【空间扭曲】从字面意思来看比较难懂，可以将其比喻为一种控制场景对象运动的无形力量，例如重力、风力和推力等。使用【空间扭曲】可以模拟真实世界中存在的【力】效果。【空间扭曲】需要与【粒子系统】一起配合使用才能制作出动画效果。

【空间扭曲】包括 5 种类型，分别是【力】【导向器】【几何 / 可变形】【基于修改器】【粒子和动力学】，如图 12-63 所示。

↘ 12.2.1 力

【力】可以为粒子系统提供外力影响，共有 9 种类型，分别是【推力】【马达】【漩涡】【阻力】【粒子爆炸】【路径跟随】【重力】【风】和【置换】，如图 12-64 所示。

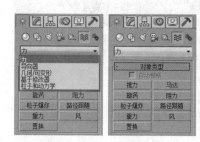

图 12-63　　　　　图 12-64

重要参数说明

* 【推力】工具：可以为粒子系统提供正向或负向的均匀单向力。

* 【马达】工具 马达 ：对受影响的粒子或对象应用传统的马达驱动力（不是定向力）。

* 【漩涡】工具 漩涡 ：可以将力应用于粒子，使粒子在急转的漩涡中进行旋转，然后让它们向下移动成一个长而窄的喷流或漩涡井，常用来创建黑洞、涡流和龙卷风。

* 【阻力】工具 阻力 ：这是一种在指定范围内按照指定量来降低粒子速率的粒子运动阻尼器。应用阻尼的方式可以是【线性】【球形】或【圆柱形】。

* 【粒子爆炸】工具 粒子爆炸 ：可以创建一种使粒子系统发生爆炸的冲击波。

* 【路径跟随】工具 路径跟随 ：可以强制粒子沿指定的路径进行运动。路径通常为单一的样条线，也可以是具有多条样条线的图形，但粒子只会沿其中一条样条线运动。

* 【重力】工具 重力 ：用来模拟粒子受到的自然重力。重力具有方向性，沿重力箭头方向的粒子为加速运动，沿重力箭头逆向的粒子为减速运动。

＊【风】工具 风 ：用来模拟风吹动粒子所产生的飘动效果。

＊【置换】工具 置换 ：以力场的形式推动和重塑对象的几何外形，对几何体和粒子系统都会产生影响。

随堂练习 制作波浪动画

扫码观看视频

- 场景位置　无
- 实例位置　实例文件 >CH12> 制作波浪动画 .max
- 视频名称　制作波浪动画 .mp4
- 技术掌握　粒子阵列、风力

01 使用【平面】工具 平面 在场景中创建一个平面，然后在【参数】卷展栏下设置【长度】和【宽度】为 16 000mm，接着设置【长度分段】和【宽度分段】为 60，如图 12-65 所示。

02 为平面加载一个【波浪】修改器，然后在【参数】卷展栏下设置【振幅 1】为 450mm、【振幅 2】为 100mm、【波长】为 88mm、【相位】为 1，具体参数设置如图 12-66 所示。

03 为平面加载一个【噪波】修改器，然后在【参数】卷展栏下设置【比例】为 120，接着勾选【分形】选项，并设置【粗糙度】为 0.2、【迭代次数】为 6，再设置【强度】的 X、Y 为 500mm、Z 为 600mm，最后勾选【动画噪波】选项，并设置【频率】为 0.25、【相位】为 −70，具体参数设置如图 12-67 所示，模型效果如图 12-68 所示。

图 12-65

图 12-66

图 12-67

图 12-68

04 继续为平面加载一个【体积选择】修改器，然后在【参数】卷展栏下设置【堆栈选择层级】为【面】，如图 12-69 所示，接着选择【体积选择】修改器的 Gizmo 次物体层级，最后使用【选择并移动】工具 将其向上拖曳一段距离，如图 12-70 所示。

图 12-69

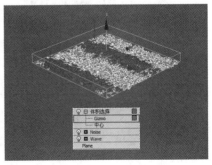
图 12-70

Tips

调整 Gizmo 时，在视图中可以观察到模型的一部分会变成红色，这个红色区域就是一个约束区域，即只有这个区域才会产生粒子。

05 使用【粒子阵列】工具 粒子阵列 在视图中的任意位置创建一个粒子阵列，然后在【基本参数】卷展栏下单击【拾取对象】按钮 拾取对象 ，接着在视图中拾取平面，最后在【视口显示】选项组下勾选【网格】选项，如图 12-71 所示。

06 展开【粒子生成】卷展栏，设置【粒子数量】为 500，然后在【粒子运动】选项组下设置【速度】为 1mm、【变化】为 30%、【散度】为 50°，接着在【粒子计时】选项组下设置【发射停止】为 200、【显示时限】为 1 000、【寿命】为 15、【变化】为 20，最后在【粒子大小】选项组下设置【大小】为 60mm，具体参数设置如图 12-72 所示。

07 展开【粒子类型】卷展栏，然后设置【粒子类型】为【标准粒子】，接着设置【标准粒子】为【球体】，如图 12-73 所示。

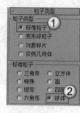

图 12-71　　　　图 12-72　　　　图 12-73

08 使用【风】工具 风 在视图中创建一个风力，然后在【参数】卷展栏下设置【强度】为 0.2，如图 12-74 所示。

09 使用【绑定到空间扭曲】工具将风力绑定到粒子阵列发射器，效果如图 12-75 所示。

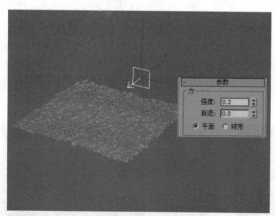

图 12-74

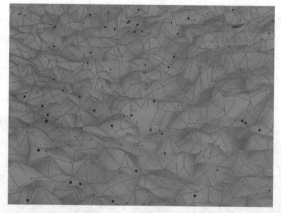

图 12-75

10 选择动画效果最明显的一些帧，然后单独渲染出这些单帧动画，最终效果如图 12-76 所示。

图 12-76

↘ 12.2.2 导向器

【导向器】可以为粒子系统提供导向功能，共有 6 种类型，分别是【泛方向导向板】、【泛方向导向球】、【全泛方向导向】、【全导向器】、【导向球】和【导向板】，如图 12-77 所示。

图 12-77

重要参数说明

* 【泛方向导向板】工具 泛方向导向板 ：这是空间扭曲的一种平面泛方向导向器。它能提供比原始导向器空间扭曲更强大的功能，包括折射和繁殖能力。

* 【泛方向导向球】工具 泛方向导向球 ：这是空间扭曲的一种球形泛方向导向器。它提供的选项比原始的导向球更多。

* 【全泛方向导向】工具 全泛方向导向 ：这个导向器比原始的【全导向器】更强大，可以使用任意几何对象作为粒子导向器。

* 【全导向器】工具 全导向器 ：这是一种可以使用任意对象作为粒子导向器的全导向器。

* 【导向球】工具 导向球 ：这种空间扭曲起着球形粒子导向器的作用。

* 【导向板】工具 导向板 ：这是一种平面装的导向器，是一种特殊类型的空间扭曲，它能让粒子影响动力学状态下的对象。

↘ 12.2.3 几何/可变形

【几何 / 可变形】空间扭曲主要用于变形对象的几何形状，包括 7 种类型，分别是【FFD（长方体）】、【FFD（圆柱体）】、【波浪】、【涟漪】、【置换】、【一致】和【爆炸】，如图 12-78 所示。

图 12-78

重要参数说明

* 【FFD（长方体）】工具 FFD(长方体) ：这是一种类似于原始 FFD 修改器的长方体形状的晶格 FFD 对象，它既可以作为一种对象修改器，也可以作为一种空间扭曲。

* 【FFD（圆柱体）】工具 FFD(圆柱体) ：该空间扭曲在其晶格中使用柱形控制点阵列，它既可以作为一种对象修改器，也可以作为一种空间扭曲。

* 【波浪】工具 波浪 ：该空间扭曲可以在整个世界空间中创建线性波浪。

* 【涟漪】工具 涟漪 ：该空间扭曲可以在整个世界空间中创建同心波纹。

﹡【置换】工具 置换：该空间扭曲的工作方式和【置换】修改器类似。

﹡【一致】工具 一致：该空间扭曲修改绑定对象的方法是按照空间扭曲图标所指示的方向推动其顶点，直至这些顶点碰到指定目标对象，或从原始位置移动到指定距离。

﹡【爆炸】工具 爆炸：该空间扭曲可以把对象炸成许多单独的面。

12.3 思考与练习

思考一：粒子效果是一个非常大的领域，本书仅作为入门级教材，请读者掌握好本书介绍的基础知识，并做相关练习。

思考二：雨、雪的动画效果非常好做，但在渲染时，会出现不了雨、雪的效果。这里提示读者可以通过将【环境和效果】绑定材质 ID 解决，请思考如何操作（作者已在练习中做过介绍），并进行相关测试。

13 动力学

* 了解动力学的常识
* 掌握MassFX工具的使用方法
* 掌握刚体的类型和使用方法

* 理解不同刚体的区别
* 掌握模拟工具的使用方法
* 掌握刚体动画的制作方法

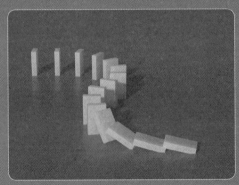
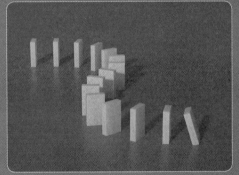

13.1 | 动力学常识

动力学是理论力学的一个分支学科，它主要研究作用于物体的力与物体运动的关系，也就是说动力学主要是研究物体受力影响而产生的运动状态的，比如自由落体运动、碰撞等，我们都可以将其划为动力学的范畴。

13.1.1 真实的动力学

动力学支持刚体和软体动力学、布料模拟和流体模拟，并且它拥有物理属性，如质量、摩擦力和弹力等，可用来模拟真实的碰撞及绳索、布料、马达和汽车等运动效果，图 13-1~ 图 13-3 所示为一些优秀的动力学作品。

图 13-1

图 13-2

图 13-3

13.1.2 3ds Max的动力学

在【主工具栏】的空白处单击鼠标右键，然后在弹出的菜单中选择【MassFX 工具栏】命令，可以调出【MassFX 工具栏】，如图 13-4 所示，调出的【MassFX 工具栏】如图 13-5 所示。【MassFX 工具栏】就是专门用于制作动力学效果的。

图 13-4

图 13-5

🍱Tips

为了方便操作，可以将【MassFX 工具栏】拖曳到操作界面的左侧，使其停靠于此，如图 13-6 所示。另外，在【MassFX 工具栏】上单击鼠标右键，在弹出的菜单中选择【停靠】菜单中的子命令可以选择停靠在其他的地方，如图 13-7 所示。

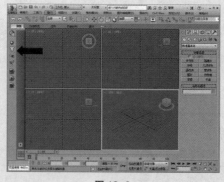
图 13-6

图 13-7

13.2 动力学工具

本节将针对【MassFX 工具栏】中的【MassFX 工具】、刚体创建工具以及模拟工具进行讲解。刚体是物理模拟中的对象，其形状和大小不会更改，它可能会反弹、滚动和四处滑动，但无论施加了多大的力，它都不会弯曲或折断。

↘ 13.2.1 MassFX工具

在【MassFX 工具栏】中单击【世界参数】按钮 ，打开【MassFX 工具】对话框，如图 13-8 所示。【MassFX 工具】对话框从左到右分为【世界参数】、【模拟工具】、【多对象编辑器】和【显示选项】4 个面板，下面对这 4 个面板分别进行讲解。

1.世界参数

【世界参数】面板包含 3 个卷展栏，分别是【场景设置】、【高级设置】和【引擎】卷展栏，如图 13-9 所示。

（1）【场景设置】卷展栏

展开【场景设置】卷展栏，如图 13-10 所示。

重要参数说明

图 13-8　　　　　图 13-9　　　　　图 13-10

①【环境】选项组

＊ **使用地面碰撞**：启用该选项后，MassFX 将使用地面高度级别的（不可见）无限、平面、静态刚体，即与主栅格平行或共面。

＊ **地面高度**：当启用【使用地面碰撞】时，该选项用于设置地面刚体的高度。

＊ **重力方向**：启用该选项后，可以通过下面的 X、Y、Z 设置 MassFX 中的内置重力方向。

＊ **无加速**：设置重力。使用 z 轴时，正值将对象向上拉，负值将对象向下拉（标准效果）。

＊ **强制对象重力**：勾选该选项后，单击下方的【拾取重力】按钮 拾取重力 ，可以拾取创建的重力以产生作用，此时默认的重力将失效。

＊ **拾取重力** 拾取重力 ：当启用【强制对象重力】选项后，使用该按钮可以拾取场景中的重力。

＊ **没有重力**：启用该选项后，场景中不会影响到模拟重力。

②【刚体】选项组

＊ **子步数**：用于设置每个图形更新之间执行的模拟步数。

＊ **解算器迭代数**：全局设置约束解算器强制执行碰撞和约束的次数。

＊ **使用高速碰撞**：启用该选项后，可以切换连续的碰撞检测。

＊ **使用自适应力**：启用该选项后，MassFX 会根据需要收缩组合防穿透力来减少堆叠和紧密聚合刚体中的抖动。

＊ **按照元素生成图形**：启用该选项并将 MassFX Rigid Body（MassFX 刚体）修改器应用于对象后，MassFX 会为对象中的每个元素创建一个单独的物理图形。

（2）【高级设置】卷展栏

展开【高级设置】卷展栏，如图 13-11 所示。

重要参数说明

①【睡眠设置】选项组

* **自动**：启用该选项后，MassFX 将自动计算合理的线速度和角速度睡眠阈值，高于该阈值即应用睡眠。

* **手动**：如果需要覆盖速度和自旋的启发式值，可以勾选该选项，然后根据需要调整下方的【睡眠能量】参数值进行控制。

图 13-11

* **睡眠能量**：启用【手动】模式后，MassFX 将测量对象的移动量（组合平移和旋转），并在其运动低于【睡眠能量】数值时将对象置于睡眠模式。

②【高速碰撞】选项组

* **自动**：MassFX 使用试探式算法来计算合理的速度阈值，高于该值即应用高速碰撞方法。

* **手动**：勾选该选项后，可以覆盖速度的自动值。

* **最低速度**：模拟中移动速度高于该速度的刚体将自动进入高速碰撞模式。

③【反弹设置】选项组

* **自动**：MassFX 使用试探式算法来计算合理的最低速度阈值，高于该值即应用反弹。

* **手动**：勾选该选项后，可以覆盖速度的试探式值。

* **最低速度**：模拟中移动速度高于该速度的刚体将相互反弹。

④【接触壳】选项组

* **接触距离**：该选项设定的数值为允许移动刚体重叠的距离。 如果该值过高，将会导致对象明显地互相穿透；如果该值过低，将导致抖动，因为对象互相穿透一帧之后，在下一帧将强制分离。

* **支撑台深度**：该选项设定的数值为允许支撑体重叠的距离。

（3）【引擎】卷展栏

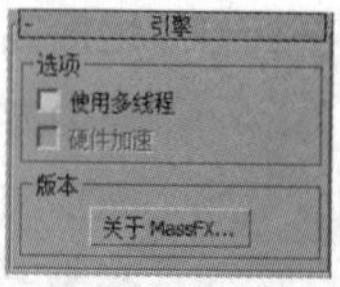

展开【引擎】卷展栏，如图 13-12 所示。

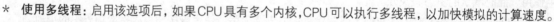

重要参数说明

①【选项】选项组

图 13-12

* **使用多线程**：启用该选项后，如果 CPU 具有多个内核，CPU 可以执行多线程，以加快模拟的计算速度。

* **硬件加速**：启用该选项后，如果系统配备了 NVIDIA GPU，即可使用硬件加速来执行某些计算。

②【版本】选项组

* **关于 MassFX** 关于 MassFX... ：单击该按钮可以打开【关于 MassFX】对话框，该对话框中显示的是 MassFX 的基本信息，如图 13-13 所示。

2.工模拟工具

【模拟工具】面板包含【模拟】、【模拟设置】和【实用程序】3 个卷展栏，如图 13-14 所示。

图 13-13

（1）【模拟】卷展栏

展开【模拟】卷展栏，如图 13-15 所示。

重要参数说明

①【播放】选项组

* **重置模拟**：单击该按钮可以停止模拟，并将时间线滑块移动到第 1 帧，同时将任意动力学刚体设置为其初始变换。

* **开始模拟**：从当前帧运行模拟，时间线滑块为每个模拟步长前进一帧，从而让运动学刚体作为模拟的一部分进行移动。

* **开始没有动画的模拟**：当模拟运行时，时间线滑块不会前进，这样可以使动力学刚体移动到固定点。

* **逐帧模拟**：运行一个帧的模拟，并使时间线滑块前进相同的量。

图 13-14　　　　　图 13-15

②【模拟烘焙】选项组

* **烘焙所有** ：将所有动力学刚体的变换存储为动画关键帧时重置模拟。

* **烘焙选定项** ：与【烘焙所有】类似，只不过烘焙仅应用于选定的动力学刚体。

* **取消烘焙所有** ：删除烘焙时设置为运动学的所有刚体的关键帧，从而将这些刚体恢复为动力学刚体。

* **取消烘焙选定项** ：与【取消烘焙所有】类似，只不过取消烘焙仅应用于选定的适用刚体。

③【捕获变换】选项组

* **捕获变换** ：将每个选定的动力学刚体的初始变换设置为变换。

（2）【模拟设置】卷展栏

展开【模拟设置】卷展栏，如图 13-16 所示。

重要参数说明

图 13-16

* **在最后一帧**：选择当动画进行到最后一帧时进行模拟的方式。

　继续模拟：即使时间线滑块达到最后一帧也继续运行模拟。

　停止模拟：当时间线滑块达到最后一帧时停止模拟。

　循环动画并且：在时间线滑块达到最后一帧时重复播放动画。

　重置模拟：当时间线滑块达到最后一帧时，重置模拟且动画循环播放到第 1 帧。

　继续模拟：当时间线滑块达到最后一帧时，模拟继续运行，但动画循环播放到第 1 帧。

（3）【实用程序】卷展栏

展开【实用程序】卷展栏，如图 13-17 所示。

重要参数说明

图 13-17

* **【浏览场景】按钮** ：单击该按钮打开【场景资源管理器 –MassFX Explorer】对话框，如图 13-18 所示。

* **【验证场景】按钮** ：单击该按钮可以打开【验证 Physx 场景】对话框，在该对话框中可以验证各种场景元素是否违反模拟要求，如图 13-19 所示。

* **【导出场景】按钮** ：单击该按钮可以打开 Select File to Export（选择文件导出）对话框，在该对话框中可以导出 MassFX，以使模拟用于其他程序，如图 13-20 所示。

图 13-18

图 13-19

图 13-20

3.多对象编辑器

【多对象编辑器】面板包含 7 个卷展栏，分别是【刚体属性】、
【物理材质】、【物理材质属性】、【物理网格】、【物理网格参数】、【力】
和【高级】卷展栏，如图 13-21 所示。

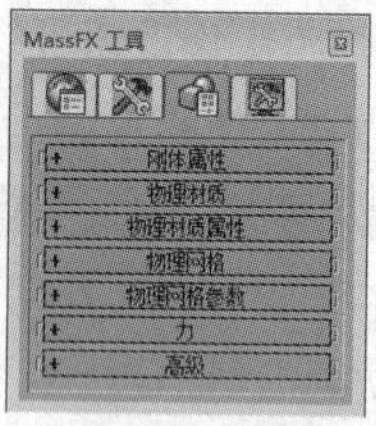

图 13-21　　　　图 13-22

（1）【刚体属性】卷展栏

展开【刚体属性】卷展栏，如图 13-22 所示。

重要参数说明

*　**刚体类型**：设置刚体的模拟类型，包含【动力学】、【运动学】和【静态】3 种类型。

*　**直到帧**：设置【刚体类型】为【运动学】时该选项才可用。启用该选项后，MassFX 会在指定帧处将
选定的运动学刚体转换为动态刚体。

*　**烘焙** ：将未烘焙的选定刚体的模拟运动转换为标准动画关键帧。

*　**使用高速碰撞**：如果启用该选项，同时又在【世界参数】面板中启用了【使用高速碰撞】选项，那么
【高速碰撞】设置将应用于选定刚体。

*　**在睡眠模式中启动**：如果启用该选项，选定刚体将使用全局睡眠设置，同时以睡眠模式开始模拟。

*　**与刚体碰撞**：如果启用该选项，选定的刚体将与场景中的其他刚体发生碰撞。

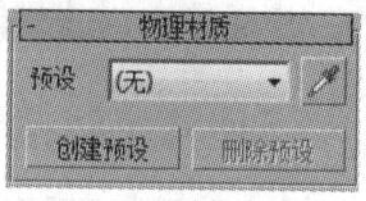

（2）【物理材质】卷展栏

展开【物理材质】卷展栏，如图 13-23 所示。

图 13-23

重要参数说明

*　**预设**：选择预设的材质类型。使用后面的【吸管】可以吸取场景中的材质。

*　**【创建预设】按钮** ：基于当前值创建新的物理材质预设。

*　**【删除预设】按钮** ：从列表中移除当前预设。

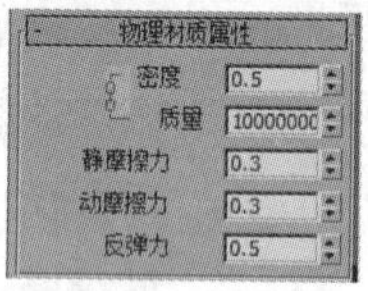

（3）【物理材质属性】卷展栏

展开【物理材质属性】卷展栏，如图 13-24 所示。

图 13-24

重要参数说明

*　**密度**：设置刚体的密度。

*　**质量**：设置刚体的重量。

*　**静摩擦力**：设置两个刚体开始互相滑动的难度系数。

*　**动摩擦力**：设置两个刚体保持互相滑动的难度系数。

*　**反弹力**：设置对象撞击到其他刚体时反弹的轻松程度和高度。

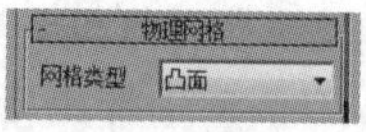

（4）【物理网格】卷展栏

展开【物理网格】卷展栏，如图 13-25 所示。

图 13-25

重要参数说明

*　**网格类型**：选择刚体物理网格的类型，包含【球体】、【长方体】、【胶囊】、【凸面】、【合成】、【原始】
和【自定义】7 种。

（5）物理网格参数卷展栏

展开【物理网格参数】卷展栏（注意，【物理网格】卷展栏中设置不同的网格类型将影响【物理网格参

数】卷展栏下的参数，这里选用【凸面】网格类型进行讲解），如图 13-26 所示。

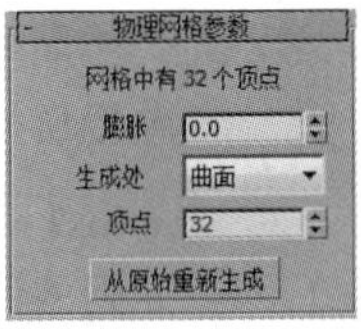

图 13-26

重要参数说明

* **图形中有 X 个顶点**：显示生成的凸面物理图形中的实际顶点数（X 为一个变量）。

* **膨胀**：用于设置将凸面图形从图形网格的顶点云向外扩展（正值）或向图形网格内部收缩（负值）的量。

* **生成处**：选择创建凸面外壳的方法，共有以下两种。

曲面：创建凸面物理图形，且该图形完全包裹图形网格的外部。

顶点：重用图形网格中现有顶点的子集，用这种方法创建的图形更清晰，但只能保证顶点位于图形网格的外部。

* **顶点**：用于调整凸面外壳的顶点数，介于 4 ~256。使用的顶点越多，就越接近原始图形，但模拟速度会稍稍降低。

* **从原始重新生成** 从原始重新生成 ：单击该按钮可以使物理图形自适应修改对象。

（6）力卷展栏

展开【力】卷展栏，如图 13-27 所示。

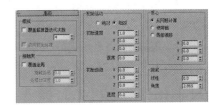

图 13-27

重要参数说明

* **使用世界重力**：默认情况下该参数为启用，此时将使用世界面板中设置的全局重力。禁用后，选定的刚体将仅使用在此处添加的场景力，并忽略全局重力设置。再次启用后，刚体将使用全局重力设置。

* **应用的场景力**：列出场景中影响刚体的空间扭曲力。

* **添加** 添加 ：单击该按钮可以将场景中的力空间扭曲应用到模拟中选定的刚体。

* **移除** 移除 ：选择添加的空间扭曲，单击该按钮可以将其移除。

（7）高级卷展栏

展开【高级】卷展栏，如图 13-28 所示。

图 13-28

重要参数说明

①【模拟】选项组

* **覆盖解算器迭代次数**：如果启用该选项，将为选定的刚体使用在此处指定的解算器迭代次数设置，而不使用全局设置。

* **启用背面碰撞**：该选项仅可用于静态刚体，作用是当为凹面静态刚体指定原始图形类型时，可以确保模拟中的动力学对象与其背面碰撞。

②【接触壳】选项组

* **覆盖全局**：启用该选项后，MassFX 将为选定刚体使用在此处指定的碰撞重叠设置，而不是使用全局设置。

* **接触距离**：该选项设置的数值为允许移动刚体重叠的距离。如果该值过高，将会导致对象明显地互相穿透；如果该值过低，将导致抖动，因为对象互相穿透一帧之后，在下一帧将强制分离。

* **支撑深度**：该选项设定的数值为允许支撑体重叠的距离。

③【初始运动】选项组

* **绝对 / 相对**：这两个选项只适用于开始时为运动学类型（通常已设置动画）的对象。设定为【绝对】时，将使用【初始速度】和【初始自旋】的值替换基于动画的值；设置为【相对】时，指定值将添加到根据动画计算得出的值。

* 初始速度：设置刚体在变为动态类型时的起始方向和速度。
* 初始自旋：设置刚体在变为动态类型时旋转的起始轴和速度。

④【质心】选项组

* 从网格计算：根据刚体的几何体自动为该刚体确定适当的质（重）心。
* 使用轴：将对象的轴用作其质（重）心。
* 局部偏移：设定 x、y、z 轴距对象的轴的距离，以用作质（重）心。

⑤【阻尼】选项组

* 线性：为减慢移动对象的速度所施加的力的大小。
* 角度：为减慢旋转对象的旋转速度所施加的力的大小。

4.显示选项

【显示选项】面板包含两个卷展栏，分别是【刚体】和【MassFX 可视化工具】卷展栏，如图 13-29 所示。

图 13-29

（1）刚体卷展栏

展开【刚体】卷展栏，如图 13-30 所示。

重要参数说明

图 13-30

* 显示物理网格：启用该选项后，物理网格会显示在视口中。
* 仅选定对象：启用该选项后，仅选定对象的物理网格会显示在视口中。

（2）MassFX可视化工具卷展栏

展开【MassFX 可视化工具】卷展栏，如图 13-31 所示。

重要参数说明

* 启用可视化工具：启用该选项后，【MassFX 可视化工具】卷展栏中的其余设置才起作用。

* 缩放：设置基于视口的指示器的相对大小。

图 13-31

↘ 13.2.2 模拟工具

MassFX 工具中的模拟工具分为 4 种，分别是【将模拟实体重置为其原始状态】工具、【开始模拟】工具、【开始没有动画的模拟】工具和【步长模拟】工具，如图 13-32 所示。

重要参数说明

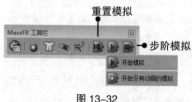

图 13-32

* 将模拟实体重置为其原始状态：单击该按钮可以停止模拟，并将时间线滑块移动到第 1 帧，同时将任意动力学刚体设置为其初始变换。

* 开始模拟：从当前帧运行模拟，时间线滑块为每个模拟步长前进一帧，从而让运动学刚体作为模拟的一部分进行移动。

* 开始没有动画的模拟：当模拟运行时，时间线滑块不会前进，这样可以使动力学刚体移动到固定点。

* 步长模拟：运行一个帧的模拟，并使时间线滑块前进相同的量。

↘ 13.2.3 创建刚体

MassFX 工具中的刚体创建工具分为 3 种，分别是【将选定项设置为动力学刚体】工具、【将选定项设置为运动学刚体】工具和【将选定项设置为静态刚体】工具，如图 13-33 所示。

图 13-33

重要参数说明

* 【将选定项设置为动力学刚体】工具：使用该工具可以将未实例化的 MassFX 刚体修改器应用到每个选定对象，并将刚体类型设置为【动力学】，然后为每个对象创建一个【凸面】物理网格，如图 13-34 所示。如果选定对象已经具有 MassFX 刚体修改器，则现有修改器将更改为动力学，而不重新应用。

* 【将选定项设置为运动学刚体】工具：使用该工具可以将未实例化的 MassFX 刚体修改器应用到每个选定对象，并将刚体类型设置为【运动学】，然后为每个对象创建一个【凸面】物理网格，如图 13-35 所示。如果选定对象已经具有 MassFX 刚体修改器，则现有修改器将更改为运动学，而不重新应用。

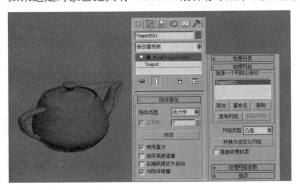

图 13-34

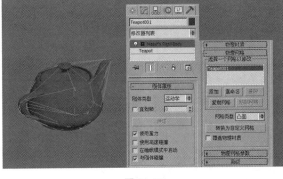

图 13-35

Tips

【将选定项设置为动力学刚体】工具和【将选定项设置为运动学刚体】工具的相关参数在前面的【MassFX 工具】对话框中已经介绍过，因此这里不再重复讲解。

随堂练习　制作骨牌动力学动画

⌖ 扫码观看视频

- 场景位置　场景文件 >CH13> 制作骨牌动力学动画 .max
- 实例位置　实例文件 >CH13> 制作骨牌动力学动画 .max
- 视频名称　制作骨牌动力学动画 .mp4
- 技术掌握　刚体、动力学

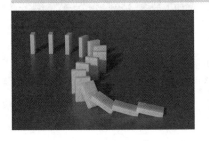

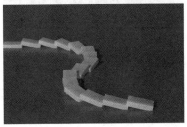

01 打开"场景文件 >CH13> 制作骨牌动力学动画 .max"文件，如图 13-36 所示。

02 选择图 13-37 所示的骨牌，然后在【MassFX 工具栏】中单击【将选定项设置为动力学刚体】按钮 ，如图 13-38 所示。

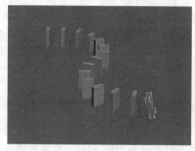
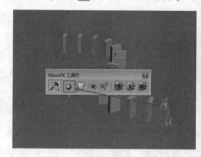

图 13-36   图 13-37   图 13-38

> **Tips**
>
> 由于本场景中的骨牌是通过【实例】复制方式制作的，因此只需要将其中的一个骨牌设置为动力学刚体，其他的骨牌就会自动变成动力学刚体。

03 在【MassFX 工具栏】中单击【开始模拟】按钮 ，效果如图 13-39 所示。

04 再次单击【开始模拟】按钮 结束模拟，然后在【刚体属性】卷展栏下单击【烘焙】按钮 ，以生成关键帧动画，最后为骨牌和地面加上材质，并渲染出效果最明显的单帧动画，最终效果如图 13-40 所示。

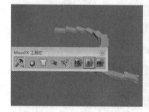

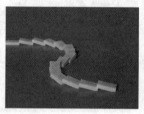

图 13-39   图 13-40

随堂练习 制作足球自由落体动画

扫码观看视频

- 场景位置　场景文件 >CH13> 制作足球自由落体动画 .max
- 实例位置　实例文件 >CH13> 制作足球自由落体动画 .max
- 视频名称　制作足球自由落体动画 .mp4
- 技术掌握　刚体、动力学

01 打开"场景文件 >CH13> 制作足球自由落体动画 .max"文件，这是两个高度不同的足球，如图 13-41 所示。

02 在【主工具栏】的空白处单击鼠标右键，然后在弹出的菜单中选择【MassFX 工具栏】命令调出【MassFX 工具栏】，如图 13-42 所示。

03 选择场景中的两个足球，然后在【MassFX 工具栏】中单击【将选定项设置为动力学刚体】按钮 ，如图 13-43 所示。

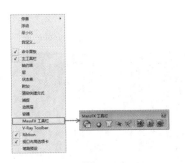

图 13-41   图 13-42   图 13-43

04 切换到前视图，选择位置较低的足球，然后在【物理材质】卷展栏下设置【反弹力】为 1，如图 13-44 所示，接着选择位置较高的足球，设置【反弹力】为 0.5，如图 13-45 所示。

05 选择场景中的地面模型，然后在【MassFX 工具栏】中单击【将选定项设置为静态刚体】按钮，如图 13-46 所示。

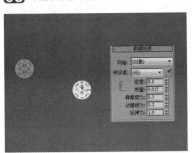

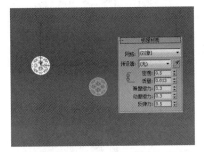

图 13-44   图 13-45   图 13-46

06 在【MassFX 工具栏】中单击【开始模拟】按钮模拟动画，待模拟完成后再次单击【开始模拟】按钮结束模拟，然后分别单独选择足球对象，接着在【刚体属性】卷展栏下单击【烘焙】按钮，以生成关键帧动画，如图 13-47 所示。

07 拖曳时间线滑块，观察足球动画，效果如图 13-48 所示。

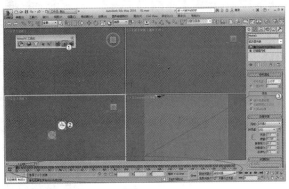

图 13-47

图 13-48

08 选择动画效果最明显的一些帧，然后单独渲染出这些单帧动画，最终效果如图 13-49 所示。通过观察可以发现，位置较低的足球的反弹高度要高于位置较高的足球，这是因为前者的【反弹力】要大于后者。

图 13-49

随堂练习 制作汽车碰撞动画

扫码观看视频

- 场景位置　场景文件 >CH13> 制作汽车碰撞动画 .max
- 实例位置　实例文件 >CH13> 制作汽车碰撞动画 .max
- 视频名称　制作汽车碰撞动画 .mp4
- 技术掌握　刚体、运动学

01 打开"场景文件 >CH13> 制作汽车碰撞动画 .max"文件，如图 13-50 所示。

02 选择汽车模型，然后在【MassFX 工具栏】中单击【将选定项设置为运动学刚体】按钮，如图 13-51 所示。

图 13-50　　　　　　　　　　　　　　　图 13-51

03 分别选择纸箱模型，然后在【MassFX 工具栏】中单击【将选定项设置为动力学刚体】按钮，如图 13-52 所示，接着在【刚体属性】卷展栏下勾选【在睡眠模式中启动】选项，如图 13-53 所示。

04 选择地面模型，然后在【MassFX 工具栏】中单击【将选定项设置为静态刚体】按钮，如图 13-54 所示。

图 13-52　　　　　　　　　　　图 13-53　　　　　　　　　　　图 13-54

05 选择汽车模型，然后单击【自动关键点】按钮 自动关键点，接着将时间线滑块拖曳到第 15 帧位置，最后在前视图中使用【选择并移动】工具 ✛ 将汽车向前稍微拖曳一段距离，如图 13-55 所示。

06 将时间线滑块拖曳到第 100 帧位置，然后使用【选择并移动】工具 ✛ 将汽车拖曳到纸箱的后面，如图 13-56 所示。

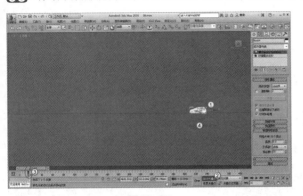

图 13-55

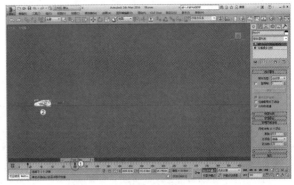

图 13-56

07 在【MassFX 工具栏】中单击【开始模拟】按钮 ▶，效果如图 13-57 所示。

08 再次单击【开始模拟】按钮 ▶ 结束模拟，然后单独选择各个纸箱，接着在【刚体属性】卷展栏下单击【烘焙】按钮 烘焙，以生成关键帧动画，最后渲染出效果最明显的单帧动画，最终效果如图 13-58 所示。

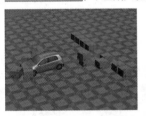

图 13-57

图 13-58

🔗 技术链接35：使用动力学制作布料

在效果图场景建模中，布料是比较难建的对象，尤其是床单，因为这种对象拥有光滑的褶皱感。不过 3ds Max 为我们提供了专门制作布料的工具，其中比较常用的就是 Cloth（布料）修改器，只是这个修改器操作起来要烦琐一些。如果想要操作更简单一些，可以直接使用动力学 MassFX 工具来进行制作（具体制作方法请看下面的步骤介绍或视频教学），不仅操作简单，而且容易出效果。我们先来看 3 张图，图 13-59 所示的是真实的丝被照片，图 13-60 所示的是用 MassFX 工具制作的丝被效果图，图 13-61 所示的是丝被的线框图。图 13-60 的整体逼真度没有图 13-59 高，这是因为我们没有将模型放在一个丰富的场景中进行渲染，如果单从丝被的角度来看，效果图中的丝被能达到图 13-60 中的效果，是完全可以接受的，而从建模的角度来看，丝被模型是由四边面构成的，很符合多边形建模的要求。

图 13-59

图 13-60

图 13-61

技术链接35：使用动力学制作布料

（1）在床的上方创建一个大小合适的平面，同时必须将分段数设置得足够高，否则无法表现布料的柔顺度与褶皱感，如图 13-62 所示。

（2）选择床垫模型，将它设置为静态刚体，如图 13-63 所示。将床垫设置为静态刚体后，当平面模拟布料下落与床垫接触时，3ds Max 会将床垫识别为障碍物，让平面不会穿过床垫模型。另外要特别注意一点，除了床垫模型，凡是有可能与床单发生接触的对象，都应该设置为静态刚体。

（3）选择平面，将其设置为 mCloth 对象，这样可以用平面来模拟布料，如图 13-64 所示。

图 13-62

图 13-63

图 13-64

（4）所有准备工作就绪后，单击【开始模拟】按钮，得到图 13-65 所示的效果。但是这个效果并不理想，因为床单的凹凸细节没有表现出来，同时床单的褶皱感也比较生硬。

（5）选择床单，在【纺织品物理特性】卷展栏下设置【弯曲度】为 0.2，增强床单的柔韧性；选择床垫模型，在【物理图形】卷展栏下将【图形类型】修改为【原始的】，用于模拟床单的凹凸感，因为床垫是凹凸不平的，当床单落在床垫上时，也会根据床垫的凹凸产生对应的凹凸感，同理，其他静态刚体也应该进行相应的修改。设置完成后，我们再次进行模拟，可以发现此时的床单细节更加逼真，很好地体现出了布料的柔韧性，如图 13-66 所示。

图 13-65

图 13-66

（6）模拟完成后，对 mCloth 对象进行烘焙，然后选择效果最佳的一帧，将模型单独复制一份，接着将床单转换为可编辑多边形，如果有必要，还可以为其加载一个【壳】修改器和【涡轮平滑】修改器，用于表现床单的厚度和平滑效果，如图 13-67 所示。

图 13-67

13.3 思考与练习

思考一：动力学的操作方法是非常简单的，请思考动力学刚体和运动学刚体的区别。

思考二：请根据书中的讲解和介绍，制作自由落体运动、球体碰撞等动画效果。